21世纪旅游管理学精品教材

酒品与饮料

（第二版）

许金根　编著

ZHEJIANG UNIVERSITY PRESS
浙江大学出版社

图书在版编目(CIP)数据

酒品与饮料 / 许金根编著. —杭州:浙江大学出版社,
2005.7(2021.8 重印)
21 世纪旅游管理学精品教材
ISBN 978-7-308-04328-1

Ⅰ.酒… Ⅱ.许… Ⅲ.①酒—基本知识—高等学校—教
材②饮料—基本知识—高等学校—教材 Ⅳ.①TS971 TS275.04

中国版本图书馆 CIP 数据核字(2005)第 076942 号

酒品与饮料(第二版)

许金根 编著

责任编辑	王元新	
封面设计	十木米	
出版发行	浙江大学出版社	
	(杭州天目山路 148 号 邮政编码 310007)	
	(网址:http://www.zjupress.com)	
排　　版	杭州青翊图文设计有限公司	
印　　刷	杭州杭新印务有限公司	
开　　本	787mm×960mm 1/16	
印　　张	17.5	
字　　数	347 千	
版 印 次	2012 年 5 月第 2 版 2021 年 8 月第 12 次印刷	
书　　号	ISBN 978-7-308-04328-1	
定　　价	59.00 元	

目　录

第一章

导　论

第一节　酒　单

《酒品与饮料》的内容以酒单为中心。酒单(beverage menu, drink list)，亦称酒水单、饮料单。

一、酒单举例

(一)酒单内容

酒单的内容主要由酒水名称、数量、价格及描述四部分组成。在我国，改革开放后，酒单迅速国际化，酒单上饮品类别等完全与国际通行规则一致；而随着国人购买力的日益增强，世界各地饮品争先恐后涌入国内，酒单上的饮品品种更是令人眼花缭乱。以下是一份比较典型的酒单上的酒水。

1.餐前开胃酒　Aperitif

金巴利　Campari	仙山露　Cinzano
杜本纳　Dubonnet	培　诺　Pernod
马天尼　Martini(Rosso, Dry, Bianco)	

2.些厘及砵酒　Sherry & Port

克劳夫特些厘　Croft Sherry	克劳夫特砵酒　Crof Port
夏微些厘　Harveys Sherry	泰勒砵酒　Tayler's Port
山地文些厘　Sandeman Sherry	山地文砵酒　Sandeman Ruby Port
库可伯恩砵酒　Cockburn's Port	杜斯砵酒　Dow's Ruby Port

3. 鸡尾酒　Cocktail

红粉佳人　Pink Lady	黑俄罗斯　Black Russian
干马丁尼　Martini Dry	白兰地亚历山大　Brandy Alexander
玛格丽特　Margarita	草　蜢　Grasshopper
曼哈顿　Manhattan	天使之吻　Angel's Kiss
螺丝钻　Screwdriver	血红玛丽　Bloody Mary
达其利　Daiquiri	威士忌酸　Whisky Sour
古　典　Old Fashion	旁　车　Side Car
锈　钉　Rusty Nail	彩虹酒　Pousse-café

4. 长　饮　Long Drink

金汤力　Gin & Tonic	飘仙 1 号　Pimm's NO. 1
新加坡司令 Singapore Sling	自由古巴　Cuba Libre
雪　球　Snow Ball	金色菲士　Golden Fizz
汤姆哥连士　Tom Collins	特吉拉日出　Tequila Sunrise
长岛冰茶　Long Island Iced Tea	马　颈　House Neck
日月潭库勒　Sun and Moon Cooler	亲　亲　Chi Chi

5. 无酒精鸡尾酒　No-alcoholic cocktail

沙莉潭宝　Shirley Temple	普施富　Pussy Foot
牧师特饮　Parson's Special	水果宾治　Fruit Punch

6. 白兰地（干邑）Brandy（Cognac）

人头马路易十三　Remy Martin Louis ⅩⅢ	轩尼诗 XO　Hennessy XO
蓝带马爹利　Martell Cordon Blue	御鹿年份酒　Hine Vintage
拿破仑 V. S. O. P　Courvoisier V. S. O. P	卡慕 XO　Camus XO

7. 威士忌　Whisky

苏格兰威士忌　Scotch Whisky	
皇家礼炮 21 年　Royal Salute 21-years	百龄坛 17 年　Ballantine 17-years
顺　风　Cutty Sark	金　铃　Bells
芝华士　Chivas Regal	老伯威　Old Parr
黑　方　Black Label	红　方　Red Label
波本威士忌　Bourbon Whiskey	
四玫瑰　Four Rose	占　边　Jim Beam
积丹尼　Jack Daniel	
爱尔兰威士忌　Irish Whiskey	
奥　妙　Old Bushmills	尊美醇　John Jameson

加拿大威士忌　Canadian Whisky

思　思　Canadian Club

纯麦威士忌　Malt Whisky

格兰菲迪　Glenfiddich 18-years　　　麦卡伦　Macallan 12-years

8. 伏特加　Vodka

苏联红牌　Stolichnaya　　　莫斯科绿牌　Moskovskaya

皇冠伏特加　Smirnoff　　　绝对伏特加　Absolut

维波罗瓦　Wyborowa　　　蓝天伏特加　Skyy

9. 朗姆酒　Rum

哈瓦那俱乐部　Havana Club 7-years　　　摩根船长　Captain Morgan

百家地　Bacarda　　　美雅士　Myers's

10. 杜松子酒　Gin

戈　登　Gordon's　　　必发达　Beefeater

11. 龙舌兰酒　Tequila

金快活　Jose Cuerro　　　索　查　Sauza

奥美加　Olmeca　　　白金武士　Conquistador

12. 葡萄酒　Wine

白葡萄酒　White Wine

夏布利　Chablis　　　雷司令　Riesling

霞多丽　Chardonnay

红葡萄酒　Red Wine

波尔多　Bordearx　　　格拉夫　Graves

勃艮第　Burgundy　　　梅多克　Médoc

布娇莱　Beaujolais　　　古典干蒂　Chianti Classico DOCG

赤霞珠　Cabernet Sauvignon　　　黑品乐　Pinot Noir

13. 餐后甜酒　Liqueur

杏仁酒　Amaretto　　　加利安奴　Galliano

薄荷酒　Crème de Menthe　　　可可利口酒　Crème de Cacao

君　度　Cointreau　　　椰　酒　Coconut

当　酒　Benedictine D. O. M　　　修道院酒　Chartreuse

橙皮酒　Curacao　　　杜林标　Drambuie

甘露咖啡酒　Kahlua　　　百利奶油酒　Baileys Irich Cream

金万利　Grand Marnier　　　添万利　Tia Maria

14. 啤 酒　Beer

棕啤酒	Newcastle Brown Ale	健力士	Guinness
喜 力	Heineken	嘉士伯	Carlsberg
青 岛	Tsingtao	科罗娜	Corona
麒 麟	Kirin	百 威	Budweiser

15. 软饮料　Soft Drink

可口可乐	Coca-Cola	健怡可乐	Diet Coke
雪 碧	Sprite	七 喜	7-UP
汤力水	Tonic Water	干姜水	Ginger Ale
苏打水	Soda Water	新奇士橙汁汽水	Sunkist Orange Juice

16. 冷热饮　Cold & Hot beverage

茶　Tea

绿 茶　Green Tea

西湖龙井	West Lake Long Jing	碧螺春	Bi Luo Chun
黄山毛峰	Huangshan Maofeng		

红 茶　Black Tea

英式早茶	English Breakfast	大吉岭	Darjeeling
伯 爵	Earl Grey		

乌龙茶　Oolong Tea

大红袍	Da Hong Pao	铁观音	Tie Guan Yin
冻顶乌龙	Dongding Oolong		

其他茶　Other Tea

茉莉花茶	Jasmine Tea	奶 茶	Milk Tea
马黛茶	Mate Tea	洋甘菊	Chamomile
水果沙拉茶	Fruit Salad Tea		

咖 啡　Coffee

现磨咖啡	Freshly Brewed Coffee	低因咖啡	Decaffeinated Coffee
意大利浓咖啡	Espresso	卡布其诺	Cappuccino
爱尔兰咖啡	Irish Coffee	那不勒斯风味咖啡	Napoli Cafè
牛奶可可	Milk Cacao		
牛 奶	Milk		

17. 香 槟　Champagne

巴黎之花	Perrier	酩 悦	Moët & Chandon
玛 姆	Mumm		

18. 矿泉水　Mineral Water

巴黎水　Perrier

依　云　Evian

19. 冰淇淋/圣代　Ice Cream & Sundae

开心果圣代　Pistachios Sundae

夏威夷圣代　Hawaiian Sundae

水果圣代　Fruit Sundae

香蕉船　Banana Boat Sundae

彩虹巴菲　Rainbow Parfait

水果奶昔　Fruits Milk Shake

黑　牛　Black Cow Cooler

雪　葩　Sherbet

20. 果　汁　Juice

鲜榨果汁　Freshly Squeezed Fruit Juice

（二）葡萄酒单

根据使用场所的不同,酒单有酒吧酒单、餐厅（中、西）酒单、大堂吧酒单、客房迷你吧酒单、娱乐休闲场所酒单、航空酒单等。根据酒水种类,酒单可分为葡萄酒单、啤酒单、烈性酒单等。以下内容节选自一份葡萄酒单:

葡　萄　酒　单
WINE LIST

CHAMPAGNE & SPARKLING WINE 香槟和起泡葡萄酒

Belle époque，Rose，Perrier Jouet，France 2002

Laurent Perrier，Brut，France N. V.

Moët et Chandon，Brut，France N. V.

Louis Roederer，Cristal Brut，France 2002

Dom Pérignon，rosé，France 2000

WHITE WINE　白葡萄酒

Louis Jadot，Chablis Fourchaume，1er Cru Classé，chardonnay Burgundy，France 2008

Chablis Grand Cru Les Clos，Louis Michel，chardonnay，Burgundy，France 2008

Chablis，Louis Jadot，chardonnay，Burgundy，France

Gaja，Gaia & Rey，Langhe DOC，chardonnay，Piemonte，Italy 2005

Stag's Leap Wine Cellars，Hawk Crest，chardonnay，Napa Valley，USA 2007

Casa Lapostolle，CuvéeAlexandre，chardonnay，Casablanca Valley，Chile 2005

Clound Bay，Marlborough，Sauvignon blanc，New Zealand 2010

Pascal Jolivet Sancerre，Sauvignon blanc，Loire Valley，France 2008

Coldstream Hills，Sauvignon blanc，Yarra Valley，Australia 2006

Egon Müller "Scharzhof", Mosel, Germany Riesling 2008

RED WINE　红葡萄酒

Château Mouton-Rothschild, 1er Cru Classé, Pauillac 1999

Château Latour, 1er Cru Classé, Pauillac 1998

Château Lafite Rothschild, 1er Cru Classé, AOC Pauillac 1998

Château Pétrus, Pomerol 1993

Côte de Nuist, Gevery-Chambertin, Pinot Noir, Burgundy, France 2007

Wither Hills, Marlborough, Pinot Noir, New Zealand 2008

Opus One, Napa Valley, USA 2006

Shafer, Napa Valley, USA 2007

Penfolds, Bin 707, South Australia 2007

Moss Wood, Margaret River, Australia 2006

Banfi, Brunello di Montalcino DOCG, Toscana Sangiovese 2004

Pio Cesare, Barolo DOCG, Piemonte Nabbiolo 1999

Gaja, Barbaresco DOCG, Piemonte Nabbiolo 2006

Luce, Toscana IGT, Montalcino, Merlot 2006

二、酒单上酒品与饮料的类别

在国际旅游、休闲行业,酒单上酒品与饮料的类别有别于其他行业。酒单上一般类别有:

1. 餐前开胃酒　Aperitif
2. 些厘及砵酒　Sherry & Port
3. 混合饮料　Mixed Drink
   鸡尾酒　Cocktail
   长　饮　Long Drink
   无酒精鸡尾酒　Cold Drink(或称 No-Alcoholic Cocktail、Mocktail)
4. 白兰地(干邑)　Brandy(Cognac)
5. 威士忌　Whisky
6. 伏特加　Vodka
7. 朗姆酒　Rum
8. 杜松子酒　Gin
9. 龙舌兰酒(特吉拉)　Tequila
10. 葡萄酒　Wine

11. 餐后甜酒（利口酒） Liqueur

12. 啤 酒 Beer

13. 软饮料 Soft Drink

14. 冷热饮 Cold & Hot Beverage (Drink)

15. 香槟及起泡葡萄酒 Champagne& Sparkling Wine

一些类别如果品种较多,酒单上会再细分,比如茶、咖啡,品种较多则单列;如果品种较少,则会合并。

另外,在酒单上还会有水（Water,如矿泉水、天然水、纯净水等）、果蔬汁（Fruit and Vegetable Juice）、冰淇淋（Ice Cream）、圣代（Sundae）、巴菲（Parfait）、奶昔（Milk Shake）等饮品。

有些酒单上会列入水果白兰地(Eaux De Vie)、中国白酒(Chinese Liquor/Chinese Spirits)、黄酒(Chinese Rice Wine)、日本清酒(Sake)等。

需要特别注意的是,在一些国家和地区,包装水、果蔬汁可以列入软饮料中,在我国饮料行业目前已取消"软饮料"提法。

三、常用容量术语

常见的容量单位标准有公制（我国法定计量单位）、美制、英制等。

1 升(L)＝100 厘升(cl)＝1000 毫升(ml)

1 加仑(gallon,缩写:gal.)（美）＝3.785 升

1 加仑（英）＝4.546 升

1 加仑＝4 夸脱(quart,缩写:qt.)

1 夸脱＝2 品脱(pint,缩写:pt.)

1 品脱＝4 及耳(gill,缩写:gi.)

1 美制液量盎司(ounce,缩写:OZ)＝30 毫升＝2 餐匙(tablespoon)

1 英制液量盎司＝28.4 毫升

1 英制液量盎司＝0.960 美制液量盎司

1 杯(cup)＝8 液量盎司

1 小杯(pony)＝1 液量盎司

1 酒杯(wine glass)＝4 液量盎司

1 标准量杯(jigger)＝1.5 液量盎司

1 标准量杯（美制）＝45 毫升

1 标准量杯（英制）＝40 毫升

1 餐匙＝3 茶匙(teaspoon)＝15 毫升

1 大滴(dash)＝1/6 茶匙＝6～8 滴(drop)

本书若无特别说明,盎司、量杯等用美制单位标准。

四、载 杯

杯子的外观形状、质量和大小与其使用场所的装潢和环境相协调会产生良好的效果,会提高摆设表现力和营造气氛,或者增加商品的吸引力。

最常用的杯一般用陶瓷或玻璃制成,其中茶、咖啡传统上多用陶瓷杯,酒和软饮料多用玻璃杯。

玻璃杯根据形状可分为平底无脚杯、矮脚杯和高脚杯;应该选用水晶般透明的、带蚀刻花纹或不带花纹的玻璃杯。

(一)常用杯

常用的玻璃杯有:

1. 古典杯(old-fashioned glass):也称老式杯,多为矮短而厚底的阔口杯,容量一般为5~8盎司。

2. 果汁杯(juice glass):容量一般为168毫升。

3. 冰淇淋杯(ice cream glass):一般为半圆形矮脚杯。

4. 鸡尾酒杯(cocktail glass):高脚杯,形状有三角形、梯形、半圆形,容量一般为2.5~6盎司。

5. 香槟杯(champagne glass):高脚杯,形状有笛形、郁金香形和浅碟形,容量一般为5~10盎司。

6. 葡萄酒杯(wine glass):高脚杯,有红酒杯、白酒杯、通用酒杯等,白酒杯容量一般为8~10盎司,红酒杯容量一般为10~12盎司。

7. 水杯(water glass):高脚杯的形状类似葡萄酒杯,容量一般为10~16盎司。也可以用平底杯。

8. 些厘酒杯(sherry glass):高脚杯,容量一般为2~6盎司。

9. 酸酒杯(sour glass):容量5盎司左右。

10. 玛格丽特杯(margarita glass):一般为高脚,形如墨西哥草帽,容量6盎司。

11. 烈酒杯(liquour glass):有脚或无脚,容量一般为1.5盎司。

12. 海波杯(highball glass):平底高身,容量8盎司左右。

13. 哥连士杯(collins glass):平底高身,容量10~12盎司。

14. 库勒杯(cooler glass):也译为冷饮杯,平底高身,容量14~16盎司。

15. 白兰地杯(brandy snifter):矮脚、大肚、窄口,容量10~12盎司。

16. 啤酒杯或扎啤杯(beer mug):有平底啤酒杯(如比尔森啤酒杯)、矮脚啤酒杯等,以平底居多,容量大小不等。扎啤杯容量较大,并带把。

图 1.1 至图 1.3 所示为常用玻璃杯。①

图 1.1　从左到右：三角形鸡尾酒杯、水杯、白葡萄酒杯、红葡萄酒杯、白兰地杯、加冰杯

图 1.2　从左到右：梯形鸡尾酒杯、酸酒杯、玛格丽特杯、郁金香形香槟杯、浅碟形香槟杯、
　　　　　通用葡萄酒杯、利口酒杯

图 1.3　从左到右：量杯、古典杯、海波杯、哥连士杯、库勒杯、果汁杯

（二）著名载杯

舌头味蕾所感受的味觉可分为甜、酸、苦、咸四种。其他味觉，如涩、辣等都是由这

---

① 图 1.2、图 1.3 主要来源：Costas Katsigris, Mary Porter. The Bar and Beverage Book：basics of profitable management. John Wiley & Sons, 1991.

四种融合而成的。人的舌头上各部分味蕾有不同的敏感度,舌尖味蕾对甜味最敏感,两旁边沿是咸味,上部两旁是酸味,后部是苦味。不同的饮料杯会造成饮料入口后接触到舌头的不同部位,而舌头部位的差异使我们对饮料的酸甜之感觉也会不同,进而对饮料的印象也不同。如含苞欲放的郁金香型酒杯在酒入口时直接接触舌头的中部,不会特别体验到酒中的甜味和酸度,因此适合自身酸甜协调、酸度适中的酒;盛开的郁金香型酒杯在酒入口时会将酒的重点接触舌尖,舌尖丰富的味蕾能更多地传递酒中的果味和甜味,因此特别适合酸度较高、需特别突出果味的酒。

生产酒杯的著名企业有奥地利的 Riedel,德国的 Zwiesel Kristallglas AG、Spiegelau,法国的 Baccarat、Christofle 等。

公元 1756 年,Riedel 家族在奥地利创立了第一座工厂。1957 年,Riedel 的第 9 代传人约瑟夫接管了公司。他相信,酒杯的体积、厚度、形状乃至杯口大小,都会影响酒的品尝结果。为此,他致力于酒杯形状的研究,并在 20 世纪 60 年代引发了葡萄酒杯制造业的一场革命。在此之前,高档酒杯都是厚实的水晶刻花,而从 20 世纪 60 年代开始,薄形平面化的纤巧酒杯开始登场。约瑟夫用 16 年时间,研究葡萄酒入口的一刹那与味蕾所产生的关系,试验不同产区、不同品种与不同年份的葡萄酒与不同酒杯搭配时所产生的效果。到了第 10 代传人格奥尔格接班的时候,Riedel 在酒杯形状的研究方面更是达到登峰造极的地步。Riedel 的水晶酒杯清澈无色,以便清楚观看杯中酒液;薄如纸片,减少舌头嘴唇与酒接触的隔阂,形状设计以发挥酒的香气及味道层次为归依。图 1.4 和图 1.5 所示是几款 Riedel 公司设计的酒杯(更多杯型可见其公司网站)。

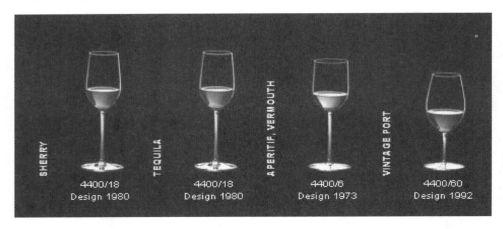

图 1.4　从左到右:些厘酒杯、特吉拉酒杯、开胃酒/味美思酒杯、年份砵酒杯

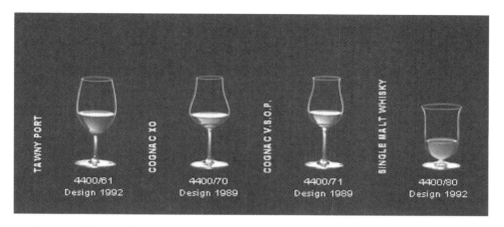

图 1.5 从左到右:茶色砵酒杯、干邑 XO 酒杯、干邑 VSOP 酒杯、单一麦芽威士忌酒杯

第二节 饮 料

一、饮料概念

饮料(Beverage 或 Drink)虽然与人们的生活密切相关,但国内外对其概念的认识范畴尚不统一。以下是一些对"饮料"的解释:

1.徐珂[清]《清稗类钞·饮食·饮料食品》:"饮,咽水也。茶、酒、汤、羹(汤之和味而中杂以菜蔬肉臢者,曰羹)、浆、酪之属,皆饮料也。"这应该是我国最早对"饮料"一词的书面解释。

2.中国大百科全书(轻工 1992):饮料是以水、粮食、果蔬或奶等为基本原料加工而成的流体或半流体食品。最早的饮料生产是谷物造酒。

3.《汉语大词典》(1993):饮料是加工制造的供饮用的液体。如汽水、果子露、酒、茶等。

4.《辞海》(1999 年):饮料是以解渴、补充体液为主要目的的各种液体食品。

5.英语词典中对"beverage"的一种解释是"Any sort of drink except water,e. g. milk,tea,wine,beer","drank"为"a liquid suitable for drinking"。

2007 年发布的中华人民共和国国家标准《饮料通则》[①]定义"饮料"为:经过定量包装的,供直接饮用或用水冲调饮用的,乙醇含量不超过质量分数为 0.5% 的制品,不包

---

① GB 10789—2007.

括饮用药品。国家标准将"饮料"从内涵上与"酒"完全分开。这可以理解为是狭义上的饮料概念。在我国的日常用语中,饮料一般也不包括酒、茶等在内。

2002 版的《国民经济行业分类》①中"饮料制造业"包含"酒精制造"、"酒的制造"、"软饮料制造"、"精制茶加工(指对毛茶或半成品原料茶进行筛分、轧切、风选、干燥、匀堆、拼配等精制加工茶叶的生产)";我国 2011 版的《国民经济行业分类》②将 2002 版《国民经济行业分类》中的第 15 大类"饮料制造业"改为"酒、饮料和精制茶制造业",将153 中类"软饮料制造"改为"饮料制造";中国饮料工业协会认为这样修订消除了标准与行业现状及人们思想认识的不统一,符合饮料行业发展的历史要求,使"软饮料"彻底成为历史。

2006 年通过的联合国《国际标准行业分类》修订本第 4 版中,烈酒、葡萄酒、麦芽酒、软饮料、矿泉水等制造归入"类 011 饮料的制造",而茶、咖啡(包括速溶咖啡)、果蔬汁、乳制品(包括鲜奶、乳类饮品、酸奶、冰淇淋和其他食用冰制品的制造)等制造归入"类 010 食品的制造",并认为食品业是将农业、畜牧业和渔业产品加工成人畜用的食物、饮料和饲料,包括不直接食用的各种中间产品的生产。

我国对食品有明确权威的定义。2009 年 6 月 1 日起施行的《中华人民共和国食品安全法》第九十九条对"食品"的定义如下:食品,指各种供人食用或者饮用的成品和原料以及按照传统既是食品又是药品的物品,但是不包括以治疗为目的的物品。《食品工业基本术语》③对食品的定义是:可供人类食用或饮用的物质,包括加工食品、半成品和未加工食品,不包括烟草或只作药品用的物质。

旅游业中的饮料范畴,是最终制品在常温状态下应为液态的制品,包括现加工饮品(如鸡尾酒、鲜榨汁、茶、咖啡等),以及药酒等,但我国习惯一般烹饪的汤不包括在内。酒品则是含有发酵产生或人为添加食用酒精的饮料。

二、饮料分类

对饮料的分类国内外尚无统一的标准,有的根据是否含有酒精(Alcohol,化学上叫乙醇)而把饮料分为两大类:酒精饮料、非酒精饮料。

但靠自然产出为主的产品与人工配制的产品有较大区别。因此,虽然世界上许多国家,特别是工业化国家,对饮料这一概念的认识范畴并不统一,但原则上都至少将饮料分成三大类:

1.含醇饮料:该种饮料中含有发酵产生或人为添加的食用酒精。

---

① GB/T 4754—2002.

② GB/T 4754—2011.

③ GB/T 15091—94.

2.无醇饮料:该种饮料为人工配制,不含有发酵产生或人为添加的食用酒精。但酒精作为某种添加剂的稀释剂少量加入,虽含酒精,仍称无醇饮料。

3.其他饮料:指茶、咖啡、可可、乳与乳制品等以自然产出为主的饮料。

在中华人民共和国国家标准《食品工业基本术语》[①]中,有"饮料酒"和"无酒精饮料"这两个基本术语,其中饮料酒的适用范围是"乙醇含量在 0.5% ～65.50%(V/V)的饮料"。无酒精饮料的适用范围是"乙醇含量低于 0.5%(V/V)的饮料"。无酒精饮料的同义词是"无醇饮料、软饮料"。

在 2009 年 6 月 1 日实施的中华人民共和国国家标准《饮料酒分类》[②]中,饮料酒(alcoholic beverages)指酒精度在 0.5%vol 以上的酒精饮料,包括各种蒸馏酒、发酵酒及配制酒。特别指出酒精度低于 0.5%vol 的无醇啤酒属于饮料酒。

在《辞海》(1999 年)中,饮料分无醇饮料(亦称软饮料)和含醇饮料(亦称酒类)两大类。前者如各种果汁、汽水、矿泉水、可乐饮料、大麦茶、酸梅汤等;后者如白酒、黄酒、啤酒、葡萄酒等。另有咖啡、可可、茶等冲饮或煮饮的饮料。

从《辞海》后半段话对饮料的举例看,饮料实际上还是被分为三类:无醇饮料,含醇饮料,咖啡、可可、茶等其他饮料。

在联合国《国际标准行业分类》修订本第 4 版中,我们可以看出饮料中有酒、软饮料、其他饮料。在我国 2011 版的《国民经济行业分类》中,对饮料界定的范畴不包括酒、茶、奶等产品。

综上所述,在我国,广义上的饮料实际上也至少分为三类:饮料酒(属于含醇饮料),饮料(事实上指无醇饮料),茶、咖啡、乳制品、冷冻饮品等其他饮料。

在西方一些国家,冰激凌等冷冻饮品在食用时呈固体状,且口味上偏甜,因此把冰激凌等冷冻饮品归入甜品类,而不包括在饮料中。

三、饮料成分

饮料中最主要的成分是水。部分饮料含有一些对人体有益的碳水化合物(糖类、淀粉、纤维素等)、蛋白质(氨基酸)、油脂、矿物质、维生素等营养成分,一些饮料含有乙醇、咖啡因等成瘾性成分;碳酸饮料、起泡葡萄酒等含有二氧化碳;饮料中会根据需要添加酸度调节剂、消泡剂、抗氧化剂、漂白剂、着色剂、护色剂、酶制剂、增味剂、营养强化剂、防腐剂、甜味剂、增稠剂、香料等有改善饮料品质、延长保存期等作用的食品添加剂;另外还可能会有致病性微生物、农药残留、兽药残留、重金属、污染物质以及其他危害人体健康的物质。

---

① 　GB/T 15091—94.
② 　GB/T 17204—2008.

食品添加剂往往有使用量等限制，按要求使用，人体不过多摄入还是比较安全的。近年来频频发生的食品安全事件，如三聚氰胺、苏丹红、塑化剂都属于掺假或非法使用，不是食品添加剂，两者不可混为一谈。

要特别注意饮料中乙醇、咖啡因、添加剂等成分，尤其是少年儿童饮料。

（一）乙　醇

乙醇（alcohol）在常温下呈液态，无色透明，易燃，易挥发，沸点与汽化点是 78.3℃，冰点为 −114℃。细菌在乙醇内不易繁殖，每克乙醇在体内氧化后可放出 7 千卡能量。1 千卡（kcal）＝4.184 千焦（kJ）。

乙醇密度比水小，能跟水以任意比互溶，是一种重要的溶剂，能溶解多种有机物和无机物。在饮料生产上常作为某种添加剂的稀释剂少量加入，因此即使是无醇饮料，也往往含有少量乙醇，而致癌物质普遍溶于乙醇。

（二）咖啡因

咖啡因（caffeine）又名三甲基黄嘌呤、咖啡碱、茶毒、马黛因、瓜拉纳因子、甲基可可碱，是一种黄嘌呤生物碱化合物，对人类来说是一种兴奋剂。它存在于咖啡树、茶树、巴拉圭冬青（马黛茶）及瓜拿纳（唯独生长在巴西亚玛逊丛林中）果实及叶片里，少量的咖啡因也存在于可可树、可乐果及代茶冬青树中。存在于瓜拿纳中的咖啡因有时也被称为瓜拿纳因（guaranine），而存在于玛黛茶中的被称为马黛因（mateine），在茶中的则被称为茶毒（theine）。很多咖啡因的自然来源也含有多种其他的黄嘌呤生物碱，包括茶碱和可可碱这两种强心剂。

咖啡因是一种中枢神经兴奋剂，能够暂时驱走睡意并恢复精力。而太多咖啡因可以导致咖啡因中毒。其症状是烦躁、紧张、刺激感、失眠、面红、多尿和消化道不适。有些人在每日服用 250 毫克以下时就会有这些症状。每天多于 1 克可以导致痉挛、思想和语言突然转换、心跳不稳、心动过速和精神运动性激越。

世界上最主要的咖啡因来源是咖啡豆。咖啡中的咖啡因含量因咖啡豆的品种和咖啡的制作方法而不同，甚至同一棵树上的咖啡豆中的咖啡因含量都有很大的区别。深焙咖啡一般比浅焙咖啡的咖啡因含量少，因为焙炒能减少咖啡豆里的咖啡因含量。

茶是另外一个咖啡因的重要来源，每杯茶的咖啡因含量一般只有每杯咖啡的一半。茶含有少量的可可碱以及比咖啡略高的茶碱。茶的制作对于茶的咖啡因含量有很大影响，特定品种的茶，例如红茶和乌龙茶，比其他茶的咖啡因含量高，但是茶的颜色几乎不能指示咖啡因的含量。

由可可粉制的巧克力也含有少量的咖啡因。巧克力是一种很弱的兴奋剂，主要归因于其中含有的可可碱和茶碱。

咖啡因也是软饮料中的常见成分，例如可乐，最初就是由可乐果制得。很多特殊用途饮料的基本成分，含有大量的咖啡因及少量的可可碱。

咖啡因在肝脏中被分解产生三个初级代谢产物副黄嘌呤(84%)、可可碱(12%)和茶碱(4%)。

(三)添加剂

食品添加剂的数量繁多,不胜枚举。在我国,根据 2011 国家标准《食品添加剂使用标准》,单单允许在食品中添加的天然香料就达 400 种,而合成香料有 1453 种。以下简单介绍部分可在饮料中使用的添加剂。

1. 甜味剂

甜味剂是指能赋予食品甜味的食品添加剂。除了蔗糖、果糖、葡萄糖外,还可以在饮料中使用的甜味剂有:糖精钠(最大使用量为 0.15g/kg)、甜蜜素(环己基氨基磺酸钠,允许使用的最大浓度为 0.65g/kg)、异麦芽酮糖醇(帕拉金糖)、甜味素(天门冬酰苯丙氨酸甲酯,可根据生产需要适量使用,但应注明"苯酮尿症患者不宜使用")、麦芽糖醇、木糖醇、甜菊糖甙、甘草、甘草酸一钾及三钾(最大使用量为 0.3g/kg)、甘草酸铵、阿力甜(甜度约为蔗糖的 2000 倍,最大使用量为 0.1g/kg)、乳糖醇、罗汉果甜甙、三氯蔗糖(蔗糖素,最大使用量为 0.3g/kg)等。

饮用前需要注意:甜菊糖甙、甜蜜素、甜味素、甘草等甜味剂称为非营养型甜味剂。其热值在蔗糖的 2% 以下,适宜于肥胖症、高血压及糖尿病人食用。热值在蔗糖的 2% 以上的甜味剂称为营养型甜味剂。营养型甜味剂中的麦芽糖醇、木糖醇、异麦芽酮糖醇等,由于糖醇和木糖在体内的代谢与胰岛素无关,因此也适宜于糖尿病人食用。但营养型甜味剂中的蔗糖、果糖、葡萄糖等,其在体内的代谢与胰岛素有关,因此不适宜于糖尿病人食用。

2. 酸度调节剂

酸度调节剂是指能调节食品酸度的食品添加剂。可在饮料中使用的酸度调节剂有:柠檬酸、乳酸、酒石酸(参考用量为 1～2g/kg)、苹果酸(参考用量为 2.5～5.5g/kg)、磷酸(可用于可乐型饮料)、己二酸(可用于固体饮料,最大使用量为 0.01g/kg)、富马酸(可用于碳酸饮料和果汁饮料,最大使用量分别为 0.3 和 0.6g/kg)、柠檬酸钠、柠檬酸钾、柠檬酸一钠、碳酸氢钾(最大使用量为 0.033g/kg)等。

3. 食用香精

食用香精是使食品增香的物质。国家允许使用的有 1000 多种。

4. 着色剂

着色剂又叫食用色素,是指能使食品着色和改善食品色泽的食品添加剂。

多数色素有使用范围及最大用量的规定。可以在饮料中使用的着色剂有:苋菜红、胭脂红、赤鲜红、柠檬黄、日落黄、亮蓝、靛蓝、叶绿素铜钠、β-胡萝卜素、甜菜红、姜黄、红花黄、紫胶红(虫胶红)、越橘红、焦糖色、红米红、栀子黄、菊花黄浸膏、黑豆红、高粱红、萝卜红、可可壳色、红曲米、红曲红、落葵红、黑加仑红、栀子蓝、玫瑰茄红、橡子壳棕、NP

红、多穗柯棕、桑葚红、天然苋菜红、金罂子棕、姜黄素、酸枣色、花生衣红、葡萄皮红、蓝靛果红、藻蓝、蜜蒙黄、紫草红、茶黄色素、茶绿色素、柑橘黄等。

5.防腐剂

防腐剂是指对微生物具有杀灭、抑制或阻止生长作用的食品添加剂。防腐剂有严格的种类、使用范围及最大用量的规定。可以在饮料中使用的防腐剂有:苯甲酸、苯甲酸钠、山梨酸、山梨酸钾、对羟基苯甲酸乙酯、对羟基苯甲酸丙酯等。

6.抗氧化剂

抗氧化剂是指能够防止或延缓食品氧化,提高食品稳定性,延长食品储藏期的食品添加剂。有使用范围及最大用量的规定。可以在饮料中使用的抗氧化剂有:D—异抗坏血酸钠、植酸等。

7.增稠剂

增稠剂是指通过提高食品黏度,以提高食品体态稳定性的食品添加剂。如琼脂、明胶、羟甲基纤维素钠、海藻酸钠、海藻酸钾、果胶、卡拉胶、阿拉伯胶、黄原胶、海藻酸丙二醇酯、罗望子多糖胶、淀粉磷酸酯钠、磷酸化二淀粉磷酸酯、甲壳素(几丁质)、田菁胶、聚葡萄糖等。

8.乳化剂

乳化剂是指能够改善乳化体中各种构成相之间的表面张力,从而提高其稳定性的食品添加剂。乳化剂用于制造乳化饮料,也用于制造混浊饮料。用于制造混浊饮料的乳化剂称"悬浊剂",主要用于果味汽水中,使之产生与天然果汁类似的混浊外观。[①]

国家标准《食品添加剂使用标准》中规定不得添加食用香料、香精的饮品有:巴氏杀菌乳、灭菌乳、发酵乳、蜂蜜、饮用天然矿泉水、饮用纯净水、其他饮用水。[②]

四、保健(功能)饮品

一些酒品与饮料有一定保健功能。一些饮品含有活性乳酸菌,保健酒与药酒中含有保健作用的药材成分,各类茶有特殊功效,饮料中有特殊用途饮料。保健(功能)饮品属于保健(功能)食品范畴。

(一)保健(功能)食品

关于保健食品概念及名称世界各国依照本国对它的理解,有许多不同的认识。美国将其命名为"功能食品"(functional foods)。早在1962年,日本厚生省的文件中已给功能食品下了定义:"功能食品是具有与生物防御、生物节律调整、防止疾病、恢复健康等有关功能因子,经设计加工,对生物体有明显调整功能的食品。"1990年11月日本提

---

① 胡小松,蒲彪.软饮料工艺学.北京:中国农业大学出版社,2002:21—79.
② 详细的食品添加剂使用标准可参阅国家标准《食品添加剂使用标准》(GB 2760—2011).

出将"功能食品"改为"特殊保健用途食品"(food specified health use);欧洲各国普遍采用"健康食品"(health foods)一词或"功能食品"(funcitional foods)。此外,国际上还有营养食品(nutritional foods)以及美国科学家提出的"药用食品"(phama foods)的称谓。

中华人民共和国国家标准《保健(功能)食品通用标准》定义保健(功能)食品〔health (functional) foods〕:保健(功能)食品是食品的一个种类,具有一般食品的共性,能调节人体的机能,适于特定人群食用,但不以治疗疾病为目的。

1. 保健(功能)食品产品分类

保健(功能)食品产品按调节人体机能的作用分为:调节免疫功能食品、延缓衰老食品、改善记忆食品、促进生长发育食品、抗疲劳食品、减肥食品、耐缺氧食品、抗辐射食品、抗突变食品、抑制肿瘤食品、调节血脂食品、改善性功能食品、调节血糖食品等。

2. 保健(功能)食品功效成分

能通过激活酶的活性或其他途径,调节人体机能的物质。其主要包括:

(1)多糖类,如膳食纤维、香菇多糖等;

(2)功能性甜味料(剂)类,如单糖、低聚糖、多元糖醇等;

(3)功能性油脂(脂肪酸)类,如多不饱和脂肪酸、磷脂、胆碱等;

(4)自由基清除剂类,如超氧化物歧化酶(SOD)、谷胱甘肽过氧化酶等;

(5)维生素类,如维生素 A、维生素 E、维生素 C 等;

(6)肽与蛋白质类,如谷胱甘肽、免疫球蛋白等;

(7)活性菌类,如乳酸菌、双歧杆菌等;

(8)微量元素类,如硒、锌等;

(9)其他还有二十八烷醇、植物甾醇、皂苷等。①

保健食品不是营养品。人体需要的营养素有很多,如水、蛋白质、脂肪、碳水化合物、维生素、矿物质等,营养品一般都富含这些营养素,人人都适宜。例如牛奶富含蛋白质、脂肪和钙等物质,营养价值很高。而保健食品是具有特定保健功能、只适宜特定人群的食品,它的营养价值并不一定很高。

2009 年 6 月 1 日,我国《食品安全法》施行,把保健食品和药品审批权与监管责任划归食品药品监管部门。

(二)保健酒与药酒

保健酒是传统药酒的分支,主要特点是在酿造过程中加入了药材,主要以养生健体为主,有保健强身的作用,其用药讲究配伍,根据其功能可分为补气、补血、滋阴、补阳和气血双补等类型。

保健酒与药酒相比,虽然两者都是在酿造过程中加入了药材,但保健酒属于"饮料

---

① 《保健(功能)食品通用标准》GB 16740—1997.

酒"范畴,药酒属于"药"的范畴。保健酒主要用于调节生理机能,以保健、养生、健体为目的,以满足消费者的嗜好(但也不能多饮)。药酒主要用于治病,有其特定的医疗作用;药酒是适用于预防、诊断、治疗疾病的人群,规定有适应症、功能主治、用法和用量,一般不可乱用。

由于区域惯性,保健酒或者具有保健概念的添加了中药材的酒,某种程度上就形成了区域消费习惯。我国东北的保健酒信奉人参、鹿茸,西北的信奉藏红花、雪莲,南部的信奉首乌、巴戟,西部的信奉蛇、蛤蚧,东部沿海的信奉海马、海参等。

目前保健酒已成为我国主要消费酒之一,主要有劲酒、椰岛鹿龟酒、狼酒、御酒堂、五粮液集团黄金酒、茅台集团白金酒等。

2011年1月发布的《中医养生保健技术规范》是国家中医药管理局医政司委托的中医药标准化项目,由中华中医药学会按照中医药标准制定程序的要求严格制定。其中用于指导和规范药酒制作及使用的规范性文件《中医养生保健技术规范——药酒》,对药酒(Medicinal liquor)的定义为:是在中医药理论指导下,结合中药的现代药理学知识,把中药和酒按一定比例融合而制成,通过饮服或外涂达到调理亚健康、预防疾病、保健延年的一种养生方法。

《中医养生保健技术规范——药酒》中列出了药酒常用的中药材:

1. 补气药:人参、党参、黄芪、山药、白术、大枣和甘草等,具有补气功能,包括补元气、肺气、脾气、心气,滋补和调理因气虚引起的诸症。

2. 补肾阳药:鹿茸、鹿角胶、淫羊藿、巴戟天、仙茅、肉苁蓉、杜仲、续断、补骨脂、菟丝子、阳起石、沙苑子、蛤蚧,这类中药具有补肾助阳作用。

3. 补血药:阿胶、当归、熟地黄、龙眼肉、何首乌、楮实子,这类中药具有补血填精作用。

4. 补阴药:沙参、天门冬、麦门冬、枸杞子、玉竹、石斛、黄精、女贞子、墨旱莲、桑葚,这类中药具有滋阴、润燥、清热等功效。

5. 收涩药:五味子、肉豆蔻、覆盆子、山茱萸、金樱子、芡实、莲子。

6. 解表祛风寒药:桂枝、防风、生姜、白芷、细辛、羌活。

7. 发散风热药:薄荷、葛根、蒡子、蔓荆子、菊花。

8. 清热药:有以下五类:

(1) 清热泻火药:知母、栀子、决明子、竹叶;主要用于去实热。

(2) 清热燥湿药:苦参、黄芩、黄柏、白藓皮;主要用于去湿热。

(3) 清热解毒药:板蓝根、金银花、鱼腥草、野菊花、马齿苋、绿豆;主要用于去肿毒、丹毒。

(4) 清热凉血药:生地黄、赤芍、牡丹皮、紫草。

(5) 清虚热药:青蒿、地骨皮、白薇、银柴胡、胡黄连。

9.祛风湿药:有以下三类:

(1)用于祛风湿寒:威灵仙、川乌、草乌、独活、木瓜、松节、松叶、蕲蛇、金银白花蛇、乌梢蛇。

(2)用于祛风湿热:防己、秦艽、雷公藤、豨莶草、穿山龙。

(3)用于祛风湿强筋骨:狗脊、桑寄生、五加皮。

10.活血化瘀药:丹参、红花、川芎、桃仁、牛膝、益母草、骨碎补、鸡血藤、月季花。

11.止血药:地榆、三七、白茅根、侧柏叶、艾叶、炮姜。

12.温里药:肉桂、制附子、干姜、丁香、吴茱萸、花椒、高良姜。

13.理气药:陈皮、木香、枳实、沉香、青皮、檀香、玫瑰花、薤白。

14.利水化湿药:有以下两类:

(1)化湿药:苍术、砂仁、豆蔻。

(2)利水渗湿药:茯苓、泽泻、薏苡仁、车前子、地肤子、草薢。

15.其他:朱砂、酸枣仁、柏子仁、远志肉、灵芝等,用于安神;天麻、全蝎、蜈蚣等,用于息风止痛;山楂用于健胃消食;石菖蒲用于开窍。

五、饮料包装

目前,饮料生产厂商越来越关注饮料包装对消费者的吸引力。饮料包装按使用材料分,主要有塑料瓶、金属罐、纸塑铝复合材料包装、玻璃瓶等包装形式。

远古时代人们借助于植物茎叶、动物皮和内脏等为原料外物来盛取酒水类的液体物,后来有了木桶、陶瓷器,再后来发展为青铜器、铁器,这段时期由于饮料结构的单一,包装只是简单的形式,也没有真正上升到包装这个概念上来,直到玻璃瓶的出现。1899年,产生了第一个自动化生产吹制玻璃瓶子机械专利,而此前全部用手工吹制。

玻璃瓶按瓶口形式分为软木塞瓶口、螺纹瓶口、冠盖瓶口、滚压瓶口、磨砂瓶口等。玻璃瓶无毒、无味、阻隔性好,具有高度的透明性及抗腐蚀性。但由于玻璃的易碎、二次加工性能差、质量过重,所以就有了后来的金属罐以及塑料瓶、复合包装材料。

饮料包装的金属罐分两片罐(易拉罐)和三片罐(马口铁罐)。三片罐使用的材料多为镀锡薄钢板(马口铁),两片罐的材料多为铝合金板材。1810年,世界第一只马口铁罐由英国人发明,并取得专利。马口铁罐提供一个除了热以外,完全隔绝环境因素的密闭系统,避免饮料因光、氧气、湿气而劣变,也不因香气透过而变淡或受环境气味透过污染而变味,饮料贮存的稳定度优于其他包装材质,维生素C的保存率最高,营养素的保存性亦最好。

1940年,欧美开始发售用不锈钢罐装的啤酒,同一时期铝罐的出现也成为制罐技术的飞跃。1963年,易拉罐在美国得以发明,它继承了以往罐形的造型设计特点,在顶部设计了易拉环。其罐盖和罐身分开生产,最后组装在一起。

易拉罐密闭性非常好,这样产品的保质期就有了保障,并能抗较高的内压,非常适合用于装载碳酸饮料这种仅对压力、空气和耐酸性有少许要求的饮品。

随着1985年10月塑胶瓶的可口可乐问世,塑料瓶开始在饮料行业中被大量使用。塑料瓶主要是使用聚酯(PET)、聚乙烯(PE)、聚丙烯(PP)等为原料,添加了相应的有机溶剂后,经过高温加热后,通过塑料模具经过吹塑、挤吹或者注塑成型的塑料容器。

用于饮料包装的塑料种类主要有几种:

1.聚酯(PET或PETP):PET是开发最早、应用最广的聚酯产品。PET瓶具有"容量大、透明、直观性强、轻便易开启、可冷藏、携带方便、坚固、可回收"等特点,所有这些都为PET瓶装饮料的发展提供了更为广阔的前景。

PET包装的主要缺点是:容易造成气体的渗透,尤其是啤酒等充气饮料,氧气的渗入和二氧化碳的流失,对风味和口感的影响都是较明显的;聚酯类物质的化学性质比玻璃要活泼,因此很有可能会吸附啤酒中的一些风味物质,造成啤酒口感的变化;PET瓶冲洗、灌装和运输过程中很容易受到划伤和裂伤。

2.聚乙烯(PE):聚乙烯产品又分为低密度(LDPE)、中密度和高密度(HDPE)三种。其中高密度聚乙烯因具有较高的结晶度,其硬度、气密性、机械强度、耐化学药品性能都较好,所以被大量采用吹塑成型制成瓶子等中空容器。

3.聚氯乙烯(PVC):目前很少用于食品包装。

4.聚丙烯(PP):可耐130℃高温,是唯一可以放进微波炉的塑料盒。

我国《塑料制品的标志》[①]中规定了140种塑料材料的代号和缩略语,常见塑料材料有7种,分别用数字1—7标注:"1"—PET、"2"—HDPE、"3"—PVC、"4"—LDPE、"5"—PP、"6"—PS、"7"—PC其他类。在饮料瓶底有标识,如图1.6所示。

图1.6　在塑料瓶底的标识

---

①　GB/T16288—2008.

图 1.7 图形含义(从左到右):可重复使用,可回收再生利用,不可回收再生利用,再生塑料回收,再加工利用塑料。

纸塑铝复合包装材料主要是指由纸复合 PE 膜或铝箔等制成的利乐包(瑞典 Tetra Pax)、康美包(瑞士 SIG Combibloc)等纸塑复合包装容器,形状有屋顶包、无菌方形砖等,具有成本低、重量轻、无公害、可循环利用等特点,是绿色环保包装。被包装的液体食品在包装前经过短时间的灭菌,然后在无菌条件下即在包装物、被包装物、包装辅助器材均无菌的条件下,在无菌的环境中进行充填和封合。与罐装和瓶装之采用的方式不同,利乐无菌加工使液态食品更好地保留了色泽、质地、自然风味和营养价值。在无需防腐或冷藏的条件下,无菌包装可以保持长达一年的无菌状态。无菌技术被列为 20 世纪最重大的食品科学创新。

但纸塑复合容器的耐压性和密封阻隔度都不如玻璃瓶、金属罐和塑料容器,而且不能进行加热杀菌。

一些高档饮料包装会用水晶瓶。水晶有天然水晶与合成水晶。玻璃含氧化铅的比例达到了 24% 以上、折射度达到 1.545 的话,就可以称之为水晶。施华洛世奇是世界上首屈一指的水晶制造商,成立于 1895 年,由丹尼尔·施华洛世奇于奥地利始创。施华洛世奇的仿水晶石已经在世界各地被认定为优质、璀璨夺目和高度精确的化身,奠定了施华洛世奇成功的基础。

六、饮料地理标志产品

地理标志产品是指产自特定地域,所具有的质量、声誉或其他特性本质上取决于该产地的自然因素和人文因素,经审核批准以地理名称进行命名的产品。

《与贸易有关的知识产权协议》明确要求,世界贸易组织成员要对地理标志产品进行保护。世界许多著名饮料,如法国的干邑、香槟,苏格兰的威士忌等都得到了国际法的保护。

地理标志产品历来在各国都有着重要的地位,但各国对地理标志产品的保护方法也各有不同。澳大利亚制定了专门的法律《澳大利亚葡萄酒和白兰地联合体法案1980》。法国是实施原产地保护最早的国家,设立了原产地名称局(INAO),对葡萄酒、烈性酒等有一套完整又专门的保护方法。

为了有效保护我国的地理标志产品,规范地理标志产品名称和专用标志的使用,保证地理标志产品的质量和特色,1999 年 8 月 17 日,原国家质量技术监督局发布了《原产地域产品保护规定》,标志着有中国特色的地理标志产品保护制度的初步确立。2000 年 1 月 31 日,绍兴酒成为中国第一个受到保护的地理标志产品。2005 年 6 月,质检总局在总结、吸纳原有《原产地域产品保护规定》和《原产地标记管理规定》的基础上,制定发布了《地理标志产品保护规定》,自 2005 年 7 月 15 日起施行。

拟保护的地理标志产品,应根据产品的类别、范围、知名度、生产销售等因素,分别制订相应的国家标准、地方标准或管理规范。

2005 年以来,一大批有特色饮料产品已获地理标志产品保护,其中已发布国家标准的有:

1. 酒类地理标志产品

剑南春酒(GB/T 19961—2005)

通化山葡萄酒(GB/T 20820—2007)

水井坊酒(GB/T 18624—2007,代替 GB 18624—2002)

互助青稞酒(GB/T 19331—2007,代替 GB 19331—2003)

贵州茅台酒(GB/T 18356—2007,代替 GB 18356—2001)

古井贡酒(GB/T 19327—2007,代替 GB 19327—2003)

西凤酒(GB/T 19508—2007,代替 GB 19508—2004)

口子窖酒(GB/T 19328—2007,代替 GB 19328—2003)

道光廿五贡酒(锦州道光廿五贡酒)(GB/T 19329—2007)

玉泉酒(GB/T 21261—2007)

牛栏山二锅头酒(GB/T 21263—2007)

沱牌白酒(GB/T 21822—2008)

舍得白酒(GB/T 21820—2008)

严东关五加皮酒(GB/T 21821—2008)

洋河大曲酒(GB/T 22046—2008)

国窖 1573 白酒(GB/T 22041—2008)

烟台葡萄酒(GB/T 18966—2008,代替 GB 18966—2003)

泸州老窖特曲酒(GB/T 22045—2008)

五粮液酒(GB/T 22211—2008)

贺兰山东麓葡萄酒(GB/T 19504—2008,代替 GB 19504—2004)

绍兴酒(绍兴黄酒)(GB/T 17946—2008,代替 GB 17946—2000)

沙城葡萄酒(GB/T 19265—2008,代替 GB 19265—2003)

昌黎葡萄酒(GB/T 19049—2008,代替 GB 19049—2003)

酒鬼酒(GB/T 22736—2008)

景芝神酿酒(GB/T 22735—2008)

2.茶类地理标志产品

乌牛早茶(GB/T 20360—2006)

武夷岩茶(GB/T 18745—2006,代替 GB 18745—2002)

雨花茶(GB/T 20605—2006)

安吉白茶(GB/T 20354—2006)

安溪铁观音(GB/T 19598—2006,代替 GB 19598—2004)

庐山云雾茶(GB/T 21003—2007)

狗牯脑茶(GB/T 19691—2008,代替 GB 19691—2005)

黄山毛峰茶(GB/T 19460—2008,代替 GB 19460—2004)

政和白茶(GB/T 22109—2008)

蒙山茶(GB/T 18665—2008,代替 GB 18665—2002)

普洱茶(GB/T 22111—2008)

太平猴魁茶(GB/T 19698—2008,代替 GB 19698—2005)

洞庭(山)碧螺春茶(GB/T 18957—2008,代替 GB 18957—2003)

龙井茶(GB/T 18650—2008,代替 GB 18650—2002)

信阳毛尖茶(GB/T 22737—2008)

坦洋工夫(GB/T 24710—2009)

崂山绿茶(GB/T 26530—2011)

3.其他类地理标志产品

吉林长白山饮用天然矿泉水(GB 20349—2006)

黄山贡菊(GB/T 20359—2006)

怀菊花(GB/T 20353—2006)

杭白菊(GB/T 18862—2008,代替 GB 18862—2002)

滁菊(GB/T 19692—2008,代替 GB 19692—2005)

七、饮文化与旅游

饮料在旅游中除可以满足人们基本生理需求外,地理标志饮料产品是有特色旅游商品,一些饮品已成为奢侈品。人类历史长河中,饮料与人相伴,一些饮料已化为文化符号,在国家民族文化上,如茶与中华民族,威士忌与苏格兰、爱尔兰,伏特加与俄罗斯、波兰、芬兰,啤酒与比利时、德国、捷克,清酒与日本,可乐与美国等;在地域特色文化上,如香槟与法国兰斯,啤酒与德国慕尼黑,龙井茶与杭州,普洱茶与云南等。一些饮料名产地成为人们向往的旅游地,如法国的名酒、名矿泉水产地,英国的苏格兰高地,牙买加蓝山咖啡产地等;葡萄酒文化、黄酒文化、烈性酒文化、啤酒文化、茶文化、咖啡文化等饮文化内容融入旅游中,一些国家还推出专题饮文化之旅,如澳大利亚近年来一直在大力推进葡萄酒旅游。

第三节　酒　品

一、酒的起源

酒起源于远古时代。据专家鉴定确认,山东大汶口文化(距今 5000 年前)遗址中出土的尊、高脚杯、小壶等陶器及陕西眉县出土文物中有 6000 年历史的一组陶器(内有小杯、高脚杯、陶葫芦)皆为当时饮酒的器具。而国外的考古亦发现 6000 年前埃及等古文明发源地即有酒类生产。酒的起源比人类发明文字要早很多,因此,究竟起源于何时,没有准确的年代记载。

对于酒的出现,法国有鸟类衔食造酒的传说,我国则自古有"猿猴造酒"之传说。明代文人李日华所著《紫桃轩又缀·蓬栊夜话》有这样的叙述:"黄山多猿猱,春夏采杂花果于石洼中,酝酿成酒,香气溢发,闻数百步。"清代《清稗类钞·粤西偶记》记述:"平乐等府山中,猿猴极多,善采百花酿酒,樵子入山得其巢穴,其酒多至数石,饮之香美异常,曰猿猴酒。"

自然界中的一些水果如葡萄等较容易自然发酵形成酒,而一些粮食煮熟后放置一段时间在一定条件下也可生成酒。人类有意识地酿酒,应该是从观察到自然发酵现象而去模仿的结果。

中国古老传说一般尊周代杜康为"酿酒始祖"。东晋时江统在《酒诰》中论述道:"酒之所兴,肇自上皇,或云仪狄,一曰杜康。有饭不尽,委余空桑,郁积成味,久蓄气芳。本出于此,不由奇方。"《战国策·魏策》写到:"昔者,帝女令仪狄作酒而美,进之禹,禹饮而甘,遂疏仪狄,绝旨酒,曰:后世必有以酒亡其国者。"禹是夏朝开国之君,距今已有 4000 多年。在中国,汉代刘安《淮南子》最早提出酿酒始于农耕:"清盎之美,始于耒耜。"

古希腊神话中的酒神是狄奥尼索斯(Dionysus),他象征着原始、狂欢、自由和生命。罗马的酒神名为巴克斯(Bacchus),他是葡萄与葡萄酒之神,也是狂欢与放荡之神。古希腊人和罗马人有他们的葡萄酒神,希伯莱人则有自己的有关葡萄和葡萄酒的传说。《圣经·旧约·创世记》是希伯莱民族关于宇宙和人类起源的创世神话。诺亚在洪水退后开始耕作土地,开辟了一个葡萄园,并种下了第一株葡萄。后来,他又着手酿造葡萄酒。一天,他喝了园中的酒,赤身裸体地醉倒在帐篷里。他第二个儿子可汗见后,去告诉兄弟西姆和雅弗,后两人拿着长袍,倒退着进帐篷背着面给父亲盖上,没有看父亲裸露的身体。诺亚酒醒后,就诅咒可汗,要神让可汗的儿子迦南一族做雅弗家族的奴隶。俄赛里斯(Osiris)是古埃及主神之一,也是公认的葡萄酒之神。他统治已故之人,并使万物自阴间复生,如使植物萌芽、使尼罗河泛滥等。对俄赛里斯的崇拜遍及埃及,而且往往与各地对丰产神和阴间诸神的崇拜相结合。

二、酿酒原理

含有淀粉或糖质的原料,经发酵可以酿成酒。发酵(fermentation)最初是由拉丁语ferver即"发泡"、"沸涌"派生而来的,指酒精发酵时产生二氧化碳的现象。虽然人类有悠久的酿酒历史,但直到19世纪中叶,微生物学家巴斯德才研究出了酵母酒精发酵的生理意义,认为发酵是酵母在无氧状态下的呼吸过程,即无氧呼吸。

在酒精生产中,能被酵母利用、同化的糖类称为可发酵性糖,可发酵性糖能满足酵母对碳源营养的要求,为酵母生命活动提供所需能量,因其全部能被酵母所利用,除了酵母自身生长、繁殖消耗外(占$1\%\sim2\%$),其余全部能生成酒精、二氧化碳及其他发酵产物。可发酵性糖主要有蔗糖、麦芽糖、葡萄糖、果糖和半乳糖等。含糖的原料,如葡萄和其他水果以及糖蜜,可以在酵母的作用下发酵产生酒精。

含淀粉的原料,如高粱、大麦、糯米、玉米、土豆,首先要把淀粉转化为可发酵性糖。糖化是指原料中的可溶性淀粉在淀粉酶的作用下,将可溶性淀粉转化为可发酵性糖。发酵是指可发酵性糖在酵母中的酒化酶作用下,将糖分解成酒精并放出二氧化碳。

用淀粉原料酿酒时要经过糖化和发酵两个生物化学反应,即:

糖化　淀粉→可发酵性糖

发酵　可发酵性糖→酒精＋CO_2

当然,实际的酿酒过程会发生一系列极其复杂的生化反应,糖化、发酵、成酸、成酯等反应同时进行,交互反应,从而生成许多产物。

西方酿啤酒一般采用谷物(大麦)发芽方式获取淀粉酶,我国古代劳动人民则创造了有很强糖化、发酵能力的曲,曲是含有霉菌、酵母、细菌等发酵微生物的混合培养物;细菌中的芽孢杆菌,霉菌中的曲霉和根霉可以产生淀粉酶,少数细菌还有发酵能力;我国古人虽不能理解微生物的存在,但在实践中掌握了发酵微生物的规律,开辟了独一无二的边糖化边发酵的酿酒道路。

蒸馏酒是在发酵基础上,用蒸馏器提高酒度。蒸馏酒与酿造酒相比出现较晚的原因之一就是因为蒸馏酒需要蒸馏技术。

蒸馏器有两种:壶式蒸馏器(Pot Still)和连续蒸馏器(Continuous Still)。连续蒸馏器各地叫法不同,有的叫柱式蒸馏器(Column Still),有的叫科菲蒸馏器(Coffey Still)等。

三、酒　度

酒中的醇有乙醇、甲醇等。甲醇有毒性,人喝后会中毒而死。酒中最重要的成分是

图 1.9　壶式威士忌蒸馏器

乙醇,乙醇无毒性,但能刺激人的神经和血液循环,血液中乙醇含量超出一定比例时,也会引起中毒。

酒中酒精含量的多少用酒度来衡量。目前国际上酒度的表示法有以下几种。

1. 标准酒度(Alcohol ％ by Volume)

标准酒度是由法国著名化学家 Gay Lussac 发明的。国际标准是指在 20℃ 条件下,每 100ml(毫升)酒液中含酒精的毫升数或百分比。该标准 1983 年 1 月 1 日起开始在欧洲地区实行。在商标上表示为％vol、％V/V、Alc/Vol、GL、°Gay Lussac 等。我国 1989 年国家标准规定用％V/V 表示,后考虑与国际接轨,因为在 ISO 4805 中,指出应优先使用％vol,因此我国 2005 年起改用％vol。①

有些国家如美国、法国等测定时的标准温度会与国际标准 20℃ 有所不同。

2. Proof 制

Proof 制发明比标准酒度早。古代把蒸馏酒泼在火药上,能点燃火药时的蒸馏酒的最低酒精强度,即为酒精强度 100。如用 18 世纪由英国人 Clark 创造的方法,于 15.5℃ 下表示威士忌的标准酒精强度为 100,则其酒精容量百分比为 57.07％,重量百分比为 49.24％,与古代点燃火药法的数值相近。

---

① 《饮料酒标签标准》GB 10344—2005.

（1）英制酒度（Degrees of Proof UK）。18 世纪由英国人 Clark 创造的一种酒度表示方法。商标上表示为：BR. PROOF 等。

（2）美制酒度（Degrees of Proof US）。美制酒度商标上表示为：U.S. PROOF 或 PROOF。

三种酒度之间可以用如下方法简单换算：

标准酒度×2＝美制酒度

标准酒度×1.75＝英制酒度

美制酒度×0.875＝英制酒度

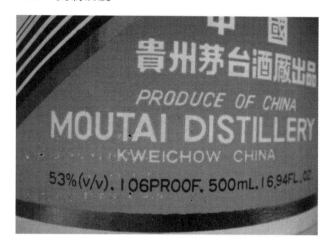

图 1.10　茅台酒商标上两种酒度表示

3.用重量百分比表示的酒度

重量百分比酒度是指在 20℃条件下，每 100 克酒液中含有多少克的纯酒精。商标上一般表示为：％m/m。啤酒酒精度传统上用重量百分比为酒精计量单位。我国 2008 年的《啤酒》国家标准与 2001 年的相比，变化之一就是把啤酒的酒精度计量单位改用体积分数（％vol）表示。

四、酒的分类

1.按制作方法分

饮料酒按制作方法可分为：

（1）发酵酒（fermented alcoholic drink）：以粮谷、水果、乳类等为主要原料，经发酵或部分发酵酿制而成的饮料酒；有啤酒、葡萄酒、果酒（发酵型）、黄酒、奶酒（发酵型）等。

（2）蒸馏酒（distilled spirits）：以粮谷、薯类、水果、乳类等为主要原料，经发酵、蒸馏、勾兑而成的饮料酒;有中国白酒、白兰地、威士忌、伏特加、朗姆酒、杜松子酒(金酒)、奶酒(蒸馏型)等。

(3)配制酒(露酒)(blended alcoholic beverage):以发酵酒、蒸馏酒或食用酒精为酒基,加入可食用或药食两用的辅料或食品添加剂,进行调配、混合或再加工制成的,已改变了原酒基风格的饮料酒;有植物类配制酒(露酒)、果酒(配置型)、动物类配制酒(露酒)、动植物类配制酒(露酒)等。①

发酵酒也称酿造酒。配制酒在我国传统上分药酒与露酒,但在最新《饮料酒分类》中,药酒不属于饮料酒。

2. 按酒度高低分

高度酒:酒度 40 度(%vol)以上;

中度酒:酒度在 20~40 度;

低度酒:酒度在 20 度以下。

3. 西方按配餐方式分

按西方配餐方式分为餐前开胃酒、佐餐酒、甜品酒、餐后酒等。

4. 我国按销售习惯分

按我国销售习惯分为白酒、黄酒、啤酒、葡萄酒、果酒、露酒、药酒、保健酒等。

五、饮酒与健康

酒,适量饮用,不仅有兴奋精神(助兴功能)、增进食欲(开胃功能)、提供营养等作用,而且在医疗方面亦有一定的功效,如定神、提高药效、舒筋活血、治疗某些病等。酿造酒和一些配制酒有较多有利于人体健康的营养成分。

酒都含有乙醇(即酒精),而对于乙醇的承受力,因各人胃肠吸收能力和肝脏代谢处理能力等不同而差异很大,人的体质、体重、年龄、性别甚至遗传不同,对酒精的反应均会不同。据大量病理学检验资料统计表明,每日摄入酒精量在 1 克/千克体重以内者可避免酒精对肝脏的损害,但过量摄入,酒精对中枢神经有麻醉作用,会使大脑皮层处于不正常的兴奋和麻醉状态,产生醉酒表现,造成酒精中毒(急性、慢性),急性酒精中毒可导致死亡,慢性酒精中毒会因脑部损害及全身器官营养不良、代谢紊乱而产生一系列合并症。据统计表明,血液中乙醇浓度和人的醉酒表现很有关系,如表 1.1 所示。

---

① 《饮料酒分类》GB/T 17204—2008.

表 1.1 血液中乙醇浓度和人的醉酒表现的关系

乙醇浓度	醉酒表现
0.05%～0.1%	人开始朦胧、畅快地微醉
0.1%～0.2%	大脑神经麻痹,各种能力降低,爱说话,有解放感,行动丧失自制
0.3%	口齿不清,步态蹒跚
0.4%	说胡话,叫嚷,乱跑,乱跌
0.5%	烂醉如泥,不省人事
0.7%	死亡

　　虽然乙醇在血液中的含量不是饮进的乙醇的绝对量,但乙醇中毒与饮酒的量和速度有着正比关系,尤其饮用烈性酒,过量酒精刺激食道和胃可引起食道炎、胃炎和胃溃疡,对消化系统有抑制作用。这也是诱发食道癌、胃癌的致病因素。饮烈酒后普遍会出现心率加快、血压增高、心肌缺血,这易引起冠心病的发生,也易诱发脑血管意外。酒精还对人的生殖细胞造成毒害,使受孕的婴儿痴呆或智力发育不全,出现畸形。酒精还会使人的记忆力减退、抵抗力下降。酒精主要在肝脏内代谢,当在体内的浓度过高时,会使肝脏的解毒功能逐渐衰退,导致肝病变,形成脂肪肝或酒精性肝硬化。

　　对酒与健康,我们古人早有认识。元代忽思慧认为,酒"少饮尤佳,多饮伤神损寿,易人本性,其毒甚也,醉饮过度,丧生之源"。明代李时珍则说:"面曲之酒,少饮则和血行气,壮神御寒。若夫沉湎无度,醉以为常者,轻则致疾败行,甚至丧躯殒命,其害可胜言哉。"

　　对于身体的某些部位欠佳者,即使是对有营养的饮料——葡萄酒,亦应注意是否可以饮用。日本右田圭司在所著《葡萄酒知识》一书"医生的劝告"一节中对此有较详细的论述。如表 1.2 所示。

表 1.2 医生对患病者饮葡萄酒的劝告

病 名	可以饮用的葡萄酒	不可以饮用的葡萄酒
心脏病	所有葡萄酒	极少数含酒精高的葡萄酒
胆石病	少量的淡葡萄酒、红葡萄酒兑水或极少量的白葡萄酒	褐色葡萄酒、富含矿物质的强化葡萄酒、起泡葡萄酒及冰镇葡萄酒
高血压	只能用葡萄酒来调味	
肾脏炎	所有的葡萄酒来调味	
膀胱结石	所有淡葡萄酒但要少量	

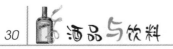

续表

病　名	可以饮用的葡萄酒	不可以饮用的葡萄酒
患营养性疾病者	无论时间长短的波尔多红葡萄酒、淡葡萄酒但要少量	发泡性葡萄酒、葡萄牙的碎酒、马德拉葡萄酒等
胃酸过多(胃中盐酸过多)	少量的淡味红葡萄酒	褐色的红葡萄酒、极干的白葡萄酒、酒龄短酸味大的白葡萄酒、甜葡萄酒(一般的白和桃红酒都不宜)
胃酸过多(胃液分泌异常)	淡葡萄酒、有点酸味、酒精含量少的白葡萄酒、酒龄短的白葡萄酒	含酒精多的葡萄酒、甜葡萄酒
胃不调	少量淡味红葡萄酒、陈酿的法国葡萄酒	白、桃红葡萄酒,起泡酒
胃溃疡	什么酒也不能喝	
便秘	淡葡萄酒,白、红、桃红葡萄酒	酒精含量高的葡萄酒
重肝病	严禁喝带酒精的饮料	所有的葡萄酒
胆固醇过多症	所有葡萄酒均可,但要限量	
动脉硬化	同上	

第二章

软 饮 料

软饮料(Soft drink)是工业化生产的无醇饮料,在西方销售最早出现在 17 世纪。1676 年,巴黎出现由水和柠檬汁加蜂蜜做成的柠檬软饮料(lemonade soft drinks)专卖。18 世纪末,软饮料中的碳酸饮料开始生产。

第一节 软饮料的概念和分类

一、软饮料的概念

国际上对软饮料的认识并不一致。

美国软饮料法规把软饮料规定为:软饮料是指人工配制的,乙醇(用作香料等配料的溶剂)含量不超过 0.5% 的饮料;软饮料不包括纯果汁、纯蔬菜汁、乳制品、大豆制品以及茶叶、咖啡、可可等植物性原料为基础的饮料。软饮料可充碳酸气,也可不充碳酸气;还可浓缩加工成固体粉末。

英国法规把软饮料定义为"任何供人类饮用而出售的需要稀释或不需要稀释的液体产品",包括各种果汁饮料、汽水(苏打水、奎宁汽水、甜化汽水)、姜啤以及加药或植物的饮料;不包括水、天然矿泉水(包括强化矿物质的)、果汁(包括加糖和不加糖的、浓缩的)、乳及乳制品、茶、咖啡、可可或巧克力、蛋制品、粮食制品(包括加麦芽汁含酒精的,但不能醉人的除外)、肉类、酵母或蔬菜等制品(包括番茄汁)、汤料、能醉人的饮料以及除苏打水外的任何不甜的饮料。

日本没有软饮料概念,称为清凉饮料,包括清凉饮料水和饮料粉。清凉饮料水包括碳酸饮料和果汁饮料两大类别。与美国不同,果汁饮料包括天然果汁,但不包括天然蔬菜汁。[①]

在我国，2007 年发布的《饮料通则》国家标准代替了 1996 年制定的《软饮料的分类》国家标准[②]，用"饮料"一词代替了"软饮料"，因为是代替，可以认为此处的"饮料"概念就是以前的"软饮料"概念。

二、软饮料的分类

根据中华人民共和国国家标准《饮料通则》，可以认为我国软饮料的类别有：

1. 碳酸饮料（汽水）类（carbonated beverages）：在一定条件下充入二氧化碳气的饮料，不包括由发酵法自身产生的二氧化碳气的饮料。

2. 果汁和蔬菜汁类（fruit and vegetable juices）：用水果和（或）蔬菜（包括可食的根、茎、叶、花、果实）等为原料，经加工或发酵制成的饮料。

3. 蛋白饮料类（protein beverages）：以乳或乳制品，或有一定蛋白质含量的植物的果实、种子或种仁等为原料，经加工或发酵制成的饮料。

4. 包装饮用水类（packaged drinking water）：密封于容器中可直接饮用的水。

5. 茶饮料类（tea beverages）：用茶叶的水提取液或其浓缩液、茶粉等为原料，经加工制成的饮料。

6. 咖啡饮料类（coffee beverages）：用咖啡的水提取液或其浓缩液、速溶咖啡粉为原料，经加工制成的饮料。

7. 植物饮料类（coffee beverages）：用植物或植物的抽提物（水果、蔬菜、茶、咖啡除外）为原料，经加工或发酵制成的饮料。

8. 风味饮料类（flavored beverages）：以食用香精（料）、食糖和（或）甜味剂、酸味剂等作为调整风味的主要手段，经加工制成的饮料。

9. 特殊用途饮料类（beverages for special uses）：通过调整饮料中营养素的成分和含量，或加入具有特定功能成分的适应某些特殊人群需要的饮料。

10. 固体饮料（品）类（powdered beverages）：以食品原料、食品添加剂等加工制成粉末状、颗粒状或块状等固态料的供冲调饮用的制品。

11. 其他饮料（品）类（other drinks）：以上分类中未能包括的饮料。

需要特别注意，对概念要正确理解，如对碳酸饮料，不能只简单理解为含二氧化碳气，如果这样理解，就会把啤酒、香槟等也归入碳酸饮料；而事实上碳酸饮料是充入二氧化碳气、乙醇含量不超过 0.5% 的饮料，不包括由发酵法自身产生的二氧化碳气的啤酒、香槟等。在我国饮料的类别中有"蛋白饮料"、"茶饮料"、"固体饮料"、"其他饮料"等

① 胡小松，蒲彪. 软饮料工艺学. 北京：中国农业大学出版社，2002.
② GB 10789—1996.

概念,但茶、咖啡、乳制品、冷冻饮品等并不包括在这些饮料类别中。例如,"茶"与"茶饮料",茶饮料中茶叶是原料,茶≠茶饮料;又如酸牛乳(酸奶)≠乳酸菌饮料等。

第二节 碳酸饮料

碳酸饮料通常由水、甜味剂、酸味剂、香精香料、色素、二氧化碳气及其他原辅料组成,俗称汽水。

碳酸饮料的生产历史不长,始于18世纪末至19世纪初。1772年英国人普里司特莱(Priestley)发明了制造碳酸饱和水的设备,成为制造碳酸饮料的始祖。他指出,水碳酸化后便产生一种令人愉快的味道,并可以和水中其他成分的香味一同逸出。1807年美国推出果汁碳酸水,这种产品受到欢迎,以此为开端开始工业化生产。以后随着人工香精的合成、液态二氧化碳的制成、帽形软木塞和皇冠盖的发明、机械化汽水生产线的出现,才使碳酸饮料首先在欧美国家工业化生产并很快扩展到全世界。

1876年,清人葛元熙在《沪游杂记》里,曾提到晚清时上海卖汽水的情景:"夏令有荷兰水,柠檬水,系机器灌水与汽入于瓶中,开时,其塞爆出,慎防弹中面目。随到随饮,可解散暑气。"当时中国人称汽水为"荷兰水",大概因为这种水是由荷兰带来的缘故吧。

我国碳酸饮料工业起步较晚,20世纪初,随着帝国主义对我国的经济侵略,汽水设备和生产技术进入我国,在沿海主要城市建立起小型汽水厂,例如天津山海关、上海正广和、广州亚洲、沈阳八王寺以及青岛等汽水厂,但产量都很低,如1921年投产的沈阳八王寺汽水厂年产汽水仅150吨。此后又陆续在武汉、重庆等地建成一些小的汽水厂。至新中国成立前夕,我国饮料总产量仅有5000吨。1980年后,碳酸饮料得到迅速发展,[1]2010年碳酸饮料的总产量达到12652426.19吨。[2]

一、碳酸饮料的分类

根据2008版国家标准《碳酸饮料(汽水)》[3]之规定,碳酸饮料的种类有:

1. 果汁型碳酸饮料(cabonated beverage of juice containing type):含有一定量果汁(不低于2.5%)的碳酸饮料。如橘汁汽水、橙汁汽水、菠萝汁汽水、混合果汁汽水等。

2. 果味型碳酸饮料(cabonated beverage of fruit flavored type):以果味香精为主要香气成分,含有少量果汁或不含果汁的碳酸饮料。如橘子味汽水、柠檬味汽水等。

3. 可乐型碳酸饮料(cabonated beverage of cola type):以可乐香精或类似可乐果香

---

① 胡小松,蒲彪. 软饮料工艺学. 北京:中国农业大学出版社,2002.
② 数据来源:中国产业信息网.
③ GB/T 10792—2008.

型的香精为主要香气成分的碳酸饮料。

4.其他型(other type):上述 3 类以外的碳酸饮料。如苏打水、盐汽水、姜汁汽水、沙示汽水等。

而 1995 的《碳酸饮料》国家标准[①],将碳酸饮料分为五类:

1.果汁型(fruit juices type):原果汁含量不低于 2.5％的碳酸饮料。如橘汁汽水、橙汁汽水、菠萝汁汽水或混合果汁汽水等。

2.果味型(fruit flavoured type):以食用香精为主要赋香剂以及原果汁含量低于 2.5％的碳酸饮料。如橘子汽水、柠檬汽水等。

3.可乐型(cola type):含有焦糖色素、可乐香精、水果香精或类似可乐果、水果香型的辛香和果香混合香气的碳酸饮料。无色可乐可不含焦糖色素。

4.低热量型(low-calorie type):以甜味剂全部或部分代替糖类的各型碳酸饮料和苏打水,其热量不高于 75kJ/100mL。

5.其他型(other type):除上述四种类型以外的含有植物提取物或非果香型的食用香精为赋香剂的碳酸饮料。如姜汁汽水、沙示汽水(sarsprilla)、运动汽水等。

二、碳酸饮料的感官质量要求

1.果汁型:在色泽上应接近与品名相符的鲜果或果汁的色泽,具有该品种鲜果之香气,香气协调柔和,味感纯正、爽口,酸甜适口,有该品种鲜果汁之滋味,有清凉感。

2.果味型:在色泽上应接近与品名相符的鲜果或果汁的色泽,具有近似该品种鲜果之香气,香气较协调柔和,味感较纯正、爽口,酸甜适口,有近似该品种鲜果汁之滋味,有清凉感。

3.可乐型:色泽深棕色或无色,具有可乐果及水果应有的香气,香气协调柔和,口味正常,味感纯正、爽口,酸甜适口,有清凉、杀口感。

4.其他型:具有与品名相符的色泽,有该品种应有的香气,香气较协调柔和,味感纯正、爽口,有该品种应有的滋味,有清凉感。

三、常见品牌和服务

1.常见品牌

汽水品牌众多,但市场多为名牌产品所占据。国际汽水市场,长久以来,都由"可口可乐"(Coca-Cola)、"百事可乐"(Pepsi)、"雪碧"(Sprite)、"七喜"(7-UP)四大名牌所垄断。可乐颜色深,而雪碧和七喜无色,形成"黑白"两大主流。

可口可乐是世界上最早的可乐,由约翰·S.潘伯顿博士于 1886 年在美国乔治亚州

---

① GB/T 10792—1995.

亚特兰大市首次配制。1892年,可口可乐公司用重金将配方垄断。可口可乐内含两种热带植物,一种是古柯树(Coca)的树叶浸提液,另一种是可乐(Cola)果的种子抽出液。在可口可乐配制成功后的第十二个年头,美国北卡罗莱纳州的一位药剂师配制出另一种可乐,取名"百事可乐"。

其他常见的碳酸饮料有:汤力水(Tonic Water)、苏打水(Soda Water)、干姜水(姜啤)(Ginger Ale、Ginger Beer)、新奇士橙汁汽水(Sunkist Orange)、苦柠水(Bitter Lemon)等。

图2.1 碳酸饮料

从营养角度来说,普通的碳酸饮料除使用砂糖产生相当热量外,几乎没有营养价值,它的主要功能是产生清凉感。果汁型的碳酸饮料虽有一定营养价值,但加二氧化碳的目的是在果汁酸味的基础上进一步产生清凉感。

苏打水配料为水、二氧化碳、碳酸氢钠、氯化钙、硫酸钠、硫酸镁。

干姜水配料为水、白砂糖、二氧化碳、柠檬酸、干姜香味剂、焦糖、苯甲酸钠。

2.服务

(1)在饮用前要冷藏,碳酸饮料在4℃时口感最好。

(2)可加少量调料,如柠檬汁,可乐中还可以加少量盐。

(3)是混合饮料的常用辅料。

(4)杯用海波杯或哥连士杯。

第三节 包装饮用水

水是人类生存的必需品。人类很早就懂得用矿泉水来进行治疗和健身,但单纯的水作为商品饮料广泛出现在市场上则还是近几十年的事。

19世纪后半叶,由于生产的发展,饮料矿泉成为一个新兴的行业。20世纪30年代开始,饮料矿泉水在欧洲以平均年增长10%的速度发展。

2006年,雀巢公司在法国维特尔(Vittel)建成世界最大规模的矿泉水生产基地。目前全球最大的两家包装饮用水商是瑞士雀巢公司与法国达能公司。

我国于1932年建立了第一家饮用矿泉水厂——青岛崂山矿泉水(Laoshan Mineral Water)厂,这是我国1980年以前唯一的一家矿泉水厂,规模很小。改革开放后,特别是1990年后,我国天然饮用矿泉水工业发展非常迅速,已有达能益力、景田、崂山等代表企业。

我国矿泉水资源十分丰富,全国已知产地多达 3000 多处;天然饮用矿泉水的基本类型是碳酸水、硅酸水和锶水等。我国在吉林长白山地区建立了第一个区域性天然矿泉水水源保护区;吉林省白山市被命名为"中国矿泉城";四川省什邡市、辽宁省辽阳市(弓长岭区)、吉林省安图县被命名为"中国矿泉水之乡";四川"蓝剑—冰川时代"矿泉水水源、云南"石林天外天"矿泉水水源、西藏"5100 冰川"矿泉水水源、辽宁辽阳弓长岭区"八宝琉璃井"矿泉水水源、湖北武汉"智慧泉"矿泉水水源等多处水源被授予"中国优质矿泉水水源"称号。

饮用纯净水起源于美国,是由美国科学家发明的用反渗透技术处理的水,它除含 H_2O 外不含任何杂质。20 世纪 80 年代起,国外饮品市场开始饮用通过反渗透技术处理的水。我国的第一条饮用纯净水生产线于 1991 年建于深圳。

20 世纪 90 年代,纯净水、蒸馏水、矿物质水、山泉水逐渐进入市场。我国目前包装饮用水市场上,纯净水以娃哈哈、乐百氏为代表,蒸馏水以屈臣氏为代表,天然泉水以农夫山泉为代表,矿物质水以康师傅为代表。

我国近年来开始出现高端瓶装矿泉水产品,如"5100 冰山矿泉水"、"昆仑山"等,吉林长白山酒业集团公司还推出"长白山沏茶专用水"、"煲汤专用水"、"保鲜水"等专用矿泉水高端品牌。2010 年中国包装饮用水类产量达 42496092.39 吨。[①]

近几十年来,瓶装水在全世界得到了迅速发展,主要原因一是因为水资源污染严重,而生活饮用水通常用氯消毒处理导致水的二次污染;二是塑料容器的出现以及水处理技术的提高(尤其是反渗透技术,为纯净水的生产带来了飞跃);三是人们更注意健康和营养,水由于不含任何热量,泉水、矿泉水还含有人体所需的矿物质元素。

一、包装饮用水的分类

根据《饮料通则》国家标准,我国对包装饮用水进行了分类,具体如下:

1. 饮用天然矿泉水(drinking natural mineral water)。采用从地下深处自然涌出或经钻井采集的、未受污染的地下矿水;含有一定量的矿物盐、微量元素或二氧化碳气体的;在通常情况下,其化学成分、流量、水温等动态在天然周期波动范围内相对稳定的水源制成的制品。

矿水是一些特殊类型的地下水。从地下自然涌出的地下水称为泉水,在科学未昌明的古代,国内外的先民们所认识的矿水,绝大多数是泉水,所以,习惯上把矿水称作矿泉水。

---

① 数据来源:中国产业信息网。

表 2.1 我国对矿物质的界限指标(应有一项或一项以上符合规定)①

项 目	要 求
锂/(mg/L)	≥0.20
锶/(mg/L)	≥0.20(含量在 0.20～0.40 时,水源水水温应在 25℃以上)
锌/(mg/L)	≥0.20
碘化物/(mg/L)	≥0.20
偏硅酸/(mg/L)	≥25.0(含量在 25.0～30.0 时,水源水水温应在 25℃以上)
硒/(mg/L)	≥0.01,但应低于 0.05
游离二氧化碳/(mg/L)	≥250
溶解性总固体/(mg/L)	≥1000

根据产品中二氧化碳含量,饮用天然矿泉水还可以分为:含气天然矿泉水、充气天然矿泉水、无气天然矿泉水、脱气天然矿泉水。②

2. 饮用天然泉水(drinking natural spring water)。采用从地下自然涌出的泉水或经钻井采集的、未受污染的地下泉水且未经过公共供水系统的水源制成的制品。

3. 其他天然饮用水(other natural drinking water)。采用未受污染的水井、水库、湖泊或高山冰川等且未经过公共供水系统的水源制成的制品。

4. 饮用纯净水(purified drinking water)。以符合生活饮用水卫生标准的水为水源,采用适当的加工方法(蒸馏法、电渗析法、离子交换法、反渗透法等),去除水中的矿物质等制成的制品。

5. 饮用矿物质水(mineralized drinking water)。以符合生活饮用水卫生标准的水为水源,采用适当的加工方法,有目的地加入一定量的矿物质制成的制品。

6. 其他包装饮用水 other packaged drinking water。以符合生活饮用水卫生标准的水为水源,采用适当的加工方法,不经调色处理而制成的制品,如添加适量食用香精(料)的调味水等。

国际瓶装水协会(IBWA)对天然水的定义是:瓶装的,只需最小限度处理的地表水或地下形成的泉水、矿泉水、自流井水,而不是来源于市政系统或者公用供水系统。

欧州对天然矿泉水以外的水,规定了"对原产地定义的水"和"加工的水"的区别。矿物质的水叫"制备水"和"加工水",或者是"加工饮用水"。其中加工的水,可以是供人类消费的水,可以自然产生或有意添加矿物质,也可以自然产生或有意添加二氧化碳,但是不可以加糖,加其他的甜味剂和风味剂等。

---

① 《饮用天然矿泉水》GB 8537—2008.
② 《饮用天然矿泉水》GB 8537—2008.

二、矿泉水

(一)联合国对矿泉水的定义

联合国食品法典委员会(CAC)于1981年制定了《天然矿泉水法典标准》(CODEX STAN 108－1981),确定为"欧洲区域性标准"。1997年又进行了修订(CODEX STAN 108－1981,Rev. 1997),作为世界标准发布。2001年CAC第24次会议上,通过了"天然矿泉水法典标准修订草案"(CODEX STAN 227－2001)。CODEX 108和227分别规定了矿泉水和不是天然的矿泉水的标准。CODEX 108中对天然矿泉水的定义如下:

天然矿泉水是一种与普通饮用水有明显区别的水,区别在于:它含有一定含量且互成比例的矿物盐、痕量元素及其他成分;是直接来源于天然泉水或从地下水层打出的泉水,在保护的水源周边地区应采取所有可能的预防措施以避免水质污染并影响天然矿泉水的化学和物理品质;由于自然的周期性波动,具有成分的同一性和流量及温度的稳定性;是在保证不受细菌侵入及基本组成中的化学成分不变的条件下收集的;在泉眼旁灌装,罐装过程中要特别注意卫生;除本标准允许的以外,不进行任何其他处理。

矿泉水类别有:自然充碳天然矿泉水、无碳天然矿泉水、脱碳天然矿泉水、由泉眼得到的人工充二氧化碳天然矿泉水、充碳天然矿泉水。

CODEX 227定义灌装的水:"灌装水"而不是天然矿泉水,是用于人类饮用,并可能含有矿物质(天然存在或人为添加的)的水,可能含有二氧化碳(天然存在或人为添加的),但不能含有糖、甜味剂、风味剂或其他食品添加剂。

"灌装水"有两类:一是来自特殊的环境条件下,尚未流经过自来水管网——"定义为原水的水";二是可以是来源于任何供应的水——"处理的水"。

(二)欧盟对矿泉水的定义

欧盟(EU),同样是定义矿泉水和泉水,80/777/EC法令1996年做了修订,2003年也做了修订。欧盟规定,任何贴有"矿泉水"标签的水,必须取自经过鉴定和受到保护的水源,水源的矿物盐成分使其具备可能有益健康的特性。必须确保其成分稳定、无需处理就天然健康。天然水流不得过度开采装瓶,以免影响整个地下水位,或改变水源的独有特性。必须从水源采水,在严格的卫生条件下完成装瓶。欧盟标准和联合国法典的区别之一是法典不需要原产地标识,而欧盟大部分的矿泉水需要标识原产地。

对矿泉水的定义,世界上具有代表性的是德国和法国。

1907年由德国学者亨兹·格林特提出:矿泉水是天然的,从天然或人工开出的井中得到的水,1千克这种水中含不少于1000毫克溶解的盐类或250毫克游离二氧化碳,它是在矿泉所在地用消费者使用的限定容器装瓶的,水温为20℃以上。

德国天然矿泉水定义:必须是来自受到水源保护的,没有被污染的地下水。它可以从一眼或几眼井提取并混合。它必须保持水的原始的纯洁度。根据其含有的矿物质、微量元素和其他营养生理成分,应具有一定效果。另外,天然矿泉水还必须在泉井就近罐装,得到官方承认,并经科学承认的程序(生理、地质、物理、化学等)检验。天然矿泉水允许除去铁和锰及硫磺,因为不管铁对人体健康是否有益,由于铁生锈会改变水的颜色,使其浑浊。对天然矿泉水来讲,允许在罐装的过程中加入二氧化碳,倘若水中含量不足和很少。

法国(1922 年 1 月 12 日公布,1959 年 5 月 24 日修订):矿泉水、天然矿泉水的名称是指那种水,它具有医疗特性,并由有关管理部门批准开发,而开发单位又具备有效的管理条件。

(三)饮用矿泉水必须具备的条件

矿水根据用途,可分成工业矿水、农用矿水、医疗矿水、饮用矿泉水。饮用矿泉除必须符合一系列物理化学性质外,还必须具备这样一些基本条件:

1. 口味良好,风格典型;

2. 含有对人体有益的成分;

3. 有害成分(包括放射性)不得超过有关标准;

4. 在装瓶后的保存期内,水的外观与口味无变化;

5. 微生物学指标符合饮用水卫生要求。

三、常见品牌和服务

(一)一些品牌瓶装矿泉水和瓶装泉水

法国

Évian Mineral Water(依云)　　　　　Perrier Mineral Water(巴黎)

Vichy Celestins Naturally Alkaline Mineral Water(维希)

Vittel Mineral Water(伟涛)

意大利

San Pellegrino Mineral Water　　　　Acqua di Nepi Mineral Water

Boario Mineral Water　　　　　　　Ferrarelle Mineral Water

Fiuggi Mineral Water　　　　　　　FonteSana Mineral Water

Panna Mineral Water　　　　　　　Recoaro Mineral Water

Sangemini Mineral Water　　　　　Surgiva Spring Water

Terme de Crodo Mineral Water

德国

Apollinaris Mineral Water　　　　　Gerolsteiner Sprudel Mineral Water

美国

Mountain Valley Spring Water　　　Mendocino Mineral Water

Poland Springs Mineral Water · · · · · Saratoga Mineral Water

Deer Park Spring Water

奥地利

Vöslau Mineral Water

比利时

Spa Light Mineral Water · · · · · · · Brecon Mineral Water

葡萄牙

Pedras Salgadas Mineral Water

西班牙

Cabreiroa Mineral Water

瑞典

Aqui Mineral Water · · · · · · · · · · Ramlösa Mineral Water

Loka Mineral Water

瑞士

Alp Water Mineral Water · · · · · · · Henniez Mineral Water

Swiss Altima · · · · · · · · · · · · · · · · Valser Mineral Water

加拿大

Montclair Mineral Water · · · · · · · Naya Spring Water

Sparcal Mineral Water

爱尔兰

Ballygowan Spring Water · · · · · · · Glenpateick Spring Water

Tipperary Spring Water

英国

Highland Mineral Water

图 2.2 bling 水

近年来,矿泉水市场出现了针对最高端市场的水奢侈品,以下是其中一部分品牌:

Fillico 推出了市场零售价 100 美元一瓶的矿泉水,其水源来自于日本神户地区的天然泉水。Fillico 的昂贵之处在于瓶身的霜花装饰图案由施华洛世奇水晶和黄金涂层构成。而且还可以选择用双倍价钱来配备相应的瓶身上饰有的天使翅膀以及皇冠瓶盖。

BlingH_2O 矿泉水取自美国田纳西州的大云雾山,玻璃瓶表面用 64 颗施华洛世奇水晶手工镶嵌而成,软木塞封口,瓶身上注明了水的 pH 值、溶解固体含量,甚至还介绍了每种水的历史。

其他还有挪威 VOSS(芙丝)Water、加拿大 10 Thousand BC 冰川水、法国 Chateldon、捷克 Zajecicka(萨奇)苦味矿泉水等。

图 2.3　Fillico 水

图 2.4　依云矿泉水

(二)包装水的饮用服务

1.饮前冷藏,4℃时口感最好;但最好不要加冰块,因为冰块一般是用自来水做的。

2.用水杯、海波杯或哥连士杯。

第四节　果蔬汁、植物饮料

水果和蔬菜具有令人愉悦的特殊的滋味和芳香,且清爽可口,并含有丰富的汁液,深受人们的喜爱,所以人类一旦停止流浪,进入定居生活,便立即开始系统种植,并且不断地改良品种。

许多口头和书面流传的远古文学证实了人类很早就已开始用简单的方法如用手挤压、用水浸提等方法获得水果和蔬菜中的汁液。但是一直到近代为止,人类一直不了解果蔬汁液在放置过程中产生种种变化的原因,往往把果蔬汁败坏的原因归诸于"天意",是"必然现象",因而当时的果蔬汁饮料都是现做现饮,水果的加工则一直致力于用水果为原料生产酒类。

现代果蔬汁饮料工艺学的先驱者是瑞士科学家 Muller Thurgau,他于 1896 年发表了《未发酵的无酒精水果酒和葡萄酒的制造》一书。根据其理论,首先在瑞士,紧接着在德国开始了果蔬汁饮料的商品生产,以瑞士的巴氏杀菌苹果汁为最早。1920 年以后有了工业化生产。20世纪20年代初期,食品中的维生素和其他营养生理成分的意义和作用逐渐为人类所认识,水果和蔬菜的消费量迅速增加。20世纪五六十年代起,世界果蔬汁饮料工业进入飞跃发展的时期。

在我国的食物结构中,蔬菜与粮食始终占据主要地位。随着我国实行改革开放后,水果生产快速发展,特别是20世纪90年代以来发展更为迅速,从1994年起中国水果产量跃居世界首位。目前我国的水果和蔬菜总产量均为世界第一。

我国的果蔬汁饮料工业从1980年起缓慢起步,1990年以后进入加速发展期。2010年果汁和蔬菜汁饮料类产量为17621707.54吨。①

在欧洲等地,用植物做成花草茶、花果茶饮用历史悠久。而我国饮食文化,有"食医合一、饮食养生"的特点,历来就有用中草药熬煮成汤剂饮用的悠久历史传统。夏天喝清凉解热茶,冬天用人参枸杞等补气血。在我国台湾地区,能解渴、解热、消暑、解郁的植物饮料青草茶,已有数百年饮用历史,大部分常用的药草皆具有消暑退火、清凉解热等功效。广东等地有饮中草药植物性饮料凉茶的习俗。凉茶是指将药性寒凉和能消解人体内热的中草药煎水做饮料喝,以消除夏季人体内的暑气,或治疗冬日干燥引起的喉咙疼痛等疾患。2006年,广东凉茶成功列入国家首批"非物质文化保护遗产"名录。著名植物饮料王老吉凉茶的配方为:水、白砂糖、仙草、蛋花(一种植物)、布渣叶、菊花、金银花、夏枯草、甘草。

一、果蔬汁、植物饮料的原料

(一)水果

用于果汁饮料的水果,欧共体饮料总则中的定义是:"水果是指健康的、未发酵的、有合适的成熟度的新鲜或冷藏的水果。番茄不是水果。"水果原料一般有:

1.仁果类水果:果心内有数个小型种子。如苹果、梨、山楂等。某些国家专门为果蔬加工工业培育了加工用苹果、梨品种,如"莱茵—Bohn"苹果、"Williams Christ"梨等。

2.核果类水果:内有硬核,核中有仁,为植物的种子。如桃、李、杏、樱桃、黑刺李等。

3.浆果类水果:果实呈肉质,且质软多浆汁,无硬壳。如葡萄、猕猴桃、黑加仑子(黑醋栗)、草莓等。葡萄可供制果汁的主要是美洲种。此外,雷司令、玫瑰香也具有制汁价值。

4.柑橘类水果:如桔、柑、橙、柚、柠檬等。

5.热带水果:如菠萝、香蕉、番石榴、芒果、番木瓜、荔枝、杨桃等。

(二)蔬菜

蔬菜原料有块根类蔬菜、鳞茎类蔬菜和块茎类蔬菜,如胡萝卜、大蒜、土豆、山药;茎

---

① 数据来源:中国产业信息网.

类蔬菜和萌芽蔬菜,如芦笋;叶菜和花菜,如菠菜、花菜,果菜和籽菜,如西瓜、哈密瓜、黄瓜、番茄等。西瓜、甜瓜等常被归入瓜类水果。

在我国台湾地区已有百年饮用历史的冬瓜茶是以冬瓜和糖为原始材料,长时间熬煮成汤汁的饮料。

（三）谷物、有保健作用的植物

1. 谷物

有水稻、小麦、大麦、玉米、燕麦、高粱、粟米等,因富含淀粉,是酿酒的主要原料;一些谷物如黑米、玉米、苦荞麦、大麦等可以直接加工成饮料。

大麦茶是中国、日本、韩国等民间广泛流传的一种传统清凉饮料,把大麦炒制成焦黄,食用前,只需要用热水冲泡 2～3 分钟就可浸出浓郁的香茶,闻之有一股浓浓的麦香,喝大麦茶不但能开胃,还可以助消化,还有减肥的作用。

2. 一些有保健作用的植物

以下是一些常被认为有一定保健作用的植物。需要注意,是药三分毒,有药用价值的植物,应根据自身体质状况科学饮用,切忌盲目乱饮,以免造成不良后果。

洋甘菊:具有清热解毒、清肝明目、活血补血降血压、疏风散热、抗炎消菌、舒缓疲劳、安抚情绪、改善睡眠的功用,是欧美家庭中最常见的花草茶之一,名列欧洲人最常饮花草茶的排行榜之首。

金银花:具有抑菌抗毒、抗炎解热、调节免疫的功用。

柠檬马鞭草:具有促进消化、镇静松弛的作用。

薄荷:具有冰凉解毒、刺激食欲、助消化、去除口臭等功效。

迷迭香:可抵御电脑辐射、增强记忆力、降低胆固醇、促进血液循环、杀菌等功效。

柠檬草:补脾健胃,祛除胃肠胀气、疼痛,助消化。

熏衣草:缓解压力,松弛神经,帮助入眠。

紫罗兰:具有滋润皮肤、除皱消斑的作用,不但适合爱美人士饮用,同时对清除口腔异味也有极佳疗效（与熏衣草搭配饮用,效果更佳）。

菩提叶:静心安神、消食通便、减肥瘦身、降血脂、消除黑斑皱纹、防动脉硬化、促进新陈代谢、改善睡眠质量、缓解疲劳压力等。

玫瑰花:具有强肝养胃、活血调经、解郁安神之功效。

茉莉花:具有理气、安神的功用。

洛神花:又名玫瑰茄、神葵、洛济葵,有醒脑安神、生津止渴、平肝降火、降压减脂、养血活血、美容养颜、消除宿醉、帮助消化、利尿消水肿功效。

桑叶:疏散风热,清肺润燥,平抑肝阳,清肝明目。

金盏花:清热降火、利尿发汗、清湿热、降血脂,具有缓解疼痛、安神镇静、促进消化、抗菌消炎、治疗皮肤病的功效。

苹果花：有补血或舒解神经痛、补血明目、祛痘美白的功效。

芦荟：有排毒养颜、清肝泄热、健胃、强心活血、解毒、抗衰老的功效。

杭白菊：疏散风热、平肝明目、清热解毒。

黄山贡菊：具有散风热、平肝明目的作用。

野菊花：疏散风热，平肝明目，清热解毒。

芙蓉花：清热解渴、帮助消化、利尿、养血活血、养颜美容、消除宿醉。

香蜂叶：具有治疗头疼、健胃、助消化、提神抗忧郁等效果。

莲子蕊：有生津止渴、清心火、平肝火、泻脾火、降肺火、安神、强心、止血、补肾固精、止心悸失眠的功效。

雪莲花：补肾益精、散除风湿、通经活络、暖宫调经、延衰。

罗汉果：清热润肺、利咽、滑肠通便。

胖大海：能清肺热，利咽喉。

夏枯草：清火明目、清肝火、降血压。

决明子：清肝明目、益肾补精、润肠通便、宣散风热。

溪黄草：具有清热利湿、退黄祛湿、凉血散瘀的功效。

甘草：有清热解毒、祛痰止咳、补脾润肺、美白去斑、缓急止痛、调和诸药等功效。

绞股蓝：生津止渴，祛病强身，调理内分泌，清热解毒，平肝明目，降脂减肥，抗癌防癌，降血压，抗衰老等。

（四）食用菌

食用菌是一类可供食用的大型真菌，俗称菇或蕈。在分类学上属于真菌门，担子菌纲或子囊菌纲的菌类。所谓担子菌，是指有性孢子外生在担子细胞外的菌类，如双孢蘑菇、香菇等。子囊菌是指有性孢子内生子囊细胞内的菌类，如羊肚菌。目前国内外栽培数量最多的是担子菌纲的菌类，包括银耳目的银耳、黑木耳，多孔菌目的猴头菌和伞菌目的香菇、草菇等。食用菌具有很高的营养价值，自古以来被列为菜中佳品。食用菌细胞中最主要的有机物是蛋白质、核酸、碳水化合物和脂类。特别是含有人体自身不能合成的氨基酸。食用菌药用价值也很高。许多菌类既是美味佳肴，又是珍贵良药。我国利用大型真菌作为药物历史悠久，如汉代的《神农本草经》及以后的本草学著作均有记载。

常见的食用菌有：

1. 银耳：又称白木耳，是一种珍贵的食用和药用真菌。我国历代的医学家都认为银耳有"强精、补肾、润肺、生津、止咳平喘、润肠、益胃、补气、和血、强心、壮身、补脑、提神、美容、嫩肤、延年、益寿"之功。银耳原是一种野生菌类，主要分布于亚热带，也分布于热带、温带和寒带。在我国主要分布于四川、云南、贵州、湖北、陕西、福建等省，其他各省也有分布。其中以四川的通江银耳和福建的漳州雪耳最为著名。

2. 猴头菌：又叫猴头菇、刺猬菌、花菜菌或山伏菌等。原是一种深藏于密林中的珍贵食用菌。子实体圆而厚，常悬于树干上，布满针状菌刺，形状极似猴子的头，故而得名。现代医学研究证明，猴头菌中含有的多肽、多糖和脂肪族的酰胺物质，有治疗癌症和有益人体健康的功效。对消化道系统肿瘤有一定的抑制和医疗作用，对胃溃疡、胃炎、胃病和腹胀等也有一定的疗效。民间还常把它用作治疗神经衰弱的良药。我国是猴头菌的重要产地，东北各省和河南、河北、西藏、山西、甘肃、陕西、内蒙古、四川、湖北、广西、浙江等省或自治区都有出产。其中以东北大兴安岭，西北天山和阿尔泰山，西南横断山脉，西藏喜马拉雅山等林区尤多。在世界上分布也很广，欧、美、日本和俄罗斯等地都有。

3. 金针菇：又名朴菇、构菌、金钱菇、冬菇等，是珍贵的食用菌之一。金针菇在自然界多见于构树、榆树、枫杨、白杨、槭、桑、柳、柿等的枯枝、树桩上，常成丛生长，多在秋末、早春间发生。在我国分布范围很广，自东北的黑龙江、吉林，至南方的广东、广西、福建等省或自治区均有分布。

4. 香菇：是世界上最著名的食用菌之一，它的肉质脆嫩，味道鲜美，香气独特，营养丰富，又有一定药效，深受国内外人们的喜爱，早已成为佐膳和宴席上珍贵的佳馔，在国际上被誉为"健康食品"。我国中医早已把香菇作为开胃、益气、助食、治伤、破血等功效的良药。据考证，我国栽培香菇的历史至少已有七八百年。

5. 黑木耳：是一种营养丰富的食用菌，又是我国传统的保健食品和出口商品。它的别名很多，因生长于腐木之上，且形似人的耳朵，故名木耳；又似蛾蝶玉立，又名木蛾；因它的味道有如鸡肉鲜美，故亦名树鸡、木机（古南楚人谓鸡为机），重瓣的木耳在树上互相镶嵌，宛如片片浮云，又有云耳之称。我国栽培黑木耳的历史悠久。黑木耳在我国分布很广，遍及 20 多个省市，其中以湖北、四川、湖南、贵州、云南、河南、广西等为主要产区，产量多，质量好。

6. 蘑菇：是一种味道鲜美、营养丰富的著名食用菌。蘑菇的野生种，生长于北半球温带地区。人工栽培以法国最早，始于路易十四（约 1707 年），是由巴黎附近的劳动人民利用开采石灰石的洞穴进行栽培的，当时是用野生蘑菇的菌丝体作菌种。到 1893 年才发表了蘑菇孢子萌芽培养法。我国人工栽培蘑菇，开始于 20 世纪 30 年代，在上海等一些大城市少量种植，60 年代后期和 70 年代初先后在许多省市推广栽培，目前栽培的蘑菇种类有双孢蘑菇、四孢蘑菇、大肥菇等。

7. 平菇：又名侧耳，是一种适应性强的食用菌。根据它的形态、风味和生产季节的特点，各地又有不同的名称，如北风菌、冻菌、蚝菌、天花菌、白香菌等。据报道，分布在世界各地的侧耳约 30 多种，绝大部分都可供食用。平菇的适应性强，在我国分布广泛。

8. 草菇：是我国南方普遍栽培于稻草堆上的一种伞菌。草菇原系热带和亚热带高温多雨地区的腐生真菌，生长在腐烂的稻草堆上。我国华南各省早有栽培，并把它作为一种珍贵的菜肴。至于人工栽培,起于何时何地,已难以考究。

9. 凤尾菇:原产于热带地区,是从平菇中分离出来的一个有经济价值的新品种。在国外,特别是东南亚地区广泛栽培。我国自 1978 年以来陆续广东、福建、山西、吉林等省引种成功,目前栽培范围正在不断扩大。

10. 灰树花:又称莲花菌,日本称之舞茸。生于栎树或其他阔叶树伐桩周围,是近年来我国和日本正在推广的一种珍贵食、药兼用菌。经常食用能够益气健脾、补虚扶正,可防癌、治癌,促进脂肪代谢和防止动脉硬化。

11. 鲍鱼菇:又名盖囊菇。在炎热的夏季生长于榕树、刺桐、凤凰木、番石榴、法国梧桐等朽木上。由于它的淀粉含量非常低,故极适用于糖尿病人食用,对肥胖症、脚气病、坏血病及贫血患者也是一种食、药兼用的理想食品。

12. 杨树菇:又名柳菇。经常食用,能增强记忆。民间用于治疗腰酸痛、胃冷、肾炎水肿,疗效甚佳。中医用作利尿、健脾、止泻、降血压,还具有抗癌作用,是一种不可多得的,高档珍稀食、药兼用伞菌。

13. 阿魏蘑:因生于伞形花科植物阿魏的根上而得名。野生阿魏蘑分布在我国新疆的木垒、青河、托里等气候恶劣的沙漠戈壁中,极少数专一性生长在死的阿魏植物根茎上。阿魏蘑药用成分和营养成分齐全,具补肾、壮阳、补脑、提神、预防感冒、消积杀虫、增强人体免疫力等功效,是一种价值相当高的药、食兼用菌。

14. 真姬菇:又名蟹味菇。是秋季群生于山毛榉等阔叶树的枯木或活立木上的一种木质腐生菌,1986 年 3 月由日本引入我国。

15. 长根奥德蘑:又名长根金钱菌。夏秋季单生或群生在阔叶林中地上,分布较广。高血压患者长期食用长根奥德蘑,辅以其他降压药物,降低血压效果甚佳。据研究,该菇对肿瘤有抑制作用。

16. 灵芝:是担子菌纲多孔菌科灵芝属真菌赤芝和黄芝的总称,具有扶正固本等功效,是一种很名贵的药用及食用菌,俗称"灵芝草",古代称为长生不老的"仙草"。

（五）藻类、蕨类

1. 藻类

藻类是地球上最早登上生命舞台的绿色植物,其结构非常简单,每个可见的个体都没有根、茎、叶的区别——是一个叶状体。它们大多生活在水中,少数生活在阴湿的地面、岩石壁和树皮等处。有的藻类能与真菌共生,形成共生复合体,如地衣。现代的藻类有九大家族——绿藻、蓝藻、裸藻、硅藻、甲藻、红藻、黄藻、金藻和褐藻。计有 25000 余种。藻类植物的长相奇特、形貌各异、色彩缤纷,大小、结构千差万别。藻类的体形差异很大,如生活在海洋中的硅藻就非常小,它是浮游生物中的浮游植物,而海带属就是一群很大的海藻,这些褐色海藻可长达 4 米,而果囊马尾藻则可长达几十米。藻类植物大多含有丰富的蛋白质、脂肪、糖类、盐类以及维生素类等。多数为鱼虾和水产养殖业的主要饵料,有的可供人类直接食用,有的可作为提取琼脂、碘、铀及其他贵重金属元素的原料,有的却是重要的中药材。常见的藻类蔬菜有海带、紫菜和裙带菜、发菜等。

螺旋藻是蓝藻的一种,它是生长于水体中的一种微小生物,在显微镜下可见其形态为螺旋丝状,故而得其名。数百年前非洲一些部落就将螺旋藻制成藻饼食用。近几十年来,科学家发现此螺旋藻是人类迄今为止所发现的最优秀的纯天然蛋白质食品源,并且是一种营养最全面、最均衡的海洋生物食品。我国云南永胜程海湖是目前世界上继中非乍得湖、墨西哥科科湖之后,全球能天然生长螺旋藻的三个湖泊之一。地方标准《地理标志产品 程海螺旋藻》2007 年已发布。

2.蕨类植物

蕨类植物是介于苔藓植物和种子植物之间的一个大类群。曾在地球的历史上盛极一时,古生代后期,石炭纪和二叠纪为蕨类植物时代,当时那些大型的树蕨如鳞木、封印木、芦木等,今已绝迹,是构成化石植物和煤层的一个重要组成部分。现今生存在地球上的大部分是较矮小的草本植物,只有极少数一些木本种类幸免于难,生活至今,如珍贵的杪椤。现存的蕨类植物约有 12000 种,广泛分布于世界各地,尤其以热带和亚热带最为丰富。我国有 61 科 223 属,约 2600 种,主要分布在华南及西南地区,仅云南一省就有 1000 多种,所以在我国有"蕨类王国"之称。已知可供药用的蕨类植物有 39 科 300 余种。

早在我国周朝初年,就有伯夷、叔齐二人采蕨于首阳山下,以蕨为食的记载,可见我国劳动人民早已开始食用蕨类了。我国劳动人民很早就用蕨类植物来治病。明代李时珍的《本草纲目》中所记载的,就有不少是蕨类植物。到目前为止,作药用的蕨类至少有100 多种。

二、果蔬汁、植物饮料分类

(一)果汁和蔬菜汁类

根据中华人民共和国国家标准《饮料通则》,果蔬汁的具体种类如下:

1.果汁(浆)和蔬菜汁(浆)[fruit/vegetable juice(pulp)]。采用物理方法,将水果或蔬菜加工制成可发酵但未发酵的汁(浆)液;或在浓缩果汁(浆)或浓缩蔬菜汁(浆)中加入果汁(浆)或蔬菜汁(浆)浓缩时失去的等量的水,复原而成的制品。可以使用食糖、酸味剂或食盐,调整果汁、蔬菜汁的风味,但不得同时使用食糖和酸味剂调整果汁的风味。

2.浓缩果汁(浆)和浓缩蔬菜汁(浆)[concentrated fruit/vegetable juice(pulp)]。采用物理方法从果汁(浆)和蔬菜汁(浆)中除去一定比例的水分,加水复原后具有果汁(浆)和蔬菜汁(浆)应有特征的制品。

3.果汁饮料(fruit juice beverage)。在果汁(浆)或浓缩果汁(浆)中加入水、食糖和

（或）甜味剂、酸味剂等调制而成的饮料，可以加入柑橘类的囊胞（或其他水果经切细的果肉）等果粒。成品中果汁含量不低于 10％（质量分数）。

4.蔬菜汁饮料（vegetable juice beverage）。在蔬菜汁（浆）或浓缩蔬菜汁（浆）中加入水、食糖和（或）甜味剂、酸味剂等调制而成的饮料。成品中蔬菜汁含量不低于 5％（质量分数）。

5.果汁饮料浓浆和蔬菜汁饮料浓浆（concentrated fruit/vegetable juice beverage）。在果汁（浆），或蔬菜汁（浆），或浓缩果汁（浆）和浓缩蔬菜汁（浆）中加入水、食糖和（或）甜味剂、酸味剂等调制而成，稀释后方可饮用的饮料。

6.复合果蔬汁（浆）及饮料〔blended fruit/vegetable juice（pulp）and bevegage〕。含有两种或两种以上果汁（浆），或蔬菜汁（浆），或果汁（浆）和蔬菜汁（浆）的制品为复合果蔬汁（浆）；含有两种或两种以上果汁（浆），或蔬菜汁（浆），或其混合物并加入水、食糖和（或）甜味剂、酸味剂等调制而成的饮料为复合果蔬汁饮料。

7.果肉饮料（nectar）。在果浆或浓缩果浆中加入水、食糖和（或）甜味剂、酸味剂等调制而成的饮料。成品中果浆含量不低于 20％（质量分数）。含有两种或两种以上果浆的果肉饮料称为复合果肉饮料。

8.发酵型果蔬汁饮料（fermented fruit/vegetable juice beverage）。水果、蔬菜、果汁（浆）、蔬菜汁（浆）经发酵后制成的汁液中加入水、食糖和（或）甜味剂、食盐等调制而成的饮料。

9.水果饮料（fruit beverage）。在果汁（浆）或浓缩果汁（浆）中加入水、食糖和（或）甜味剂、酸味剂等调制而成，但果汁含量较低（5％～10％）的饮料。

10.其他果蔬汁饮料（other fruit and vegetable juice beverage）。

（二）植物饮料类

根据根据中华人民共和国国家标准《饮料通则》，植物饮料的具体种类如下：

1.食用菌饮料（ediable fungi beverage）。以食用菌子实体的浸取液或浸取液制品为原料经加工制成的饮料，或以在食用菌及其可食用培养基的发酵液为原料经加工制成的饮料。

2.藻类饮料（algae beverage）。以海藻或人工繁殖的藻类为原料，经加工（含发酵或酶解）所制成的饮料品，如螺旋藻饮料。

3.可可饮料（cocoa beverage）。以可可豆、可可粉为主要原料制成的饮料。

4.谷物饮料（cereal beverage）。以谷物为主要原料经调配制成的饮料。

5.其他植物饮料（other botanical beverage）。以复合国家相关规定的其他植物原料经加工或发酵制成的饮料。

三、果蔬汁的饮用服务

(一)果蔬汁的营养价值

果蔬汁是果蔬的汁液部分,含有果蔬中所含的各种可溶性营养成分,如矿物质、维生素、糖、酸等和果蔬的芳香成分,因此营养丰富、风味良好。但应注意的是,不同种类的果蔬汁产品营养成分差距很大,产品中的果蔬汁含量也很不同。事实上,一些果蔬汁产品由于在生产时经过各种澄清工艺处理,营养成分损失很大,而许多在果蔬汁基础上制成的果蔬汁饮料是一种嗜好型饮料,由于果蔬汁含量低,并没有多少营养价值。

(二)酒吧常用的果蔬汁

酒吧中常用的果蔬汁主要有橙汁(Orang juice)、柠檬汁(Lemon juice)、苹果汁(Apple juice)、莱姆汁(Lime juice)、菠萝汁(Pineapple juice)、番茄汁(Tomato juic)、西柚汁(Grapefruit juice)、葡萄汁(Grape juice)、提子汁(Raisin juice),其他还有椰子汁、芒果汁、黑加仑子汁、西瓜汁、胡萝卜汁、猕猴桃汁、木瓜汁、山楂汁等。

(三)果蔬汁的饮用

1. 在饮用前要冷藏,最佳饮用温度10℃。

2. 用果汁杯或海波杯,预先冰镇。

3. 斟八分满,不需要加冰块;番茄汁饮用时加一片柠檬以增加香味。

4. 果蔬汁是混合饮料的常用辅料。

第五节　其他软饮料

一、蛋白饮料类

(一)含乳饮料(milk beverage)

在我国,含乳饮料的种类有以下几种。

1. 配制型含乳饮料(formulated milk beverage)

以鲜乳或乳制品为原料,加入水,以及食糖和(或)甜味剂、酸味剂、果汁、茶、咖啡、植物提取液等的一种或几种调制而成的饮料。成品中蛋白质含量不低于1.0%(质量分数)。

2. 发酵型含乳饮料(fermulated milk beverage)

以乳或乳制品为原料,经乳酸菌等有益菌培养发酵制得的乳液中加入水、食糖和(或)甜味剂、酸味剂、果汁、茶、咖啡、植物提取液等的一种或几种调制而成的饮料,如乳酸菌乳饮料。根据其是否经过杀菌处理而区分为杀菌(非活菌)型和未杀菌(活菌)型。成品中蛋白质含量不低于1.0%(质量分数)。

3.乳酸菌饮料(lactic acid bacteria beverage)

以乳或乳制品为原料,经乳酸菌发酵制得的乳液中加入水,以及食糖和(或)甜味剂、酸味剂、果汁、茶、咖啡、植物提取液等的一种或几种调制而成的饮料,如乳酸菌乳饮料。根据其是否经过杀菌处理而区分为杀菌(非活菌)型和未杀菌(活菌)型。蛋白质含量不低于 0.7%(质量分数)。

乳酸菌有双歧杆菌、乳酸杆菌和一些球菌等。乳酸菌是益生菌(probiotics),益生菌具有改善肠道菌群结构、抑制病原菌,生成营养物质,提高机体免疫力,消除致癌因子,降低胆固醇和血压,改善乳糖消化性等功能。因此,益生菌对于人类的营养和健康具有重要的意义。

(二)植物蛋白饮料(plant protein beverage)

用有一定蛋白质含量的植物果实、种子或果仁等为原料,经加工制得(可经乳酸菌发酵)的浆液中加水,或加入其他食品配料制成的饮料。如豆奶(乳)、豆浆、豆奶(乳)饮料、椰子汁(乳)、杏仁露(乳)、核桃露(乳)、花生露(乳)。

我国是大豆的原产地,有近五千年的栽培史。豆乳也起源于我国,有两千年的历史。广东于 20 世纪 80 年代初引进国内第一条豆奶生产线。椰子系棕榈科椰子属常绿乔木,是热带果树。杏仁为蔷薇科植物杏仁树成熟果实的种子,广泛分布于我国的河北、内蒙古、新疆、辽宁等地。目前,豆奶、椰子汁、杏仁露饮料已成为我国人民普遍饮用的饮料。

(三)复合蛋白饮料(mixed protein beverage)

以乳或乳制品和不同的植物蛋白为主要原料,经加工或发酵制成的饮料。

二、茶饮料类、咖啡饮料类

(一)茶饮料

茶饮料是 20 世纪 90 年代欧美国家发展最快的饮料。我国有悠久的茶文化史,但把茶加工成液状装在瓶子里卖,却是到 1996 年才有的事。目前在国内市场上较著名的茶饮料有"康师傅"的绿茶、"统一"的冰红茶,以及"娃哈哈"、"旭日升"、"雀巢"等茶饮料。

茶饮料的种类有以下几种。

1.茶饮料(茶汤)(tea beverage)

以茶叶的水提取液或其浓缩液、茶粉等为原料,经加工制成的,保持原茶汁应有风味的液体饮料,可添加少量的食糖和(或)甜味剂。茶多酚含量不低于 300mg/kg。

2.茶浓缩液(concentrated tea beverage)

采用一定的物理方法从茶叶的水提取液中除去一定比例的水分经加工制成,加水复原后具有原茶汁应有风味的液态制品。

3. 调味茶饮料（flavored tea beverage）

（1）果汁茶饮料和果味茶饮料（fruit juice tea beverage and fruit flavoured tea beverage）。以茶叶的水提取液或其浓缩液、茶粉等为原料，加入果汁、食糖和（或）甜味剂、食用果味香精等的一种或几种调制而成的液体饮料。果汁茶饮料的茶多酚含量不低于 200mg/kg。

（2）奶茶饮料和奶味茶饮料（milk tea beverage and flavoured milk tea beverage）。以茶叶的水提取液或其浓缩液、茶粉等为原料，加入乳或乳制品、食糖和（或）甜味剂、食用奶味香精等的一种或几种调制而成的液体饮料。奶茶饮料的茶多酚含量不低于 200mg/kg。

（3）碳酸茶饮料（carbonated tea beverage）。以茶叶的水提取液或其浓缩液、茶粉等为原料，加入二氧化碳气、食糖和（或）甜味剂、食用果味香精等调制而成的液体饮料。碳酸茶饮料的茶多酚含量不低于 100mg/kg。

（4）其他调味茶饮料（other flavoured tea beverage）。以茶叶的水提取液或其浓缩液、茶粉等为原料，加入食品配料调味，且在上述 3 类调味茶以外的饮料。茶多酚含量不低于 150mg/kg。

4. 复合茶饮料（blended tea beverage）

以茶叶和植（谷）物的水提取液或其浓缩液、干燥粉为原料加工制成的，具有茶与植（谷）物混合风味的液体饮料。茶多酚含量不低于 150mg/kg。

（二）咖啡饮料

在我国，咖啡饮料的种类有：

1. 浓咖啡饮料（strong coffee beverage）。以咖啡提取液或速溶咖啡粉为原料制成的液体饮料。咖啡因含量不低于 400mg/kg。

2. 咖啡饮料（coffee beverage）。以咖啡提取液或速溶咖啡粉为基本原料制成的液体饮料。咖啡因含量 200～400mg/kg。

3. 低咖啡因咖啡饮料（coffee beverage of low caffeine）。以去咖啡因的咖啡提取液或去咖啡因的速溶咖啡粉为原料制成的液体饮料。咖啡因含量不高于 50mg/kg。

三、风味饮料类

1. 果味饮料（fruit flavoured beverage）。以食糖和（或）甜味剂、酸味剂、果汁、食用香精、茶或植物抽提液等的全部或其中的部分为原料调制而成的原果汁含量低于 5%（质量分数）的饮料，如橙味饮料、柠檬味饮料等。

2. 乳味饮料（milk flavoured beverage）。以食糖和（或）甜味剂、酸味剂、乳或乳制品、果汁、食用香精、茶或植物抽提液等的全部或其中的部分为原料调制而成的乳蛋白含量低于 1.0%（质量分数），达不到配置型含乳饮料基本技术要求的饮料，或经发酵而成的乳蛋白含量低于 0.7%（质量分数），达不到乳酸菌饮料基本技术要求的饮料。

3. 茶味饮料（tea flavoured beverage）。以茶或茶香精为主要赋香成分，茶多酚含量达不到碳酸茶饮料基本技术要求的饮料。

4. 咖啡味饮料（coffee flavoured beverage）。以咖啡或咖啡香精为主要赋香成分，咖啡因含量达不到咖啡饮料基本技术要求的饮料，不含低咖啡因咖啡饮料。

5. 其他风味饮料（other flavoured beverage）。

四、特殊用途饮料类

运动饮料出现于 20 世纪 60 年代。美国佛罗里达大学肾脏电解质研究所所长 Dr. Cade 从 1965 年开始，在研究人体运动生理理论的基础上，经过长期实验，发现将矿物质和糖类按一定比例与水混合，制成具有与人体体液差不多相同渗透压的所谓等渗饮料，可以加速人体对水分的吸收。实验表明，这种饮料既解渴又可减少疲劳感，保持运动机能。这种新型饮料被命名为 Gatorade，并于 1969 年率先进入市场，成为世界上最早的电解质运动饮料。我国最早研制和生产运动饮料的是广东健力宝集团公司，于 20 世纪 80 年代中期开始研制生产"健力宝"系列运动饮料。

对具有独特功能的饮料，国际市场近十年增长迅速。在我国，1995 年"红牛"进入中国，但市场一直拓展困难。2003 年是转折年，乐百氏推出的功能饮料"脉动"大获成功，2004 年功能饮料成为市场消费热点之一，许多品牌被推出，较著名的有娃哈哈的"激活"、农夫山泉的"尖叫"等。

20 世纪 80 年代初，日本最流行的功能饮料——低热量饮料进入市场。我国对生产低热量饮料用的低聚糖的研制起步较晚，20 世纪后期才有较大发展。

特殊用途饮料种类有：

1. 运动饮料（sports beverage）。营养素及其含量能适应运动或体力活动人群的运动生理特点，能为机体补充水分、电解质和能量，可被迅速吸收的饮料。

2. 营养素饮料（nutritional beverage）。添加适量的食品营养强化剂，以补充某些人群特殊营养需要的饮料。

3. 其他特殊用途饮料（other special usage beverage）。为适应特殊人群的需要而调制的饮料。

五、固体饮料（品）类

固体饮料是随着食品真空干燥技术的进步，出现速溶食品时代下的产物。固体饮料具有体积小、运输储存携带方便及营养丰富等优点。固体饮料虽然历史不长，但发展很快。品牌上较有名气的，如英国的阿华田（Ovaltine）可可型麦乳精，澳大利亚的美绿（Milo）强化型麦乳精，美国的庭格（Tang）橙汁型果味粉，瑞士雀巢（Nestle）公司和美国卡夫通(Kraft)公司产的速溶咖啡以及速溶可可等产品,美国立顿(Lipton)公司、卡夫通公司和瑞士的雀巢公司速溶茶、速溶柠檬茶等。

固体饮料种类有:

1.蛋白型固体饮料:以糖、乳及乳制品、蛋及蛋制品或植物蛋白等为主要原料,添加适量的辅料或/和食品添加剂制成的蛋白质含量≥4%的制品。

2.普通型固体饮料:以糖、果汁,或以食用植物浓缩提取物为主要原料,添加适量的辅料或/和食品添加剂制成的蛋白质含量<4%的制品。

3.焙烤型(速溶咖啡)固体饮料:以焙烤后的咖啡豆磨碎所提取的浓缩液为主要原料,添加适量的辅料或/和食品添加剂,经脱水制成的冲溶后即可饮用的制品。①

---

① GB 7101—2008.

第三章

茶、咖啡、可可、乳与乳制品、冷冻饮品

茶、咖啡、可可号称世界三大嗜好性饮料。乳富含营养,是人类最早饮用的饮料之一。冷冻饮品是深受人们特别是青少年喜爱的饮品。

第一节　茶

茶(tea)是用茶树鲜叶加工制成,含有咖啡碱、茶碱、茶多酚、茶氨酸等物质的饮用品。[①] 茶有止渴解热、提神解乏、除脂解腻、促进消化、利尿排毒、补充维生素等作用。

茶树在植物分类系统中属山茶属(Camellia),最初的学名是 Thea sinensis,L.,sinensis,是拉丁文中国的意思,后订为 Camellia sinensis,L.;1950 年我国植物学家钱崇澍根据国际命名和茶树特性研究,确定茶树学名为[Camellia sinensis,(L.)O. Kuntze],迄今未再更改。

茶树根据树型、叶片大小和发芽迟早作为三个品种分类等级。第一个等级是根据树型分为乔木型(有明显主干)、小乔木型(基部主干明显)和灌木型(无明显主干);第二个等级是根据叶片大小分为特大叶类(叶长＞14 厘米,叶宽＞5 厘米)、大叶类(叶长10.1～14 厘米,叶宽 4.1～5 厘米)、中叶类(叶长 7～10 厘米,叶宽 3～4 厘米)、小叶类(叶长＜7 厘米,叶宽＜3 厘米);第三个等级是根据发芽迟早分为早生种、中生种和晚生种。

茶是中华民族的举国之饮,中国是世界上最早发现和利用茶叶的国家,已有数千年

---

① 《食品工业基本术语》GB/T 15091—94.

历史。茶圣陆羽(唐代,733—804)在《茶经》中写到"茶之为饮,发乎神农氏,闻于鲁周公"。中国是茶的发祥地,寻根溯源,世界各国最初所饮的茶叶、引种的茶种以及栽培技术、加工工艺、品饮习俗等,都是直接或间接从中国传播去的。目前世界上著名的产茶国有中国、印度、斯里兰卡、肯尼亚、印度尼西亚等,而英国是最大的茶叶进口国。

一、茶叶分类

茶叶品种繁多,其中中国最多。目前茶叶分类尚未有统一的方法,按照不同的标准有不同的分类方法。在国外,茶叶分类比较简单,欧洲把茶叶按商品特性分为红茶、乌龙茶、绿茶三大茶类。日本则按茶叶发酵程度不同分为不发酵茶、半发酵茶、全发酵茶、后发酵茶。

在我国,除了用茶树鲜叶直接加工成的绿茶、黄茶、黑茶、青茶、白茶、红茶六大基本茶类,以及在基本茶基础上再加工成的花茶、紧压茶等以外,还有用现代饮料工艺制成的茶饮料类,以及在生活中称为"茶",但却并不用茶叶制成的仿茶饮品,如一些纯粹用花(如菊花、金银花、玫瑰花等)、水果、米、豆、芝麻,以及一些有药用、滋补作用的物质(如人参、绞股蓝、丹参、胖大海、杜仲、西洋参等)泡的"茶"。

(一)基本茶类

1.绿茶

绿茶(Green tea),属不发酵茶。绿茶是以适宜茶树新梢(芽、叶、嫩茎)为原料,经杀青、揉捻、干燥等典型工艺过程制成的初制茶(或称毛茶)和经过整形、归类等工艺制成的精制茶(或称成品茶),保持绿色特征,可供饮用的茶叶。绿茶为我国产量最大的茶类,产区分布于各产茶省、市、自治区。其中以浙江、安徽、江西三省产量最高,质量最优,是我国绿茶生产的主要基地。绿茶的特性,较多地保留了鲜叶内的天然物质,其中茶多酚、咖啡碱保留鲜叶的 85% 以上,叶绿素保留 50% 左右,维生素损失也较少,从而形成了绿茶"清汤绿叶,滋味收敛性强"的特点。科学研究结果表明,绿茶中保留的天然物质成分,对防衰老、防癌、抗癌、杀菌、消炎等均有特殊效果。

根据国家标准《绿茶》感官要求,绿茶产品中不得含有非茶类夹杂物,不着色,无任何添加剂。

绿茶产品根据加工工艺不同,一般分为炒青绿茶、烘青绿茶、蒸青绿茶和晒青绿茶。[①]

炒青绿茶:因干燥方式采用炒干而得名。按外形分长炒青(长条形)和圆炒青(圆形)。

烘青绿茶:采用烘笼进行烘干,烘青毛茶经再加工精制后大部分作熏制花茶的茶坯,香气一般不及炒青高,少数烘青名茶品质特优。

---

① 《绿茶》GB/T 14456—2008.

蒸青绿茶:以蒸汽杀青是我国古代的杀青方法。唐朝时传至日本,相沿至今;而我国则自明代起即改为锅炒杀青。蒸青是利用蒸汽来破坏鲜叶中酶的活性,形成干茶色泽深绿、茶汤浅绿和叶底(泡后的茶叶片)青绿的"三绿"品质特征,但香气较闷带青气,涩味也较重,不及锅炒杀青绿茶那样鲜爽。由于对外贸易的需要,我国从 20 世纪 80 年代中期以来也生产少量蒸青绿茶。主要品种有恩施玉露,产于湖北恩施;中国煎茶,产于浙江、福建和安徽三省。

晒青绿茶:采用日光进行晒干。晒青绿茶以云南大叶种的品质最好,称为"滇青";其他如川青、黔青、桂青、鄂青等品质各有千秋,但不及滇青。

名绿茶:以清明前、谷雨前采摘的茶叶为名贵,俗称明前茶、谷雨茶。中国绿茶名品众多,品质优异,且造型独特,具有较高的艺术欣赏价值。名品如西湖龙井、洞庭碧螺春、黄山毛峰、蒙顶茶、顾渚紫笋、太平猴魁、六安瓜片、庐山云雾、休宁松萝、老竹大方、信阳毛尖、平水珠茶、惠明茶、径山茶、午子仙毫、峨眉竹叶青、涌溪火青、桂平西山茶、南京雨花茶、高桥银峰、敬亭绿雪、婺源茗眉、安化松针、仙人掌茶、恩施玉露、泉岗辉白、天尊贡芽、峡州碧峰、日铸雪芽、云峰与蟠毫、婺州举岩、宝洪茶、南安石亭绿、天山绿茶、都匀毛尖、秦巴雾毫、碣滩茶、紫阳毛尖、汉水银梭、狗牯脑、上饶白眉、仰天雪绿、永川秀芽、鸠坑毛尖、安吉白片、双龙银针、开化龙顶、江山绿牡丹、遵义毛峰、古劳茶、桂林毛尖、覃塘毛尖、无锡毫茶、金坛雀舌、前峰雪莲、南山寿眉、瑞草魁、九华毛峰、舒城兰花、天柱剑毫、岳麓毛尖、东湖银毫、桂东玲珑茶、古丈毛尖、狮口银芽、湘波绿、河西圆茶、五盖山米茶、郴州碧云、黄竹白毫、建德苞茶、江华毛尖、天目青顶、双井绿、雁荡毛峰、东白春芽、太白顶芽、普陀佛茶、井岗翠绿、小布岩茶、麻姑茶、瑞州黄檗茶、龙舞茶、新江羽绒茶、周打铁茶、九龙茶、山谷翠绿、雪峰毛尖、韶峰、华顶云雾、车云山毛尖、双桥毛尖、龟山岩绿、金水翠峰、文君嫩绿、峨眉毛峰、蒙顶甘露、青城雪芽、宝顶绿茶、兰溪毛峰、峨蕊、千岛玉叶、清溪玉芽、通天岩茶、窝坑茶、水仙茸勾茶、攒林茶、云林茶、隆中茶、官庄毛尖、牛抵茶、南岳云雾茶、余姚瀑布茶、遂昌银猴、盘安云峰、仙居碧绿、松阳银猴、云海白毫、化佛茶、大关翠华茶、苍山雪绿、墨江云针、绿春玛玉茶、七境堂绿茶、龙岩斜背茶、莲心茶、贵定云雾茶、湄江翠片、象棋云雾、凌云白毫、梅龙茶、金山翠芽、天池茗毫、翠螺、花果山云雾茶、蒸青煎茶等。

2.红茶

红茶(Black tea)属全发酵茶。以适宜制作本品的茶树芽、叶、茎为原料,经萎凋、揉捻(切)、发酵、干燥等典型工艺过程精制而成。因其干茶色泽和冲泡的茶汤以红色为主调,故名。

红茶有小种红茶(Souchong black tea)、工夫红茶(Congou black tea)、红碎茶(Broken black tea)①之分。

小种红茶：最早为武夷山一带发明的小种红茶，起源于 16 世纪，是生产历史最早的一种红茶，开创了中国红茶的纪元。1610 年荷兰商人第一次运销欧洲的红茶就是福建省崇安县星村生产的小种红茶(今称之为"正山小种")。至 18 世纪中叶，又从小种红茶演变产生了工夫红茶。从 19 世纪 80 年代起，我国红茶特别是工夫红茶，在国际市场上曾占统治地位。小种红茶是福建省的特产，有正山小种和外山小种之分。正山小种产于崇安县星村乡桐木关一带，也称"桐木关小种"或"星村"小种。其毗邻地区所产的仿照正山品质的小种红茶，统称"外山小种"或"人工小种"。政和、建阳等县用功夫红茶切碎熏烟的称"烟小种"。在小种红茶中，唯正山小种百年不衰，品质最好，主要是因其产自武夷高山地区。崇安县星村和桐木关一带，地处武夷山脉之北段，海拔 1000～1500米，冬暖夏凉，年均气温 18℃，年降雨量 2000 毫米左右，春夏之间终日云雾缭绕，茶园土质肥沃，茶树生长繁茂，叶质肥厚，持嫩性好，成茶品质特别优异。小种红茶特有的松烟香，是用松柴燃烧熏烟焙干时，茶叶吸收了大量的松烟而至。

金骏眉是武夷山正山小种红茶的一种，首创于 2005 年，初创时的原料采自桐木关自然保护区崇山峻岭之中的野生茶树，结合正山小种传统工艺，由师傅全程手工制作，其外形黑黄相间，乌黑之中透着金黄，显毫香高；目前的专家定义是：选用武夷山国家级自然保护区内，海拔 1500～1800 米高山的原生态小种野茶的茶芽为原料，采用正山小种红茶的传统制作工艺和创新技术制作而成的茶叶，即为金骏眉。

工夫红茶：是我国特有的红茶品种，也是我国传统出口商品。按地区命名的有滇红工夫、祁门工夫、宁红工夫、闽红工夫(含坦洋工夫、政和工夫、白琳工夫)、越红工夫、湘江工夫、台湾工夫、江苏工夫及粤红工夫等。按品种又分为大叶工夫和小叶工夫。大叶工夫茶是以乔木或半乔木茶树鲜叶制成；小叶工夫茶是以灌木型小叶种茶树鲜叶为原料制成的工夫茶。

工夫红茶分为大叶种工夫红茶和中小叶种工夫红茶两种产品。茶中不得含有非茶类物质和任何添加剂。②

红碎茶：19 世纪我国的红茶制法传到印度和斯里兰卡等国，后来他们仿效中国红茶的制法又逐渐发展成为将叶片切碎后再发酵、干燥的"红碎茶"。为便于饮用，常把一杯量的红碎茶装在专用滤纸袋中，加工成"袋泡茶"，泡茶时连袋冲泡。以不同机械设备制成的红碎茶，尽管在其品质上差异悬殊，但其总的品质特征共分为四个花色。叶茶：短条形，传统红碎茶的一种花色，条索紧结匀齐，色泽乌润，内质香气芬芳，汤色红亮，滋味醇厚，叶底红亮多嫩茎；碎茶：颗粒形，外形颗粒重实匀齐，色泽乌润或泛棕，内质香气

① 《红茶》GB/T 13738—2008.
② 《红茶》GB/T 13738—2008.

馥郁,汤色红艳,滋味浓强鲜爽,叶底红匀;片茶:外形全部为木耳形的屑片或皱折角片,色泽乌褐,内质香气尚纯,汤色尚红,滋味尚浓略涩,叶底红匀;末茶:外形全部为细末状,色泽乌黑或灰褐,内质汤色深暗,香低味粗涩,叶底暗红。

红碎茶产品分为大叶种红碎茶和中小叶种红碎茶两个品种。

3. 乌龙茶

乌龙茶(Oolong tea)亦称青茶,属半发酵茶,以本茶的创始人而得名。它是我国几大茶类中独具鲜明特色的茶叶品类。乌龙茶是由宋代贡茶龙团、凤饼演变而来,创制于1725年(清雍正年间)前后。据福建《安溪县志》记载:"安溪人于清雍正三年首先发明乌龙茶做法,以后传入闽北和台湾。"乌龙茶综合了绿茶和红茶的制法,其品质介于绿茶和红茶之间,既有红茶浓鲜味,又有绿茶清芳香,有"绿叶红镶边"的美誉。乌龙茶为我国特有的茶类,主要产于福建的闽北、闽南及广东、台湾地区。近年来四川、湖南等省也有少量生产。商业上习惯根据其产区不同分为:闽北乌龙、闽南乌龙、广东乌龙、台湾乌龙等亚类。

闽北乌龙:主要有武夷岩茶、闽北水仙、闽北乌龙。

闽南乌龙:最著名、品质最好的是铁观音,另外有名的还有黄金桂、色种等。

广东乌龙:凤凰单枞和凤凰水仙最出名,岭头单枞品质也较出众。

台湾乌龙:分为台湾乌龙和台湾包种两类。最出名的台湾乌龙是冻顶乌龙。

4. 白茶

白茶(White tea)属轻微发酵茶,特点是"汤色杏黄";基本工艺分为萎凋、干燥两道工序;分白芽茶和白叶茶两类。典型的白芽茶就是白毫银针,满坡白毫,色白如银,细长如针。白叶茶有白牡丹、贡眉等品目。

白茶根据茶树品种和原料要求的不同,分为白毫银针、白牡丹和贡眉三种产品。[①]

5. 黄茶

黄茶(Yellow tea)的特点是"黄叶黄汤"。这种黄色是制茶过程中进行闷堆渥黄的结果,属于轻发酵茶。黄茶可分为黄大茶、黄小茶和黄芽茶三类。

黄大茶:著名的品种有安徽的霍山黄大茶、广东的大叶青等;

黄小茶:著名的品种有湖南宁乡的沩山毛尖、湖南岳阳的北港毛尖、湖北的远安鹿苑、浙江的平阳黄汤等;

黄芽茶:著名的品种有湖南岳阳的君山银针、四川名山县的蒙顶黄芽、安徽霍山的霍山黄芽、浙江德清的莫干黄芽等。

6. 黑茶

黑茶(Dark tea)属后发酵茶,是我国特有的茶类,生产历史悠久,花色品种丰富。

---

① 《白茶》GB/T 22291—2008.

由于原料粗老,黑茶加工制造过程中一般堆积发酵时间较长,因为叶色多呈暗褐色,故称黑茶。黑茶是很多紧压茶的原料,以边销为主,供边区少数民族饮用,因此,习惯上又把黑茶制成的紧压茶称为边销茶。因产区和工艺上的差别,有湖南黑茶、湖北老青茶、四川边茶、滇桂黑茶。黑茶中的佼佼者是普洱茶和六堡茶,品质独特,香味以陈为贵。普洱茶产于云南省南部,茶性温和,具有药效。六堡茶产于广西苍梧县,色泽黑褐有光泽,汤色红亮琥珀色,滋味醇厚,带有槟榔味和烟味。

（二）再加工茶

再加工茶是以基本茶类为原料再加工以后的产品的统称。主要有花茶、紧压茶等。

1. 花茶

花茶又称熏花茶、香花茶、香片。为我国独特的一个茶叶品类。由精制茶坯与具有香气的鲜花拌和,通过一定的加工方法,促使茶叶吸附鲜花的芬芳香气而成。因茶使用花的种类不同,可分为茉莉花茶、珠兰花茶、玉兰花茶、玫瑰花茶等。目前市场上都以茉莉花为主窨制。

2. 紧压茶

古代就有紧压茶的生产,唐代的蒸青团饼茶,宋代的龙团凤饼,都是采摘茶树鲜叶经蒸青、磨碎、压模成型而后烘干制成的紧压茶。现代紧压茶与古代制法不同,大都是以已制成的红茶、绿茶、黑茶的毛茶为原料,经过再加工、蒸压成型而制成,因此紧压茶属再加工茶类。如云南沱茶、湖南砖茶等。

3. 其他再加工茶

茶与其他动植物产品配在一起形成一种新的饮品,著名的有:

八宝茶:是四川以及居住在古丝绸之路上的回族和东乡族人待客的传统饮料。回族和东乡族八宝茶以茶叶为底,掺有白糖（或冰糖）、枸杞、红枣、核桃仁、桂圆肉、芝麻、葡萄干、苹果片等,喝起来香甜可口,滋味独具,并有滋阴润肺、清嗓利喉之功效。在甘肃及宁夏回族自治区,都以"三炮台"碗（连盖的茶碗和底座小碟三件头）泡"八宝茶"招待亲友。四川的八宝茶与回族的略有不同,主要是在配料的选择上,通常是按顺序先放入冰糖,再放入罗汉果,然后是花旗参、甘草、枸杞子、红枣、葡萄干,最后用茉莉花花茶盖住配料,放上两朵菊花。这样冲出来的茶汤色碧绿,并能够显出菊花的幽致清雅。而茶博士的斟茶技巧,是四川茶楼一道独特的风景线。他们一只手提着一个特制的一米多长嘴的龙头铜壶,有两个颤巍巍的红球,尖尖的壶嘴伸到离茶碗不到4厘米时,开水就对准盖碗直射下去,水柱临空而降,泻入茶碗,翻腾有声;须臾之间,戛然而止,茶水恰与碗口平齐,既快又准,碗外无一滴水珠。还有诸如"苏秦背剑"、"反弹琵琶"等赋有艺术性的动作,这既是一门绝技,又是一种艺术的享受。

玄米茶:以糙米为原料,经浸泡、蒸熟、滚炒等工艺制成的玄米与日式煎茶拼配而成。

荞麦冰奶茶:红茶加苦荞麦。苦荞麦具有降血糖、降血脂、降尿糖、防便秘等功效。

(三)仿茶饮品

1. 马黛茶

马黛茶(mate),别名巴拉圭茶等,马黛是生长在南美的冬青科大叶冬青近似的一种多年生木本植物,远古的南美洲人把绿叶和嫩芽采摘下来,经过晾晒、分拣后冲泡饮用,后来又多了烘烤、发酵和研磨等工序,就逐渐演变成今天芳香可口的马黛茶。含有丰富的维生素、矿物质、铁质、钙质、食物纤维等,含有多达196种活性营养物质(包括12种维生素),特效成分马黛因有着类似于咖啡和中国茶对神经系统的兴奋作用,即提神解乏功效,却不像咖啡对机体具有强烈的刺激性,其作用十分柔和。常饮不但不会损害心脏,也不会影响睡眠,而且能保护和增强心脏和心脑功能,还能保证睡眠质量。

商家在马黛茶中加入草莓、苹果、柠檬、橙子等不同的水果味以满足不同消费者的口味。还有各种以马黛茶为主要成分的药茶,如改善睡眠的、镇痛的、减肥瘦身的等。

2. 枸杞茶

枸杞(barbary wolfberry fruit)是茄科枸杞属的多分枝灌木植物,国内外均有分布。明李时珍《本草纲目》记载:"春采枸杞叶,名天精草;夏采花,名长生草;秋采子,名枸杞子;冬采根,名地骨皮"。枸杞嫩叶亦称枸杞头,可食用或作枸杞茶。枸杞子有降低血糖、抗脂肪肝作用,并能抗动脉粥样硬化。枸杞泡茶不宜与绿茶搭配,适合与贡菊、金银花、胖大海和冰糖一起泡,用眼过度的电脑族尤其适合。

三花枸杞茶:由玫瑰花、茉莉花、代代花、川芎、枸杞叶组成;

山楂枸杞茶:由山楂、枸杞叶、泽泻组成;

枸杞决明茶:由枸杞、苍术、决明子组成。

3. 香草茶

香草茶(herbal tea)是将有一定功用的植物之根、茎、叶、花或皮等部分加以煎煮或冲泡而成的茶。香草茶可以是单独一种配料,如洋甘菊茶、西洋参茶、人参茶、枸杞茶、杜仲茶、苦丁茶、罗布麻茶等,也可以多种植物配伍到一起。

杜仲茶是以杜仲植物杜仲(eucommia ulmoides oliv)的叶为原料。杜仲具有补肝肾、强筋骨、减肥、延缓衰老、利尿清热、增强人体免疫力等功效。在杜仲叶生长最旺盛时,或在花蕾将开放时,或在花盛开而果实种子尚未成熟时采收,以做杜仲茶。它是经传统的茶叶加工方法制作而成的健康饮品,品味微苦而回甜上口。

苦丁茶是冬青科冬青属苦丁茶种常绿乔木,素有"保健茶"、"美容茶"、"减肥茶"、"降压茶"、"益寿茶"等美称,是我国一种传统的纯天然保健饮料佳品。苦丁茶中含有苦丁皂甙、氨基酸、维生素C、多酚类、黄酮类、咖啡碱、蛋白质等200多种成分。

罗布麻属野生草本多年宿根植物,它因在新疆尉犁县罗布平原生长极盛而得名。罗布麻茶叶用于预防感冒、清凉泻火、降脂降压、安神助眠和预防、治疗高血压,在新疆罗布泊等地饮用野生罗布麻茶已有逾千年的历史。

以下是一些比较有名的混合香草茶：

魔力窈窕茶(slimming tea)：玫瑰花、菩提叶、洋甘菊、紫罗兰、香峰叶、马黛茶。

紫雾轻茶(leisurely & comfortable)：熏衣草、薄荷叶、迷迭香、茉莉。

青春玫瑰(youthful vigor)：玫瑰花、茉莉叶、洋甘菊、紫罗兰、柠檬草。

晚安曲(relax & ease)：熏衣草、菩提叶、茉莉花、洋甘菊、柠檬马鞭草。

4. 果茶

我国的传统饮品酸梅汤(乌梅、山楂、桂花、冰糖)可以算是一种果茶(fruits tea)；国外有苹果茶、石榴茶等。

以下是一些比较有名的混合果茶：

红莓蜜果茶(strawberry paspberry)：草莓、苹果、覆盆子、芙蓉花、蔷薇果。

杰克桑果茶(jack fruit)：苹果、芙蓉花、葡萄干、木瓜、香瓜。

杏花蜜桃茶(peach apricot)：水蜜桃、杏桃、橘皮、芙蓉花、蔷薇果、金盏花。

水果色拉茶(fruit salad)：苹果、蔷薇果、芙蓉花、木瓜、香瓜。

樱桃仙蒂茶(wild cherry)：樱桃、芙蓉花、玫瑰花、苹果、橘皮、柠檬皮。

森林果子茶(wood berry)：木莓、接枝果、芙蓉花、蔷薇果、苹果。

芒果鸡尾酒(mango cocktail)：芒果、苹果、紫罗兰、金盏花、蔷薇果、橘皮、柠檬皮、芙蓉花。

玫瑰梦幻茶(rose dream)：玫瑰花、芙蓉花、苹果、金盏花、车菊花。

二、茶叶名品

我国在唐代就有顾渚紫笋、常州阳羡茶、寿州黄芽、靳门团黄、蒙顶石花、婺州东白、鸠坑茶、仙人掌茶、六安茶、天目山茶、径山茶等50余种名茶，宋代有龙井茶、普洱茶、洞庭山茶、武夷茶等90余种名茶。而中国现代列入《中国名茶志》的各地名茶已有1000多种。

1. 西湖龙井

西湖龙井(Xihu Lonjing tea)产于浙江杭州西湖西南龙井村四周，历史上曾分为"狮、龙、云、虎、梅"五个品种，其中多认为产于狮峰的龙井的品质为最佳。龙井属炒青绿茶，向以"色绿、香郁、味醇、形美"四绝而享誉中外。采茶只采一个嫩芽的称"莲心"，一芽一叶的称"旗枪"，一芽二叶初展的称"雀舌"。特级龙井采摘标准是一芽一叶。好茶还需好水泡，"龙井茶、虎跑水"被并称为杭州双绝。泡龙井茶可选用玻璃杯，因其透明，茶叶在杯中逐渐伸展，一旗一枪，上下沉浮，汤明色绿，历历在目，仔细观赏，真可说是一种艺术享受。

　　根据国家标准《地理标志产品 龙井茶》①，龙井茶地理标志产品保护范围限于国家质量监督检验检疫行政主管部门根据《地理标志产品保护规定》批准的范围，即杭州市西湖区(西湖风景名胜区)现辖行政区域为西湖产区；杭州市萧山、滨江、余杭、富阳、临安、桐庐、建德、淳安等县(市、区)现辖行政区域为钱塘产区；绍兴市绍兴、越城、新昌、嵊州、诸暨等县(市、区)现辖行政区域以及上虞、磐安、东阳、天台等县(市)现辖部分乡镇区域为越州产区。品种为龙井群体、龙井43、龙井长叶、迎霜、鸠坑种等经审(认)定的适宜加工龙井茶的茶树良种，在保护范围内采摘符合茶树品种要求的茶树鲜叶，按照传统工艺在地理标志产品保护范围内加工而成，具有"色绿、香郁、味醇、形美"的扁形绿茶。产品按感官品质分为：特级、一级、二级、三级、四级、五级。

　　2. 洞庭碧螺春

　　洞庭(山)碧螺春[Dongting(mountain) Biluochun tea]，产于江苏吴县太湖之滨的洞庭山。碧螺春茶叶用春季从茶树采摘下的细嫩芽头炒制而成；高级的碧螺春，0.5公斤干茶需要茶芽6万～7万个，足见茶芽之细嫩。炒成后的干茶条索紧结，白毫显露，色泽银绿，翠碧诱人，卷曲成螺，故名"碧螺春"。此茶冲泡后杯中"白云翻滚，雪花飞舞，清香袭人"，是国内著名的茶叶品种。

　　根据国家标准《地理标志产品 洞庭(山)碧螺春》②，洞庭(山)碧螺春是在洞庭山规定区域内采自传统茶树品种或选用适宜的良种进行繁育、栽培的茶树的幼嫩茶叶，经独特的工艺加工而成，具有"纤细多毫，卷曲成螺，嫩香持久，滋味鲜醇，回味甘甜"为主要品质特征的绿茶。产品分为特级一等、特级二等、一级、二级、三级。

　　3. 黄山毛峰

　　黄山毛峰(Huangshan Maofeng tea)产于安徽黄山，桃花峰、紫云峰、云谷寺、松谷庵、吊桥庵、慈光阁一带为特级黄山毛峰的主产地。这里山高林密，日照短，云雾多，自然条件十分优越，茶树得云雾之滋润，无寒暑之侵袭，蕴成良好的品质。特级黄山毛峰采制十分精细，有"轻如蝉翼，嫩如莲须"之说。制成的毛峰茶外形细扁微曲，状如雀舌，香如白兰，味醇回甘。

　　根据国家标准《地理标志产品 黄山毛峰》③，黄山毛峰是在安徽省黄山市管辖的行政区域规定范围内特定的自然生态环境条件下，选用黄山种、楮叶种、滴水香、茗洲种等地方良种茶树和从中选育的优良茶树的芽叶，经特有的加工工艺制作而成，具有"芽头肥壮、香高持久、滋味鲜爽回甘、耐冲泡"的品质特征的绿茶。产品分为特一、特二、特三、一级、二级、三级。

---

　　①　GB/T 18650—2008.
　　②　GB/T 18957—2008.
　　③　GB/T 19460—2008.

4.庐山云雾

庐山云雾(Lushan Yunwu tea)产于江西庐山。号称"匡庐秀甲天下"的庐山,北临长江,南傍鄱阳湖,气候温和,山水秀美,十分适宜茶树生长。庐山云雾芽肥毫显,条索饱满秀丽,香浓味甘,汤色清澈。

根据国家标准《地理标志产品 庐山云雾》[①],庐山云雾保护范围为庐山风景区以及周边规定乡镇,选用当地群体茶树品种或具有良好适制性的良种进行繁育、栽培,经独特的工艺加工而成,具有"干茶绿润、汤色绿亮、香高味醇"为主要品质特征的绿茶。产品分为特级、一级、二级、三级。

5.六安瓜片

六安瓜片(Liuan Guapian)产于皖西大别山茶区,其中以六安、金寨、霍山三县所产为最佳。六安瓜片每年春季采摘,成茶呈瓜子形,因而得名,色翠绿,香清高,味甘鲜,耐冲泡。此茶不仅可消暑解渴生津,而且还有极强的助消化作用和治病功效。

六安瓜片茶农业部标准(NY/T 781－2004)中的定义是:采自六安市境内茶区,经扳片或采片得到的原料,通过独特的传统加工工艺制成的形似瓜子的片形茶叶。产品分为特一、特二、一级、二级、三级。

6.白毫银针

白茶,产于福建北部的政和、建阳、水吉、松溪,以及东北部的福鼎等地。白毫银针满坡白毫色白如银,细长如针,因而得名。冲泡时,"满盏浮茶乳",银针挺立,上下交错,非常美观;汤色黄亮清澈,滋味清香甜爽。由于制作时未经揉捻,茶汁较难浸出,因此冲泡时间应稍延长。

根据国家标准《地理标志产品 政和白茶》[②],政和白茶(Zhenghe white tea)是在福建省政和县管辖行政区域规定范围内自然生态环境条件下,选用政和大白茶、福安大白茶等适制白茶的茶树品种的鲜叶为原料,按照不杀青、不揉捻的独特加工工艺制作而成,具有清鲜、纯爽、毫香品质特征的白茶。分为白毫银针、白牡丹。

7.君山银针

君山银针(Junshan Yinzhen)产于湖南岳阳洞庭湖的君山。君山银针风格独特,其芽头肥壮,紧实挺直,芽身金黄,满披银毫,汤色橙黄明净,香气清纯,滋味甜爽,叶底嫩黄匀亮。用洁净透明的玻璃杯冲泡君山银针时,可以看到初始芽尖朝上、蒂头下垂而悬浮于水面,随后缓缓降落,竖立于杯底,忽升忽降,蔚成趣观,最多可达三次,故君山银针有"三起三落"之称。最后竖沉于杯底,如刀枪林立,似群笋破土,芽光水色,浑然一体,堆绿叠翠,妙趣横生,历来传为美谈。且不说品尝其香味以饱口福,只消亲眼观赏一番,

① GB/T 21003－2007.
② GB/T 22109－2008.

也足以引人入胜,神清气爽。根据"轻者浮,重者沉"的科学道理,"三起三落"是由于茶芽吸水膨胀和重量增加不同步,芽头比重瞬间变化而引起的。

8. 武夷岩茶

武夷岩茶(Wuyi rock-essence tea)产于福建崇安县武夷山。其优良品质的产生原因有三:一是有得天独厚的生态环境;二是有丰富的适制乌龙茶的品种资源;三要归功于独特精湛的制作工艺。武夷岩茶的香气馥郁,胜似兰花而深沉持久,"锐则浓长,清则

图 3.1　武夷山大红袍母树

幽远"。滋味浓醇清活,生津回甘,虽浓饮而不见苦涩。茶条壮结、匀整,色泽青褐润亮呈"宝光"。叶面呈蛙皮状沙粒白点,俗称"蛤蟆背"。泡汤后叶底"绿叶镶红边",呈三分红七分绿。武夷茶区经过长期反复选择单株茶树,分别采制,鉴定质量,选育了优秀单株。依据品质、形状、地点等不同,命名"花名"。在各种"花名"中再评出名丛。在名丛中评出最为名贵的"四大名丛(枞)":大红袍、铁罗汉、白鸡冠、水金龟,其中以大红袍享誉最高。

根据国家标准《地理标志产品 武夷岩茶》①,武夷岩茶是指在武夷山市所辖行政区域范围内,独特的武夷山自然生态环境条件下,选用适宜的茶树品种进行无性繁育和栽培,并用独特的传统加工工艺制作而成,具有岩韵(岩骨花香)品质特征的乌龙茶。产品分为大红袍、名枞、肉桂、水仙、奇种;其中大红袍等级分特级、一级、二级。

9. 安溪铁观音

安溪铁观音(Anxi Tieguanyin tea)产于闽南安溪。铁观音原是茶树品种名,由于它适制乌龙茶,其乌龙茶成品遂亦名为铁观音。在福建,所谓铁观音茶即以铁观音品种茶树制成的乌龙茶。而在我国台湾地区,铁观音茶则是指一种以铁观音茶特定制法制成的乌龙茶,所以台湾铁观音茶的原料,可以是铁观音品种茶树的芽叶,也可以不是铁观音品种茶树的芽叶。这与福建铁观音茶的概念有所不同。安溪铁观音的制作工艺十分复杂,制成的茶叶条索紧结,色泽乌润砂绿。好的铁观音,在制作过程中因咖啡碱随水分蒸发还会凝成一层白霜;冲泡后,有天然的兰花香,滋味纯浓。品饮铁观音用小巧的工夫茶具,先闻香,后尝味,每次饮量虽不多,但饮后顿觉满口生香,回味无穷。

根据国家标准《地理标志产品 安溪铁观音》②,安溪铁观音是指在福建安溪县管辖行政

① GB/T 18745－2006.
② GB/T 19598－2006.

区域范围内的自然生态环境条件下,选用铁观音茶树品种进行扦插繁育、栽培和采摘,按照独特的传统加工工艺制作而成,具有铁观音品质特征的乌龙茶。产品分为清香型与浓香型。清香型产品分为特级、一级、二级、三级。浓香型产品分为特级、一级、二级、三级。

10.祁门工夫

祁门工夫(Keemun Congou black tea)主产安徽省祁门县,以外形苗秀,色有"宝光"和香气浓郁而著称,在国内外享有盛誉。祁门工夫茶条索紧秀,锋苗好,色泽乌黑泛灰光,俗称"宝光",内质香气浓郁高长,似蜜糖香,又蕴藏有兰花香,汤色红艳,滋味醇厚,回味隽永,叶底嫩软红亮。祁门红茶品质超群,被誉为"群芳最",这与祁门地区的自然生态环境条件优越是分不开的。

祁门红茶(keemun black tea)在地方标准 DB34/T1086—2009 中的定义如下:以安徽省祁门县为核心产区,以祁门槠叶种及以此为资源选育的无性系良种为主的茶树品种鲜叶为原料,按传统工艺及特有工艺加工而成的具有"祁门香"品质特征的红茶,分祁门工夫红茶、祁红香螺、祁红毛峰等。祁门工夫红茶为条形,等级分为特茗、特级、一级、二级、三级、四级、五级。

11.普洱茶

普洱茶(Puer tea)属于黑茶,因产地旧属云南普洱府(今普洱市),故得名,是以公认普洱茶区的云南大叶种晒青毛茶为原料,经过后发酵加工成的散茶和紧压茶。"越陈越香"被公认为是普洱茶区别其他茶类的最大特点。

根据国家标准《地理标志产品　普洱茶》[①],普洱茶是以普洱市、西双版纳州、临沧市等 11 个州(市)地理标准保护范围内的云南大叶种晒青茶为原料,并在地理标准保护范围内采用特定的加工工艺制成,具有独特品质特征的茶叶。按其加工工艺及品质特征,分为普洱茶(生茶)与普洱茶(熟茶)两种类型;按外观形态分普洱茶(熟茶)散茶、普洱茶(生茶、熟茶)紧压茶。

12.大吉岭红茶

素有"红茶中的香槟"美誉的大吉岭茶(Darjeeling black tea),生长于印度西孟加拉省北部喜马拉雅山麓大吉岭高原一带。当地年均气温 15℃ 左右,白天日照充足,但日夜温差大,谷地里常年弥漫云雾,是孕育此茶独特芳香的一大因素。3～4 月的一号茶多为青绿色,5～6 月的二号茶为金黄,以二号茶品质最优。其汤色橙黄,气味芬芳高雅,上品尤其带有高尚麝香葡萄风味与特殊的香味,口感细致柔和。虽然印度很早就有野生茶树,但大吉岭茶实际上也有着中国的缘:大吉岭茶实际上是早先英国人试图在阿萨姆地区种植中国茶树时无心插柳柳成荫的结果。中国茶树和阿萨姆茶树的杂交最终产生了现在的大吉岭茶的一种茶源。阿萨姆红茶产于印度东北阿萨姆省喜马拉雅山麓

---

① GB/T 22111—2008.

的阿萨姆溪谷一带,以浓烈味道著称。

13.锡兰茶

锡兰是斯里兰卡旧称。斯里兰卡红茶即锡兰茶(Ceylon black tea),茶色鲜明、香气纤细优雅,是最典型的红茶。有名的有汀布拉茶、努沃勒埃利耶茶、乌瓦茶。以乌瓦茶最著名,产于锡兰山岳地带的东侧,常年云雾弥漫,由于冬季吹送的东北季风带来雨量(11月至次年2月),不利茶园生产,以7~9月所获的品质最优。产于山岳地带西侧的汀布拉茶和努沃勒埃利耶茶,则因为受到夏季(5~8月)西南季风雨的影响而品质差,以1~3月收获的最佳。

三、茶叶的特性

茶叶有以下三个特性:

1.吸湿性:干茶水分一般只有5%~8%,这使其具有强烈的吸湿能力,吸收水分若超过10%,就会影响茶叶质量。

2.陈化性:不发酵茶的茶叶与空气接触就会发生氧化作用,会使茶叶香气减退,口感变劣,这一过程叫陈化。

3.吸异味:茶叶具有强烈地吸收其他气味的特性。

根据茶叶的特性,茶叶在保管过程中一定要保持干燥,避免强光直射,避免与有气味的物质放在一起。绿茶、红茶、花茶应密封储藏,名贵绿茶最好密封后低温储藏(在零下20℃,氧化几乎会停止)。有些需要陈年的茶如陈年普洱茶需要与空气保持接触,因此不可密封。

四、茶的泡饮

沏泡一杯好茶,除要求茶叶质量优良以外,还必须有好水和好的茶具,以及适当的茶叶用量、泡茶水温和冲泡时间。

1.泡茶用水

水对茶水的色泽、口味以及香气均有重要影响。有的茶要在特别的用水条件下才有特别的饮用感觉。用于泡茶的水应该是软水,在酸碱度(pH值)方面应该是中性的。在现在的城市中,特别是大城市中,泡茶的用水主要是自来水经煮沸。这样的水在卫生方面应该是没有什么问题或是没有什么大问题的,但是城市周围的水往往有不同程度的污染,加之为了解决卫生问题就必须经过化学消毒,从而使水带上异味,冲泡出来的茶也就往往不可口。陆羽的《茶经》中对饮茶用水的原则是"山水上,江水中,井水下;其山水拣乳泉、石池漫流者上"。

2.茶具

茶具一般指茶杯、茶壶、茶碗、茶盏、茶碟、茶盘等饮茶用具。茶具种类繁多,造型优美,除实用价值外,许多茶具还有颇高的艺术价值。由于制作材料和产地不同而分为陶土茶具、瓷器茶具、漆器茶具、玻璃茶具、搪瓷茶具和竹木茶具等几大类。我国的宜兴紫砂壶沏茶最好,用来泡茶,即不夺茶真香,又无熟汤气,能较长时间保持茶叶的色、香、味。宜兴紫砂壶既是着重功能性的实用品,又是可以把玩、欣赏的艺术品。

3.茶叶用量

茶叶用量是指每杯或每壶中放适当分量的茶叶。每次茶叶用多少,并没有统一标准,主要根据茶叶种类、茶具大小以及消费者的饮用习惯而定。茶叶用量的多少,关键是要掌握茶与水的比例,茶多水少,则味浓;茶少水多,则味淡。茶类不同,用量各异。如冲泡一般红、绿茶,茶与水的比例,大致掌握在1:(50～60),即每杯放3克左右的干茶,加入沸水150～200毫升。用茶量最多的是乌龙茶,每次投入量几乎为茶壶容积的二分之一,甚至更多。

4.泡茶水温

泡茶水温是指用适当温度的开水冲泡茶叶。以刚煮沸起泡为宜,用这样的水泡茶,茶汤香味皆佳。如水沸腾过久,即古人所称的“水老”。此时,溶于水中的二氧化碳挥发殆尽,泡茶鲜爽味便大为逊色。未沸滚的水,古人称为“水嫩”,也不适宜泡茶,因水温低,茶中有效成分不易泡出,使香味低淡,而且茶浮水面,饮用不便。泡茶水温的掌握,主要看泡饮什么茶而定。高级绿茶,特别是各种芽叶细嫩的名绿茶,不能用100℃的沸水冲泡,一般以80℃左右为宜。茶叶愈嫩、愈绿,冲泡水温要低,这样泡出的茶汤一定嫩绿明亮,滋味鲜爽,茶叶维生素C也较少破坏。而在高温下,茶汤容易变黄,滋味较苦(茶中咖啡碱容易浸出),维生素C大量破坏。泡饮各种花茶、红茶和中、低档绿茶,则要用100℃的沸水冲泡。如水温低,则渗透性差,茶中有效成分浸出较少,茶味淡薄。泡饮乌龙茶、普洱茶和沱茶,每次用茶量较多,而且茶叶较粗老,必须用100℃的沸滚开水冲泡。有时为了保持和提高水温,还要在冲泡前用开水烫热茶具,冲泡后在壶外淋开水。少数民族饮用砖茶,则须将砖茶敲碎,放在锅中熬煮。一般说来,泡茶水温与茶叶中有效物质在水中的溶解度呈正相关,水温愈高,溶解度愈大,茶汤就愈浓,反之,水温愈低,溶解度愈小,茶汤就愈淡,一般60℃温水的浸出量只相当于100℃沸水浸出量的45％～65％。这里必须说明一点,上面谈到的高级绿茶适宜用80℃的水冲泡,这通常是指将水烧开之后(水温达100℃),再冷却至所要求的温度;如果是无菌生水,则只要烧到所需的温度即可。

5.冲泡时间

冲泡时间包含有两层意思:一是将茶泡到适当的浓度后倒出开始饮用,从泡到饮需要多少时间;二是指有些茶叶要冲泡数次,每次需要泡多少时间。茶叶冲泡的时间和次数,差异很大,与茶叶种类、泡茶水温、用茶数量和饮茶习惯等都有关系,不可一概而论。一般红、绿茶,将茶叶放入杯中后,先倒入少量开水,以浸没茶叶为度,适当停顿,然后再加开水到七八成满。据测定，一般茶叶泡第一次时，其可溶性物质能浸出 50%～55%；泡第二次，能浸出 30% 左右；泡第三次，能浸出 10% 左右；泡第四次，则所剩无几了。因此，以冲泡三次为宜。如饮用颗粒细小、揉捻充分的红碎茶与绿碎茶，用沸水冲泡 3～5 分钟后，其有效成分大部分浸出，便可一次快速饮用。饮用速溶茶，也是采用一次冲泡法。品饮乌龙茶多用小型紫砂壶。在用茶量较多（约半壶）的情况下，一般第一泡 1 分钟就要倒出来，第二泡 1 分 15 秒（比第一泡增加 15 秒），第三泡 1 分 40 秒，第四泡 2 分 15 秒。也就是从第二泡开始要逐渐增加冲泡时间，这样前后茶汤浓度才比较均匀。

俗云"饮茶要新，喝酒要陈"，绿茶、黄茶、白茶品质以产于本年内的新茶为优，但并非所有的茶的饮用都以新为优。如武夷岩茶，隔年陈茶反而香气馥郁，滋味醇厚；普洱茶和六堡茶，以陈为贵，越陈越名贵。茶除了用开水直接沏泡"清饮"外，还可以在沏泡时往茶中添加其他原料如牛奶、水果等，来增加茶的风味与营养。

6. 中国茶艺

中华茶艺古已有之，但在很长的时期内都是有实无名。"茶艺"一词是我国台湾茶人在 20 世纪 70 年代后期提出的。1977 年，以中国民俗学会理事长娄子匡教授为主的一批茶的爱好者，倡议弘扬茶文化，为了恢复弘扬品饮茗茶的民俗，有人提出"茶道"这个词；但是，有人提出"茶道"虽然建立于中国，但已被日本专美于前，如果现在援用"茶道"恐怕引起误会，以为是把日本茶道搬到我国台湾来了；另一个顾虑是怕"茶道"这个名词过于严肃，中国人对于"道"字是特别敬重的，感觉高高在上，要人民很快就普遍接受可能不容易。于是提出"茶艺"这个词，经过一番讨论，大家同意才定案。"茶艺"就这么产生了。我国台湾茶人当初提出"茶艺"是作为"茶道"的同义词、代名词。现已被海峡两岸茶文化界所认同、接受，然而对茶艺概念的理解却存在一定程度的混乱，可谓众说纷纭，莫衷一是。台湾范增平先生认为："什么叫'茶艺'呢？它的界说分成广义和狭义的两种界定。""广义的茶艺是，研究茶叶的生产、制造、经营、饮用的方法和探讨茶业原理、原则，以达到物质和精神全面满足的学问。""狭义的界说，是研究如何泡好一壶茶的技艺和如何享受一杯茶的艺术。"[①]

茶艺是指选茶、制茶、烹茶、品茶等艺茶之术。艺茶过程中贯彻的精神称为"茶道"。有道无艺，是空洞的理论；有艺无道，艺则无精无神。茶艺与茶道是茶文化的核心。中国很早就有茶道，中国茶道形成于 8 世纪中叶的中唐时期，陆羽为中国茶道的奠基人和煎茶道的创始人（中国的饮茶历史，饮茶法有煮、煎、点、泡四类，形成茶艺的有煎茶法、点茶法、泡茶法）。陆羽的忘年交、诗僧、茶人皎然《饮茶歌诮崔石使君》诗有："一饮涤昏寐，情思爽朗满天地；再饮清我神，忽如飞雨洒轻尘；三饮便得道，何须苦心破烦恼。""孰知茶道全尔真，唯有丹丘得如此。"中国茶道兴于中国唐代，盛于宋、明代，衰于清代。

---

① http://www.wuyishantea.com/chawenhua/chawenhua.htm.

中国茶道的主要内容讲究五境之美,即茶叶、茶水、火候、茶具、环境。中国的茶道以儒、释、道三家文化为主体构成,总体基调是高雅而深沉、博大而精深。

7. 潮汕工夫茶

潮汕工夫茶又叫潮州工夫茶,是融精神、礼仪、沏泡技艺、巡茶艺术、评品质量为一体的完整的茶道形式,既是一种茶艺,也是一种民俗,是"潮人习尚风雅,举措高超"的象征。"工夫"也作"功夫";"工夫"与烹茶方法联袂,称"工夫茶"或"功夫茶"。起源于宋代,在广东的潮州府(今潮汕地区)及福建的漳州、泉州一带最为盛行,乃唐、宋以来品茶艺术的承袭和深入发展。工夫茶很讲究选茶、用水、茶具、冲法和品味,其基本特征可用一句话加以概括:用小壶、小杯冲沏乌龙茶。

8. 日本茶道

中国茶叶约在唐代时,便随着佛教的传播进入到朝鲜半岛和日本列岛。因而最先将茶叶引入日本的,也是日本的僧人。公元 1168 年,日本国荣西(1141—1225)禅师历尽艰险至中国学习佛教,同时刻苦进行"茶学"研究,也由此对中国茶道产生了浓厚的兴趣。荣西回国时,将大量中国茶种与佛经带回至日本,在佛教中大力推行"供茶"礼仪,并将中国茶籽遍植赠饮。其时他曾用茶叶治好了当时镰仓幕府的将军源实朝的糖尿病,又撰写了《吃茶养生记》,以宣传饮茶之神效,书中称茶为"上天之恩赐",是"养生之仙药,延年之妙术"。荣西因而历来被尊为日本国的"茶祖"。

15 世纪时,日本著名禅师一休的高足村田珠光(1423—1502)首创了"四铺半草庵茶",而被称为日本"和美茶"(即佗茶)之祖。所谓"佗",是其茶道的专用术语,意为追求美好的理想境界。珠光认为茶道的根本在于清心,清心是"禅道"的中心。他将茶道从单纯的"享受"转化为"节欲",体现了修身养性的禅道核心。

其后,日本茶道经武野绍鸥(1502—1555)的进一步推进而达到"茶中有禅"、"茶禅一体"之意境。而绍鸥的高足、享有茶道天才、有日本茶圣之称的千利休(1522—1591),又于 16 世纪时将以禅道为中心的"和美茶"发展而成贯彻"平等互惠"的利休茶道,成为平民化的新茶道,在此基础上归结出以"和、敬、清、寂"为日本茶道的宗旨("和"以行之;"敬"以为质;"清"以居之;"寂"以养志),至此,日本茶道初步形成。

利休的子孙分为"表千家"、"里千家"和"武者小路千家"的三个流派,传承至今。而其他门派林立,有织部流、远州流、三斋流、薮内流、石州流、宗遍流、庸轩流等。近年中,以"里千家"的传人最有盛名。

日本茶道讲究典雅、礼仪,使用之工具也是精挑细选,品茶时配甜品。日本人视茶道为修身养性、学习礼仪、进行人际交往的一种行之有效的方式。

第二节　咖啡、可可

一、咖　啡

咖啡(英：Coffee，法：Cafè，葡萄牙：Café)，是咖啡属植物(Coffea，一般指栽培种)的果实和种子，由果皮(外果皮、中果皮和内果皮)、种皮、种仁和胚经加工后制出的供消费用的产品。[①]

咖啡树是一种热带植物。其果实成熟时像樱桃一样圆而红，一个果中有两粒种子，这就是用来制咖啡的咖啡豆。

图 3.2　咖啡

有关咖啡的起源传说，最有趣的有两个：传说之一，约在公元 55 年，非洲一个叫卡发的地方，有一个牧羊人叫考地。有一天，考地赶着羊群穿过一片树林，羊不停地吃着小道边的植物，一会儿，羊奇怪地跳个不停。考地感到惊讶，细查后，怀疑是羊吃了植物果子的缘故。考地试着吃了几粒，感到神清气爽。考地告诉了他人，人们把这种果实叫做卡发，后来卡发叫成了"咖啡"。传说之二，在公元 1258 年，一位叫奥玛儿的酋长遭放逐，来到阿拉伯的奥沙瓦山里。正在饥饿不堪时，忽然听到树上一只小鸟以响亮的声音啼叫着，他向前察看，却被满树的红色果子吸引住了。他摘了满满一大口袋，带回一处洞穴，用它来煮汤喝。喝了以后，觉得疲劳忽然消除。[②]

咖啡的老家是非洲的埃塞俄比亚。从 13 世纪开始人们剥出咖啡豆做成饮料来饮用。到 16 世纪咖啡开始大量种植和贸易，并逐渐传播到世界各地。18 世纪初传入巴西。

咖啡产地主要有巴西、哥伦比亚、墨西哥、危地马拉、萨尔瓦多、洪都拉斯、哥斯达黎加、古巴、牙买加、肯尼亚、埃塞俄比亚、也门、印度尼西亚、美国夏威夷，我国云南、台湾、海南、广西、福建等地也产咖啡。

(一)著名咖啡品种

咖啡的栽培品种大致可分为阿拉伯种(Arabica coffee)、罗巴斯塔种(Robusta cof-

---

① 《咖啡及其制品　术语》GB/T 18007—1999.
② 《海外文摘》1988.1.

fee)和利比里亚种(Liberica coffee)等。

阿拉伯种,学名为 Coffea arabica L.,这种咖啡的果实很小,种仁也小,故称小粒种。原产地是阿比西尼亚(现在的埃塞俄比亚),是三个品种中质量最好的,咖啡豆椭圆扁平,有高品质浓厚丰富的香味,约占世界咖啡产量的三分之二。

罗布斯塔种,学名为 Coffea canephora Pierre ex Froehner,中粒种咖啡。原产于非洲的刚果,具有强烈的苦味,但不圆满。

利比里亚种学名为 Coffea canephora Hiern,果实比其他种咖啡都大,故称大粒种。原产于非洲利比里亚,香味较少,苦味很浓,品质较低。

咖啡被移植到各地后,由于环境的不同,一种不同的咖啡通常也就产生了,形成了今天种类很多的局面(有 8000 多个品种)。阿拉伯咖啡的两个最好的品种是铁皮卡(Typica)咖啡(最早由荷兰人在温室中培养)和波旁(Bourbon)咖啡(法国人在印度洋当时叫"波旁岛"的留尼旺岛上种植发生变异),波旁(Bourbon)咖啡是精选咖啡市场中的珍品。阿拉巴斯塔咖啡(arabusta coffee)是小粒种咖啡与中粒种咖啡的杂交种。

具有一个明显扁平面的咖啡豆为扁平豆(flat bean);由咖啡果中单粒种子发育而成的近似卵形的咖啡豆为单豆(pea bean;caracol);体型比一般咖啡豆大。由假多胚现象形成的咖啡豆集合体,一般由两粒咖啡豆,有时也由几粒咖啡豆集合而成为大象豆(elephant bean)。

咖啡品种常以出产国、出产地或输出港命名。

1. 蓝山咖啡(Blue Mountain)

蓝山咖啡的生产地位于加勒比海的热带岛屿牙买加(Jamaica)。牙买加是加勒比海中的岛国,面积很小。其地形是东西走向的狭长小岛,横贯东西的山脉,其最高峰就是蓝山,蓝山咖啡就产自这座山的山脉。蓝山咖啡生产量小,为阿拉伯种铁皮卡的后裔。最好的咖啡豆产自山腰,其次是山顶。纯粹的蓝山咖啡(不混入其他的咖啡),其苦、甜、酸三味十分卓越,香味出众,可说是三味调和绝佳的精品。

蓝山有"蓝山咖啡"和"高山咖啡"。蓝山咖啡分 1 号(17～18 目以上)、2 号(16 目)、3 号(15 目)三个等级。

2. 摩卡咖啡(Mocha Djimma)

摩卡以位于红海之古阿拉伯港口命名,此品种产于埃塞俄比亚。埃塞俄比亚的地理环境非常适宜咖啡生长。摩卡咖啡主要种植在海拔 1100～2300 米的南部高地上,该地区仍生长野生阿拉比卡咖啡树,咖啡豆直接从地上捡拾。主要的咖啡产地有哈拉尔(Harar)、溧木(Limu)、吉马(Djimma)、西达摩(Sidamo)、卡法(Kaffa)、耶加雪啡(Yergacheffe)和沃来尕(Wellega)等。经水洗后的摩卡,为低酸度,浓度适中,香味馥郁,香滑如凝脂,余味似巧克力。

正宗摩卡咖啡产于也门,也门摩卡(Yemen Mocha)咖啡被认为是世界上可以得到的最好的咖啡,它味道独特、芬芳浓郁、有酸味,同时还有与众不同的辛辣味。摩卡咖啡豆之所以如此受欢迎,是因为其丰富的口感:红酒的香味、狂野味、干果味、蓝莓、葡萄、肉桂、烟草、甜香料、原木味,甚至还有巧克力味。

也门咖啡根据其具体产地的不同而有各自不同的名称,主要的种类约有十三种,尽管口味和香味略有不同,但还是被统称为摩卡。其中最著名的品种如萨纳尼(Sanani)、马塔利(Mattari)和哈拉吉(Harazi)的 Ismaili 等,主要分布在首都萨那周边山地和萨那至荷台达省之间的高海拔山区。需要注意这些名称既是可代表地名也可是树名。

3. 巴西桑托斯咖啡(Brazil Santos)

桑托斯(Sontos)是出口咖啡的港口名称。巴西为世界最大之咖啡生产国,巴西生产的咖啡,几乎都是阿拉伯种。提到巴西咖啡,人们就会联想到桑托斯咖啡,桑托斯为巴西咖啡之良品,只在圣保罗区种植,色、香、味极佳及酸度适中,容易为人接受。咖啡豆等级分 No.2 至 No.8 七个等级。

4. 哥伦比亚咖啡(Colombian)

哥伦比亚位于南美洲大陆的西北部,是世界第二大的咖啡生产国。哥伦比亚咖啡的品种多为阿拉伯种。焙炒过的哥伦比亚咖啡豆,会散发一种甜香,具有独特的酸味,而且由于浓度适中,经常用于高级的混合咖啡。咖啡豆按个体大小,分特级、特优、优等、良好四个等级。

5. 印尼曼特宁(Indonesia Mandheling)

印尼咖啡绝大多数是罗布斯塔种。印尼咖啡以味道浓厚、酸度较高著称。其中曼特宁及安考拉(Mandheling and Ankola)咖啡均被誉为世界最优良之品种,又以曼特宁 Lintong 之浓烈味道,饮后齿颊留香之特色而备受推崇。

印尼苏门答腊还出产一种麝香猫咖啡(Kopi Luwak),印尼有种叫鲁哇克的麝香猫喜欢吃多浆的咖啡果子,但坚硬的咖啡种子无法消化,经过消化系统排出体外后,由于经过胃的发酵,产出的咖啡别有一番滋味。

6. 肯尼亚 AA(Kenya AA)

它产于肯尼亚首府内罗比附近肯尼亚山山坡上。肯尼亚 AA 为该国咖啡豆中最大者。其特有之苦涩及酒味,最为人所称道。

7. 夏威夷考纳(Hawaii Kona)

它是夏威夷咖啡中最著名的品种,产于夏威夷 Kona 岛近太平洋低坡地带,以浓度适中、微酸而带淡淡酒味、新鲜时能挥发出极芳香气味著称。

8. 危地马拉安提瓜(Quatcmala Antigua)

它产于危地马拉旧都安提瓜近郊,故以名之。其色、香、酸味较重及特殊,异于其他产地品种,为喜好浓郁咖啡者之佳选。

（二）咖啡的饮用

1. 生咖啡等级分类

咖啡果采摘后还要去皮等得到生豆,去皮的方式有干燥（日晒）法、水洗法、半水洗法。

生咖啡豆先按大小再按密度分等。在我国,小粒种生咖啡分为一级、二级、三级。

外观上要求:颜色应为浅蓝色或浅绿色,气味清新无异味,圆形或椭圆形。

感官上要求:一级:香气浓郁,无异气味,品味和口感都很好（杯品一级）;二级:香气好,无异气味,品味和口感都较好（杯品二级）;三级:香气稍差,无异气味,品味和口感都较差（杯品三级）。[①]

生咖啡豆要经过焙炒,才能散发出咖啡特有的香味和味道。生豆焙炒后变成有光泽的焙炒豆。

2. 焙炒咖啡

咖啡的品质,在于焙炒味道。咖啡豆越新鲜,味道就越浓,要防止空气、热、光、潮湿等因素破坏咖啡的味道。所谓的老豆,就是焙炒过后,经过相当时日的豆子。当你打开咖啡袋时,老豆会有一种刺鼻的臭味。那是豆子酸化或劣化的臭味。这种豆子即使使用磨豆机也不会有太好的香味,将热水倒在老豆制成的咖啡粉上,粉不易膨胀,泡沫也很少。用老豆的咖啡粉所抽出的咖啡,香味少,含在嘴里会觉得酸涩,会有卡在喉咙那种令人不快的变质味道。从焙炒日算起在一个月左右,都可以算是新鲜的豆子。用磨豆机将新豆子磨碎时,也会散发出香味,倒热水时,粉会吸收热水而膨胀起来。请注意,抽出时,粉的膨胀方式和泡沫的状况,都是判别咖啡豆新鲜度的标准。新豆咖啡的味道,具有芳醇的风味,无论是舌头的触感和喝下去的口感皆佳,很顺口。所以尽可能在流通量大的店里选购咖啡豆,而且一次不要买太多,每次皆只选购一点点方为上策。

咖啡豆焙炒程度的不同,会因个人喜好而有好喝和难喝的差别。而其焙炒程度可分为 8 个阶段,如表 3.1 所示。

咖啡豆的鲜度辨别诀窍:

闻:新鲜的咖啡豆闻之有浓香,反之则无味或气味不佳。

看:好的咖啡豆形状完整、个头丰硕,反之则形状残缺不一。

压:新鲜的咖啡豆压之鲜脆,裂开时有香味飘出。

色:深色带黑的咖啡豆,煮出来的咖啡具有苦味;颜色较黄的咖啡豆,煮出来的咖啡带酸味。

好的咖啡豆:形状整齐、色泽光亮,采用单炒烘焙、冲煮后香醇,后劲足。不好的咖啡豆:形状不一,且个体残缺不完整,冲煮后香淡,不够甘醇。

---

① 农业部标准《生咖啡（Green coffee）》（NY/T 604－2006）.

表 3.1 咖啡焙炒阶段与主要特征

焙炒阶段	主要特征
最浅焙炒(Light)	最轻度焙炒,味道不够安定,所以一般并不使用
黄棕色焙炒(Cinnamon)	轻度焙炒,比最浅焙炒略为深一点的焙炒方式,豆呈黄棕色
中度焙炒(Medium)	属于中度焙炒的范围,可以泡出一般饮用的咖啡
浓焙炒(High)	比中度焙炒略深的焙炒,为焙炒的主流,香味及味道都很稳定
都市焙炒(City)	是一般人喜好的程度,咖啡液的苦味比酸味浓
市区焙炒(Full City)	为中度焙炒的界限,酸味变少,苦味变强
法式焙炒(French)	深度焙炒,代表性的咖啡有牛奶咖啡、维也纳咖啡。几乎不带酸味,苦味和浓度增强
意式焙炒(Italian)	深度焙炒,豆子近黑色,完全无酸味,苦味相当强,冰咖啡或浓缩咖啡用

在我国,为了对应生咖啡的一级、二级、三级,焙炒咖啡也分为一级、二级、三级。

感官上要求:一级:香气浓郁,无异气味,品味和口感都很好(杯品一级);二级:香气好,无异气味,品味和口感都较好(杯品二级);三级:香气稍差,无异气味,品味和口感都较差(杯品三级)。

外观上要求:根据焙炒度的不同,要求整体色泽均匀一致;形态椭圆或圆形,颗粒均匀。[①]

因为杯品生咖啡时是把咖啡豆焙炒后研磨成粉,然后放瓷碗中加开水泡成咖啡进行感官品评,因此在标准中,感官上生咖啡与焙炒咖啡要求一样。

3. 咖啡的成分

咖啡豆除了含有咖啡因之外,还含单宁(涩味成分)、蛋白质、碳水化合物、无机盐、维生素等营养成分。但是在泡咖啡的时候,大部分的营养成分都没被冲泡出来,而大多残留在咖啡渣中,冲泡出来的液体里,只含少量的营养素。所以一杯咖啡冲泡出来的液体有 99.5% 是水分,一般含 12.5~20.9J 的热量。

4. 咖啡的保存方法

市场上出售的咖啡有经过焙炒的咖啡豆、磨碎的咖啡粉以及速溶咖啡。焙炒过的咖啡豆在常温下能放置一个星期,在冰箱里约两个星期。而碾磨好的咖啡粉在常温下只能放置 3 天,在冰箱里储存也只能保证一个星期不会变味。氧气和潮湿的空气是咖啡的天敌。作为植物饮料,咖啡属于生鲜食品,只要接触到空气,就很容易发生氧化。

---

① 农业部标准《焙炒咖啡(Roasted coffee)》(NY/T 605-2006)。

咖啡的保存是非常重要的,无论多么名贵的咖啡,如果保存不妥,也会失去香味。因此,买得适量,又能在有效期限内冲煮完毕,才是明智之举。一次购买量最好是以在一星期内可以喝完为宜。但是,若无法在短期内饮用完时,为了不失其新鲜度,必须装在密封罐中。如果是必须超过两星期以上的长期保存,使用密封冷冻是最好的方法。如果是密封起来冷冻保存的话,品质两个月内都不会变。要用时只要从冷冻库取出需使用的分量即可,即使是由冷冻库拿出来也可马上研磨。如果买研磨好的咖啡粉,请避免利用常温保存法,因为即使在密封容器里,4天后咖啡粉也会逐渐流失香味。因此,利用冷冻保存法是最佳良方。把咖啡粉装在密封罐中冷冻保存起来,味道和香味约可保存一个月左右。

5.咖啡冲泡方法

(1)咖啡用具。作为整套咖啡用具主要有咖啡杯碟、点心碟、水壶、糖罐、奶罐。咖啡杯按尺寸可以划分为四大类。一般把容量60~80ml的称为小咖啡杯,120~140ml是正规的咖啡杯,160~180ml是早晨咖啡杯,不带碟子的叫有把儿咖啡杯。各种尺寸的杯子在不同场合,有不同的用法。其中常用的是正规的咖啡杯,而有把儿咖啡杯的使用场合比较随便。在用蒸汽加压式咖啡壶时,要用小咖啡杯,小咖啡杯虽然容量小,但是用它来品尝纯正的咖啡味道和浓缩咖啡是非常适合的。而花式咖啡则适合用容量大的杯子。

(2)冲泡用水。咖啡里约有99.5%的成分都是水,如果想喝风味绝佳的咖啡,那么水就成了很重要的角色。水如果硬度过高就不好抽出咖啡成分来,因此要用软水。蒸馏水最适合泡咖啡。最佳水温85~95℃。

(3)冲泡方法。咖啡冲泡有纸过滤滴落式、绒布滤网滴落式、虹吸式、蒸汽加压式、水滴落式、土耳其传统式等冲泡法。市场上有众多款式的电动咖啡机,有些咖啡机集碾磨与冲泡功能于一体。咖啡机的使用方法都不难,根据使用说明使用即可。

滤纸式冲泡法:是典型的家庭方法。在冲泡时,利用滤纸过滤掉所有的咖啡渣,滤纸每次用完即丢,以得到清澈香醇的咖啡。使用滤纸式咖啡壶时,宜选用细细研磨的咖啡粉,可得到最佳的冲泡效果。

滤布式冲泡法:利用"老汤熬新药"的原理,这是内行人所钟情的冲泡法,因为过滤用的绒布经反复使用之后,咖啡的油脂会附着于绒布的纹路上,使得咖啡变得越加香醇。

虹吸式冲泡法:利用蒸气压力原理(这是由一名海洋工程师发明的方法),使被加热的水,由下面的烧瓶,经由虹吸管和滤布向上流升,然后与上面漏斗中的咖啡粉混合,而将咖啡粉中的成分完全萃取出来,咖啡液在移去火源后,再度流回下面的烧瓶中。

在各种各样的冲泡法里,虹吸式冲泡法是非常有趣的,可以看到咖啡的抽出过程,一边制作一边品味着咖啡流动的液态美。虹吸式冲泡器作为室内装饰也很有意思,但操作比滴落式复杂。虹吸式器具的使用方法比较麻烦。因为是玻璃制品，易于损坏，应小心使用。器具使用后，对过滤器要认真用水冲洗，然后浸入水中放在冰箱里保管。虹吸式咖啡抽出的要点是要等待烧瓶里的水完全沸腾以后，再插上流通管子。过早插入将不能很好地抽出咖啡味道。要充分地搅拌管路里的水和咖啡粉，短时间内不能出现过量和不足的现象。但抽出时间过长的话，咖啡会因浑浊而失去香味。虹吸式冲泡的器具包括漏斗、滤器、烧瓶、酒精灯。使用时切记将滤器上的水分完全擦干后，再装到漏斗上。将开水倒入烧瓶内，点上酒精灯，提高烧瓶内开水的温度。将咖啡粉装入漏斗内，确认滤器的位置是否安置正确，若是滤器没有对准的话，咖啡粉会掉到下面，造成咖啡浑浊。当开水开始沸腾起泡时，插入烧瓶。若在开水温度不够时就插入，开水上升就会花很多时间，而造成低温抽出，使咖啡的味道不能完全抽出。若一插入漏斗开水会立刻跑上来，就没问题了。大部分的咖啡粉会受到推力，浮在漏斗的上层。开水上升后，就用搅拌棒搅拌咖啡粉，使开水渗入咖啡粉，主要是要搅拌出一条抽出的路。搅拌后，放置40～50秒。在粉被热水吸收时，味道才会被抽出，所以若是火力过强，热水会跳动，咖啡会变得浑浊，味道也不会太好。注意不要过度加热使热水跳动。趁泡沫尚未破裂前，移开火源。经滤器过滤的抽出液逐渐聚集在烧瓶内。滤器上面留下蓬松如山型的咖啡粉。细白的泡沫完整地鼓起来，这就是抽出理想的证明。

蒸汽加压式冲泡法的特征是利用蒸汽压力在瞬间抽出咖啡液，并且可在浓苦味的蒸汽加压咖啡基础上不断变换花样，因此人们对它的兴趣与日俱增。蒸汽加压式使用的器具有直台式和自动式。为提高抽出效果，蒸汽加压式咖啡抽出的要点，应将装入罐里的咖啡粉压实。按所需冲泡的咖啡量选用器具容积时，要稍大一些。使用热水量若不能满足器具容量，则蒸汽压力不足，抽出的咖啡液有时不好喝。Espresso：意大利特浓咖啡，用小杯品尝。一杯完美的Espresso要使用意式焙炒的咖啡豆，用蒸汽加压式冲泡法。饮用之时，无须加糖加奶。

水滴式冲泡法：水滴式咖啡又称荷兰咖啡，冲泡用的滴壶是巴黎的一个大主教发明的。其特征是使用冷水，时间花费较长。它使用冷水或冰水，让水以每分钟40滴的速度，一滴一滴地萃取咖啡精华。值得一提的是，这种咖啡所含咖啡因极低，故而格外爽口。

土耳其传统式冲泡法：土耳其传统式咖啡就是用黄铜或铜制的、带有长把的叫伊普利库的器具煮咖啡。咖啡抽出的要点是，要反复煮三次，每次都是在将要沸腾前离火，并且加少量的水，再接着煮，直到咖啡醇香的味道溢出。

咖啡根据所磨成粉末的粗细程度分为细碾磨、中碾磨、粗碾磨三大类。细碾磨咖啡用蒸汽加压式和水滴落式冲泡方法较合适；中碾磨咖啡用虹吸式、绒布滤网滴落式、纸过滤滴落式冲泡方法较合适；粗碾磨咖啡要用沸腾式咖啡壶；比细碾磨还要细的咖啡用土耳其传统式冲泡法。

(4)花色咖啡。咖啡可以加糖、加奶饮用。在咖啡中还可以加入其他辅料,调制成花色品种众多的花色咖啡。

维也纳咖啡:源于奥地利,由一个名叫爱因·舒伯纳的马车夫叫出名的。喝的时候上面是浓香的冰奶油,中间有纯正的咖啡,喝到底下,甜蜜的糖浆入口,可以充分享受三段式的变化口味。做法:咖啡杯先以滚水烫过,再加入粗砂糖或冰糖,倒入用虹式咖啡壶煮的深度焙炒热咖啡,最后在咖啡面上加上已打好发泡的鲜奶油。

贵妇人咖啡:是由贵夫人兰妮所发明,咖啡溶入牛奶中的感觉,就像贵夫人雍容华贵的气质。原则上是以二分之一的咖啡加二分之一的牛奶混合起来喝的,但也可以随个人喜好自行调整比例。如果喜欢的话甚至不妨加入一两滴白兰地或威士忌增加香味。

摩卡奇诺咖啡(Mochaccino Café):由摩卡咖啡与卡布奇诺咖啡调和而成。做法:在杯子里放入巧克力糖汁20毫升,注入浓深度焙炒的咖啡,仔细搅拌。再将一大匙鲜奶油浮在其上,然后削些巧克力装饰在上面,最后加上肉桂枝。

卡布其诺(Cappuccino Café):这种咖啡是由颜色与意大利修道士所戴的头巾类似而取名。做法:准备打泡的热牛奶。将深度焙炒的咖啡注入事先温热的小杯子(demi-tasse cup),加上2小匙的砂糖。将1大匙鲜奶油浮在其上,再洒些柠檬汁或橙汁,然后以肉桂枝代替汤匙来享用。可以在牛奶泡沫上淋上肉桂粉、可可粉、柠檬皮丝或橙皮丝,但不要放两种或两种以上的材料,以免味道过于复杂。

那不勒斯风味咖啡:这是一种轻松头脑的早晨咖啡。那不勒斯风味咖啡是很苦很热的早晨咖啡,美国的年轻人更喜欢叫它黎明咖啡。做法:在有把儿杯中注入很热的深度焙炒咖啡,然后在表面放上一片柠檬。

波旁咖啡:法国有个偏僻的乡村叫波旁,那里的咖啡具有甜酸味道。做法:在深度焙炒的咖啡中滴几滴些厘酒。咖啡和些厘酒相配合的味道非常好。

摩卡薄荷咖啡:咖啡和薄荷可以是美好的情侣。摩卡薄荷咖啡是"在冷奶油上倒上温咖啡",冷奶油浮起,成冷甜奶油,它下面咖啡是热的,不加搅拌让它们保持各自的不同温度,喝起来很有意思。这是美国人爱好的巧克力薄荷味咖啡,薄荷味和咖啡相称地调和酿造出来。做法:在杯中依次加入20克巧克力、深度焙炒的咖啡、1小匙白薄荷,再加1大匙奶油浮在上面,削上一些巧克力末,最后装饰一片薄荷叶即成。

椰子汁加奶油块的咖啡:飘逸出芳香气味,带有椰子芳香味的香味咖啡。椰子的香味很强烈。做法:先在杯中滴上2滴椰子香精,注入深度焙炒的咖啡和煮沸的牛奶60毫升,再加1匙奶油浮在上面,撒上一些熟椰子末作装饰即可。

印地安咖啡:稍加一点盐,会提起牛奶的纯甜味。端起有把儿咖啡杯喝这种咖啡,全身都会暖和起来。做法:将牛奶倒入锅里加热,在牛奶沸腾前倒入深度焙炒的咖啡和红砂糖10克,再稍加点盐,充分搅拌。

拿铁咖啡(Latte Café)：咖啡：牛奶：奶泡＝1：2：1，Espresso 加入高浓度的热牛奶与泡沫鲜奶(将牛奶倒入奶锅中加热起泡)。

维也纳冰咖啡：冷冻过的杯子里注入冰咖啡，加冰淇淋。其上加鲜奶油与捣碎的饼干。

摩卡冰咖啡(Iced Mocha)：倒一盎司的巧克力酱入热 Espresso，这样巧克力酱才能与咖啡融合，搅拌均匀。搅拌器(或用摇混杯)中装约六分满的冰块，将咖啡倒入搅拌器，并倒入鲜奶，然后搅拌均匀。将咖啡倒入冰冻过的杯子中，并加上鲜好油。

软摩卡霜淇淋咖啡(Soft mocha frosty Café)：在深度焙炒的咖啡中加入巧克力糖浆 20 毫升，仔细搅拌。将此注入装着冰块的杯子，放入巧克力冰淇淋，完成后再加上牛乳。

蜂蜜冰咖啡(Honey iced Café)：把碎冰块放入杯中，注入冰咖啡。再将鲜奶油浮在其上，四周撒点肉桂粉，最后放入蜂蜜。

美国马萨克郎(Mazagran americanno Café)：很久以前，曾有支阿拉伯军队与法国军队发生战争而被困在阿尔及利亚城，当时得此咖啡帮助，才维持了生命。做法：在装满冰的杯子里，注入深度焙炒的浓厚咖啡约半杯，再注入柠檬汁 10 毫升与柠檬苏打水。如果以柠檬片装饰就更显得清凉。

俄式热咖啡：伏特加酒和橙子酱制成的纯粹大人的饮料。所谓俄式茶，就是咖啡、橙子酱、伏特加酒和奶油合在一起而成的饮料，具有特殊的甜味。配制方法：在中度焙炒的热咖啡中加入伏特加酒、奶油和橙子酱制成。

激情咖啡：这是拿破仑最喜欢的咖啡，叫做"咖啡普利爱尔"或"咖啡普尔莱杜"。从烤好的柠檬皮上滴落白兰地，具有高度的表演技巧。做法：预先在玻璃杯中加入适量砂糖和热咖啡。在深碟子里倒上白兰地，浸入削成螺旋状的柠檬皮，然后点上火盖在玻璃杯上，柠檬和酒的芳香都会散发出来。

啤酒咖啡：注入中度焙炒的咖啡，再注入极端冰冷的啤酒。

(5)咖啡拉花。在传统意大利式咖啡中发展出来的一种咖啡调制技巧，采用蒸汽将牛奶打出丰富细腻的气泡，用装了奶泡尖嘴拉花杯在 Espresso 上通过晃动手法在咖啡液面上绘制出心形、树叶形等图案。拉花技艺据传是 1988 年由美国人大卫·休谟在西雅图自己的小咖啡馆中创造发展而来。

图 3.3　拉花咖啡

二、可可（Cacao、Cocoa）

可可树属梧桐科，原产美洲，是一种热带常绿乔木，在南北纬10度以内生长最为合适。可可作为饮料，可追溯至7世纪的玛雅人。玛雅人利用可可豆制成一种饮料，在宗教仪式中饮用，名为Xocoati或chacau haa。

在墨西哥阿兹台克王朝时可可豆的价值极高，甚至于被他们拿来当钱币使用。1519年4月，当西班牙征服者科蒂斯（Herman Cortes）在墨西哥塔巴斯科州登岸时，墨西哥皇帝Moctezuma以为是羽蛇神按传说预言从大海中回到墨西哥。所以Moctezuma皇帝热情款待这位"羽蛇神"，并且言听计从，接受西班牙统治，更将可可种植园进贡给他。Moctezuma把略带苦味但他深信具催情作用的巧克力饮料介绍给科蒂斯。1528年科蒂斯返回西班牙，首度将可可豆带到欧洲，并随即受到西班牙人的欢迎。到了17世纪，当时年仅14岁的西班牙公主嫁到法国，将西班牙的巧克力带入了法国巴黎的宫廷里。从此以后，法国、比利时和瑞士成为制造巧克力的领导王国。

图3.4　可可树

可可根据果实的外形、大小、色泽、香气和滋味，一般分为三个主要类别：

1. Criollo cacao：源自委内瑞拉，可可豆具有极好的香味，有香味豆之称。过去种植量较多，但由于病虫害等原因，目前已锐减。

2. Amaz-onian forastero cocoa：以巴西可可为代表。产量高，售价低，是目前世界应用最多的可可。

3. Trinitario cocoa：最早可能是从墨西哥移植的，16世纪引种于特立尼达，也是香味型可可豆。种植量较少。

第一类和第三类可可豆都是香味型的，是优质巧克力和可可的生产原料，因此价格相当昂贵。

可可豆经过发酵、焙炒、研磨后称可可料（Cocoa Mass），可可料含有55.7%的油脂、11.8%的蛋白质、18%的碳水化合物、1.4%的可可碱和咖啡碱，另外还含有维生素、多元酸、矿物质等。[①]

---

① 陈家华.可可豆、可可制品的加工与检验.北京：中国轻工业出版社，1994：18.

可可由于富含油脂，因此热值很高，每 100 克巧克力含能量达 550 千卡（2299 千焦）。可可是制造巧克力的主要原料，主要产区是西非洲和拉丁美洲。西非洲以加纳、尼日利亚、科特迪瓦、喀麦隆的产量最高，拉丁美洲以巴西、厄瓜多尔、多米尼加、墨西哥、委内瑞拉产量最高。我国海南等地有引种。

第三节　乳与乳制品、冷冻饮品

一、乳与乳制品

乳（milk）来自乳源动物，可以说是人类最古老的一种饮料。乳源动物有牛、羊、马等，最主要的乳源动物是牛。

乳中各种营养素齐全，配比合理，且含多种生物活性物质。牛乳含水 87%～89%，乳脂肪 3%～5%，蛋白质 3.5% 左右（是完全蛋白质，由 20 多种氨基酸构成），乳糖 4.5% 左右，无机盐 0.7%～0.75%，人体所需维生素，牛乳中几乎都存在。

由于乳不易保存，在常温下几小时就会腐败变质，因此如果不对牛奶进行灭菌处理，我们很难随时随地喝上新鲜的牛奶。19 世纪中叶法国微生物学家路易·巴斯德研究出"巴氏灭菌法"。巴氏灭菌法的产生来源于巴斯德解决啤酒变酸问题的努力，后被用于牛奶消毒。通常，我们喝的袋装牛奶就是采用巴氏灭菌法生产的。巴氏杀菌是在 62～75℃ 条件下将牛奶中的有害微生物杀死，而将牛奶中的部分细菌保留下来；经过巴氏消毒法处理的牛奶仍然要储存在较低的温度下（一般 <4℃），否则还是有变质的可能性。目前市面上的液态奶产品除巴氏杀菌奶外，还有超高温瞬时灭菌（UHT）奶。超高温瞬时灭菌技术则采用 135～152℃ 的瞬间高温将牛奶中的有害细菌全部杀死。纸盒包装的牛奶大多是采用这种方法。

乳制品（milk products）主要有酸乳、炼乳（是一种浓缩乳制品）、乳粉（除去水分后的粉末状乳制品）、奶油、干酪、麦乳精、冰激凌等，有些制品不属饮料范畴。牛乳经离心分离可得稀奶油（cream）和脱脂乳；稀奶油通过成熟、搅拌、压炼等工艺制成黄油（butter，又称奶油、白脱等）。

酸乳是酸性发酵乳的简称，最初出现时，其名是与发酵乳混用的。需要注意的是，酸乳产品因国家不同而有所不同。我国酸牛乳国家标准中，把酸牛乳（Yoghurt，酸奶）分为以下几种：

1.纯酸牛乳：以牛乳或复原乳为原料，脱脂、部分脱脂或不脱脂，经发酵制成的产品。

2.调味酸牛乳：以牛乳或复原乳为主料，脱脂、部分脱脂或不脱脂，添加食糖、调味剂等辅料，经发酵制成的产品。

3.果料酸牛乳:以牛乳或复原乳为主料,脱脂、部分脱脂或不脱脂,添加天然果料等辅料,经发酵制成的产品。①

也有观点认为酸奶只是酸乳的一种,是指仅用保加利亚乳杆菌和嗜热链球菌的作用,使规定的乳或乳制品进行乳酸发酵而得到的产品。

二、冷冻饮品

冷冻饮品(frozen drinks)是以饮用水、食糖、乳制品、水果制品、豆制品、食用油等中的一种或多种为主要原料,添加或不添加食品添加剂,经配料、灭菌、冷冻而制成的冷冻固态制品。

中国有悠久的存冰用冰历史。从西周开始,北方地区就有冬令要藏冰,待次年夏令时取出使用的风俗习惯。那时帝王们为了消暑,让奴隶们把冬天的冰取来,贮存在地窖里,到了夏天再拿出来享用。宋代,商人们开始在冷食里加上水果或果汁。元代,有人甚至在冰中加上果浆和牛奶。

没有人确切知道冰淇淋起源的年代,冰淇淋的历史还只停留在民间传说的程度,据说冰淇淋起源于远古的中国、波斯、印度。

7世纪时有了关于波斯人嗜好的记载:水果味的碎冰,就是今天的果汁冰露的前身。民间传说果汁冰露的配方是由著名旅者马可·波罗从中国带到意大利的。在古希腊和土耳其,类似果汁冰露的食物也是大受欢迎的。

后来意大利有一个叫夏尔信的人,在马可·波罗带回的配方中加入了橘子汁、柠檬汁等,被称为“夏尔信”饮料。

1553年,法国国王亨利二世结婚的时候,从意大利请来了一个会做冰淇淋的厨师,他花样翻新的奶油冰淇淋使法国人大开眼界。后来,一个有胆量的意大利人把冰淇淋的配方传到了法国。1560年,法国卡特琳皇后的一个私人厨师,为了给这位皇后换口味,发明了一种半固体状的冰淇淋,他把奶油、牛奶、香料掺进去再刻上花纹,使冰淇淋更加色泽鲜艳、美味可口。

流传到法国的冰淇淋称法国式冰淇淋。冰淇淋传入美国后,经发展又成美国式冰淇淋。

(一)冷冻饮品的分类

冷冻饮品按工艺及成品特点分为:

1.冰淇淋类(ice cream):以饮用水、乳和/或乳制品、食糖等为主要原料,添加或不添加食用油脂、食品添加剂,经混合、灭菌、均质、老化、凝冻、硬化等工艺制成的体积膨胀的冷冻饮品。根据主体部分乳脂含量具体分为全乳脂(乳脂含量8%以上,不添加非

---

① GB 2746—1999.

乳脂)、半乳脂(2.2%及以上)、植脂(低于2.2%),冰淇淋根据加工工艺的不同可分为清型、组合型等。

2.雪泥类、冰霜类(ice frost):以饮用水、食糖等为主要原料,可添加适量食品添加剂,经混合、灭菌、凝冻、硬化等工艺制成的冰雪状的冷冻饮品。冰霜据加工工艺的不同可分为清型、组合型等。

3.雪糕类(milk ice):以饮用水、乳和/或乳制品、食糖、食用油脂等为主要原料,可添加适量食品添加剂,经混合、灭菌、均质或凝冻等工艺制成的冷冻饮品。雪糕根据加工工艺的不同可分为清型、组合型。

4.冰棍类、棒冰类(ice lolly):以饮用水、食糖等为主要原料,可添加适量食品添加剂,经混合、灭菌、硬化、成型等工艺制成的冷冻饮品。冰棍据加工工艺的不同可分为清型、组合型等。

5.甜味冰类(sweet ice):以饮用水、食糖等为主要原料,可添加适量食品添加剂,经混合、灭菌、灌装、硬化等工艺制成的冷冻饮品。如甜橙味甜味冰、菠萝味甜味冰等。

6.食用冰类(edible ice):以饮用水为原料,经灭菌、注模、冻结、脱模、包装等工艺制成的冷冻饮品。

7.其他类:以上未包括的冷冻饮品。如低脂、低糖、无糖的冷冻饮品。[1]

(二)冷冻饮品的服务

1.单独食用:雪糕、冰棍一般单独食用,冰淇淋单独食用时可用冰淇淋杯盛装。雪葩(Sherbet)是一种果汁雪糕。

西餐中冰水服务不可缺少,在食用冰中加入可饮用冷水,可加柠檬、青柠装饰。

2.混合冷饮:冷冻饮品特别是冰淇淋类可以与果品、果汁、牛奶、汽水、矿泉水、糖浆等搭配或混合,流行的有圣代、巴菲、奶昔等。

冰淇淋可以与果品、果冻、果汁等简单组合,形成新饮品。如缤纷果园(tutti frutti)是冰淇淋、雪霜与时令水果搭配而成,蕉香物语(banana slender)是冰淇淋加香蕉。

圣代(Sundae)起源于美国,且和星期日(Sunday)有关。传说美国的一个州,其州长认为星期日是"安息日",安息日就不该吃冰淇淋,于是逢星期日就禁止销售冰淇淋。但星期日是休息的日子,为了使更多逛街的人有冰淇淋吃,商人们开动脑筋,把冰淇淋改头换面,将各种糖浆淋在冰淇淋上,又盖上一层切碎的水果,并连冰淇淋的名字亦改掉,以避免被禁售,取星期日的字义,改名为Sundae。圣代分英式和法式。英式以冰淇淋类加果品、鲜奶油等为原料做成,用平碟盛装;法式又称巴菲(Parfait),除冰淇淋类和果品等以外,还加甜酒或有果味的糖浆等,并用高身有脚玻璃杯盛装。

奶昔(Milk Shake)是鲜牛奶、冰淇淋、果品、糖浆、碎冰等用电动搅拌机搅和而成的饮品。

① 中华人民共和国行业标准《冷冻饮品分类》SB/T 10007—2008.

以下是一些混合冷饮配方：

（1）夏威夷圣代　Hawaiian Sundae

材料：双色冰淇淋球（草莓、香草）　12号勺	1勺
菠萝糖浆、碎粒	2餐匙
鲜奶油	少许
绿樱桃	1个
华夫饼干	1块

制法：将冰淇淋放入玻璃碟内，然后用菠萝糖浆、碎粒伴边，球上加鲜奶油，绿樱桃放顶部，饼干放在旁边。

（2）开心果圣代　Pistachios Sundae

材料：开心果冰淇淋球　12号勺	1勺
开心果	15粒
蜜糖	2茶匙
鲜奶油	少许
红樱桃	1个
华夫饼干	1块

制法：将冰淇淋放入圆形玻璃碟内，开心果加蜜糖拌匀，淋在冰淇淋球上，加鲜奶油，樱桃放顶部，饼干放在旁边。

（3）水果圣代　Fruit Sundae

材料：香草冰淇淋球　12号勺	1勺
开心果	15粒
什锦水果	1餐匙
鲜奶油	少许
花生仁　切碎	少许
红樱桃	1个
华夫饼干	1块

制法：将冰淇淋放入玻璃碟内，拌上什锦水果，加鲜奶油，樱桃放顶部，最后撒碎花生仁在表面，饼干放在旁边。

（4）香蕉船　Banana Boat Sundae

材料：香草冰淇淋球　16号勺	1勺
香蕉去皮取肉切两半	1只
香蕉糖浆	少许
巧克力糖浆	2餐匙
鲜奶油	少许

| 红樱桃 | 1个 |
| 华夫饼干 | 1块 |

制法:将冰淇淋放入长形玻璃碟内,然后用香蕉伴边,加上香蕉糖浆,巧克力糖浆淋在球上,在加鲜奶油,樱桃放顶部,饼干放在旁边。

(5)彩虹巴菲　Rainbow Parfait

材料:红石榴糖浆		1餐匙
香草冰淇淋球	18号勺	1勺
绿色水果冻	切碎	1餐匙
三色冰淇淋球	16号勺	1勺
菠萝糖浆		1餐匙
鲜奶油		少许
红樱桃		1个
华夫饼干		1块

制法:将红石榴糖浆、香草冰淇淋、水果冻、菠萝糖浆、鲜奶油依次放入高玻璃杯内,樱桃放顶部,饼干放在旁边,另放长柄匙供用。

(6)水果奶昔 Fruits Milk Shake

材料:鲜牛奶		210克
草莓冰淇淋球	18号勺	1勺
草莓糖浆		1餐匙
杂果 粒		2餐匙

制法:用搅拌器把材料加碎冰搅拌成冰冻及起浓泡沫,然后倒入直身玻璃杯内插吸管及长柄匙。

(7)黑牛　Black Cow Cooler

| 材料:巧克力冰淇淋球 | 18号勺 | 1勺 |
| 可口可乐 | | 1瓶 |

制法:在冷饮杯中加适量碎冰,倒入可乐,然后加入冰淇淋球,插吸管及长柄匙。

(8)柠檬冰淇淋苏打　Lemon Ice Cream Soda

材料:苏打汽水		1罐
柠檬汁		1餐匙
柠檬糖浆		2餐匙
香草冰淇淋球	18号勺	1勺

制法:在大玻璃杯中加柠檬汁和糖浆,倒入苏打汽水,然后加入冰淇淋球,插吸管供用。

第四章

葡萄酒

第一节　葡萄酒概述

葡萄酒,英文"Wine",法国称"Vin",德国称"Wein",意大利和西班牙称"Vino",葡萄牙称"Vinho"。

我国对葡萄酒的定义是:以鲜葡萄或葡萄汁为原料,经全部或部分发酵酿制而成的,含有一定酒精度的发酵酒。[①]

根据国际葡萄与葡萄酒组织的规定(OIV,1996),葡萄酒只能是破碎或未破碎的新鲜葡萄果实或葡萄汁经完全或部分酒精发酵后获得的饮料,其酒度一般不能低于8.5度。根据气候、土壤条件、葡萄品种和一些葡萄酒产区特殊的质量因素或传统,在一些特定的地区,葡萄酒的最低总酒度可降低到7.0度。

用葡萄以外的水果酿造的酒称果酒(发酵型)(Fruit wine),如苹果酒(Cider)、梨酒(Petty)等。许多苹果酒含有二氧化碳,称 Sparkling Cider。在英国,Cider 的酒精含量在 1.2%～8.5%,如果酒精含量高于 8.5%,就要被称作 Apple wine。

需要注意的是,水果浸泡在酒或食用酒精中得到的果酒称果酒(浸泡型)(Fruit spirit),属配制酒。

一、葡萄酒的历史

有人认为葡萄酒的历史超过一万年,因为葡萄最容易自然发酵。据考古推测,最早

[①]　《饮料酒分类》GB/T 17204—2008.

栽培葡萄的地区是小亚细亚里海和黑海之间及其南岸地区。大约在7000年以前,南高加索、中亚细亚、叙利亚、伊拉克等地区也开始了葡萄的栽培。多数历史学家认为波斯(即今日伊朗)是最早酿造葡萄酒的国家。有一个无可考证的传说讲述了"葡萄酒的发明史":有一位古波斯的国王非常喜欢葡萄,于是把吃不完的葡萄藏在密封的瓶中,并写上"毒药"二字,以防他人偷吃。国王日理万机,很快便忘记了此事。这时有位妃子被打入冷宫,生不如死,凑巧看到"毒药",便有轻生之念。打开后,里面颜色古怪的液体也很像毒药,她就喝了几口。在等死的时候,发觉不但不痛苦,反而有种陶醉的飘飘欲仙之感。她将此事呈报国王,国王大为惊奇,一试之下果不其然,结果王妃再度获得宠爱。考古学家在伊朗北部扎格罗斯山脉的一个石器时代晚期的村庄里挖掘出了一个罐子,美国宾夕法尼亚州立大学的麦戈文在给英国的《自然》杂志的文章中说,这个罐子产于公元前5415年,其中有残余的葡萄酒和防止葡萄酒变成醋的树脂。证明人类在距今7000多年前就已饮用葡萄酒,比以前的考古发现提前了2000年。

在古埃及的金字塔中所发现的壁画清楚地描绘了当时古埃及人栽培、采收葡萄和酿造葡萄酒的情景。说明公元前3000年古埃及人就已知饮用葡萄酒。

其后,葡萄酒的扩张与古希腊、古罗马有密切关系。古希腊,特别是古罗马的外侵把葡萄扩种到许多地区。然而,对葡萄酒而言,影响最大的却是教会。罗马帝国覆灭,历史进入中世纪(公元5~15世纪),寺院成了葡萄酒酿造技术和文化的集中地。《圣经》里,随处可见葡萄园与葡萄酒的记载。据法国食品协会(SOPEXA)的统计,《圣经》中至少有521次提到葡萄园及葡萄酒。单纯提到葡萄酒,在《圣经》旧约中有155次,新约中有10次。几个世纪里,寺院通过扩张及接受捐赠等方式,拥有了许多欧洲著名的葡萄园,葡萄酒被用于圣礼仪式中。当时的寺院对酿酒很重视,非常关注品种的改良和酒质的完美,我们今天所熟悉的葡萄酒的风格也是慢慢由此演变而来的。在西方,人们认为葡萄酒是耶稣之血,是上帝赐予人类的生命之血。

后来欧洲人把欧洲葡萄品种传播到世界适合种植的各个角落。15~16世纪,欧洲葡萄品种传入南非、澳大利亚、新西兰、日本、朝鲜和美洲等地。17世纪后发明了瓶塞,此前,葡萄酒饮用前一直被装在酒桶中。慢慢地,人们发现陈年时酒瓶的作用远远大于木桶的作用。

我国有10余种野生葡萄,汉武帝时张骞出使西域引入欧亚品种。我国栽培的葡萄当时主要由西域引进。我国的葡萄酒历史虽然有魏文帝曹丕的"葡萄为酒甘于药",唐诗"葡萄美酒夜光杯"的赞美,李时珍"葡萄酒驻颜色、耐寒"的评语,但直到1892年印尼华侨张弼士先生引进欧美葡萄品种,在烟台建立了张裕葡萄酒公司,我国才出现了第一个近代新型葡萄酒厂。新中国成立时,我国葡萄酒的年产量还不足200吨,直到1966

年产量才超过 1 万吨,1980 年年产量首次超过 5 万吨。2010 年产量为 1088799740
升①,中国葡萄酒消费总量已位居世界第八,张裕、长城、王朝三大企业成为葡萄酒业巨
头。张裕在 2007 年跻身英国 Canadean 公司发布的"全球葡萄酒企业十强"排行榜,
2008 年又在十强中飙升至第七位,而 2009 年葡萄酒企业销售额排名数据显示,张裕集
团已跻身全球葡萄酒企业五强。

近代,特别是最近 40 年,发生了葡萄酒产业革命。葡萄酒生产由于科技的发展,使
过去许多想都不敢想的事情开始变为现实,以前一些被认为较差的品种现在变成了
珍品。

二、葡萄酒的生产

(一)葡萄酒的原料

1. 葡萄

葡萄属于葡萄科,葡萄属。在葡萄科中共有 11 个属,其中经济价值最高的是葡萄
属。葡萄属有 70 多个种,分布在世界上北纬 52°到南纬 43°的广大地区。一般按地理分
布和生态特点,可分为欧亚种群、东亚种群和北美种群三个。欧亚种群具有最大的经济
价值,经过长期选择与培育,已有 8000 个以上的品种。东亚种群至今仍为野生,共有
40 多个种。北美种群约有 30 个种。

葡萄树的平均树龄在 60 年左右,达到 3 年时果
实便可用来酿酒,但一般要 7 年才会结出质量较好
的果实,15 年后方可保持质量稳定,最好结果质量
一般是 20～40 年,全世界优质的葡萄产区大多采用
葡萄树龄在 25 年以上的植株。在葡萄树的生长曲
线中,一般称 1～15 年的葡萄为成长期,15～50 年
为成熟期,50 年以后葡萄开始慢慢进入衰亡期。

在众多的葡萄中,只有约 50 多种可以酿造出
一流的葡萄酒。酿红葡萄酒的优良品种主要有赤
霞珠(Cabernet Sauvignon)、黑品乐(Pinot Noir)、味
而多(Petit Verdot)、美乐(梅鹿辄,Merlot)、内比奥
罗(Nebbiolo)、桑娇维塞(Sangiovese)、西拉(Syrah、
Shiraz)等。酿白葡萄酒的优良品种主要有贵人香
(Italian Riesling)、灰雷司令(Gray Riesling)、长相

图 4.1 赤霞珠

---

① 数据来源:中国产业信息网.

思（Sauvignon Blanc）、霞多丽（Chardonnay）、米勒（Muller Thurgau）、白品乐（Pinot Blanc）、琼瑶浆（Traminer）、白诗南（Chenin Blanc）、赛美容（Sémillon）等。需要注意的是葡萄的栽培种名称以及名称的中文翻译很混乱，经常出现同种异名现象。

对酿酒葡萄的翻译，国家经贸委批准2003年1月1日起施行的《中国葡萄酿酒技术规范》，其第二部分是"酿酒葡萄"，而附件一是"葡萄品种中外文对照"，这是我国正式的酿酒葡萄名称翻译。"酿酒葡

图 4.2　美乐

萄"具体内容如下。

（1）名种葡萄

白葡萄品种：霞多丽、琼瑶浆、白雷司令、长相思、白麝香、灰雷司令、白品乐、米勒、白诗南、赛美蓉、西万尼、贵人香。

红葡萄品种：赤霞珠、美乐（梅鹿辄）、黑品乐、西拉、品丽珠、佳美、味而多、宝石、神索、歌海娜、弥生、桑娇维塞、蛇龙珠。

（2）其他葡萄品种

龙眼、汉堡麝香（"玫瑰香"）、白羽、佳利酿、白玉霓、烟 73、烟 74、玫瑰蜜、红麝香（"红玫瑰"）、晚红蜜、巴柯等。

在有些环境中，灰葡萄孢霉（Botrytis cinerea）长在葡萄上，可酿造出寿命很长的高级白葡萄酒。该酒具有丰满、圆润、味甜、柔顺、芳香怡人等特点。只有那些在秋天少雨、早湿、日晒的葡萄园以及合适的葡萄品种才有可能长出灰葡萄孢，因此称灰葡萄孢为贵

图 4.3　西拉

族霉（Noble Rot）。全世界著名的产区如法国的 Sauternes、匈牙利的 Tokay、德国莱茵河流域的部分地区，10 年中一般也只有 2～3 年能成功获得贵族霉葡萄。

葡萄浆果中一般含 65％～85％的水，10％～35％的糖（主要是葡萄糖和果糖），另外还有有机酸、矿物质、维生素等；种子中含有单宁酸和油性树脂，一旦释放出会使葡萄

酒难以入口,所以在榨汁时千万不可将子压碎。色素主要在果皮中,果皮中还含有单宁酸和芳香物质。

葡萄酒的呈香物质有两三百种,相互作用产生的香气层次丰富,包含果香、酒香及橡木香;而典型性则是葡萄酒在口感、香气上的整体独特风格,由酿酒葡萄品种、酿造工艺等因素决定,葡萄品种更是其中的先决条件。葡萄酒的果香是葡萄酒的灵魂,来源于不同葡萄品种的浆果香气。不同的葡萄品种,具有不同的果香成分,因而酿成的葡萄酒果香也就不同,形成各自相异的典型性。如赤霞珠,"黑醋栗"香气是识别世界各地赤霞珠的典

图 4.4　霞多丽

型香气;但在不同的葡萄酒产区,或者不同的生产者所出产的赤霞珠葡萄酒,也会显现诸如"青椒"、"桉树"、"薄荷"、"烟草"等的气息,经过适度陈酿之后又会显现"雪松"、"雪茄"以及"铅笔屑"等的气息。

图 4.5　米勒

影响葡萄质量的要素有土壤、气候、葡萄品种、种植管理。其中最重要的是品种,选择适合本地的品种很重要,其次是土壤,土壤的排水性和含有的微量元素对葡萄产生影响。葡萄种植园的理想高度是海拔 400～500 米的山坡,这样可以减轻霜冻带来的损失,周围最好有大片水域,能够在葡萄园上空形成相对稳定的气候。

另外,年运(Luck of Year)也是一个影响因素。国外葡萄丰收年(好年成)称为 Vintage,用好年成酿造的葡萄酒称为 Vintage wine。欧洲每年有葡萄收获年成表,对当地的葡萄进行质量评定。

2. 葡萄酒酵母

在葡萄成熟时,皮、梗上存在天然葡萄酒酵母;世界上的葡萄酒厂、研究所、有关院校等优选和培养出各具特色的葡萄酒酵母亚种和

变种。如法国香槟酵母,我国张裕7318酵母等。果皮上还天然存在尖端酵母、巴氏酵母等酵母,统称为野生酵母。与葡萄酒酵母相比,野生酵母产生同样的酒精需要消耗较多的糖,野生酵母因发酵力弱而不受欢迎。

3.二氧化硫

一般常用添加亚硫酸试剂或偏重亚硫酸钾来实现。二氧化硫的作用:一是利用葡萄酒酵母抗二氧化硫能力比较强(250mg/L)的性质,抑制除葡萄酒酵母外的其他微生物如细菌、野生酵母的活动;二是二氧化硫能起到澄清、溶解、抗氧化、增酸等作用。

我国规定二氧化硫最大允许使用量葡萄酒与果酒为0.25g/L,而啤酒和麦芽饮料是0.01g/kg,果蔬汁是0.05g/kg,干制食用菌是0.05g/kg。[①]

(二)葡萄酒的生产

红葡萄酒(red wines):用皮红肉白或皮肉皆红的红色或紫色(黑色)葡萄为原料,经破碎后,果皮、果肉与果汁混在一起进行发酵,使果皮或果肉中的色素被浸出,然后再将发酵的原酒与皮渣分离。

玫瑰红葡萄酒(rose wines,也称桃红葡萄酒或粉红葡萄酒):这种葡萄酒的酿造方法基本上同红葡萄酒,但皮渣浸泡的时间较短,或原料的呈色程度较浅,其发酵汁与皮渣分离后的发酵过程完全同白葡萄酒。颜色呈淡淡的玫瑰红色或粉红色。

白葡萄酒(white wines):用白或青葡萄为原料,也可将皮红肉白的葡萄榨汁去皮渣后进行发酵制成的葡萄酒。酒的颜色从深金黄色至近无色不等。

葡萄酒在发酵罐中发酵,在发酵结束后酒液要装入储酒器中陈酿,高档红葡萄酒会用橡木桶,一般葡萄酒用金属罐,优质白葡萄酒用不锈钢罐最佳。为了去除酒脚(即酒中的沉淀物),要进行倒桶工作(把一个桶中的酒液抽入另一个干净的消过毒的桶中)。

葡萄酒陈酿1~2年,用明胶、皂土(膨润土)等澄清后装入瓶中,玫瑰红葡萄酒、干白葡萄酒装瓶后即可销售饮用。红葡萄酒、甜白葡萄酒在阴凉通风(7~18℃)、恒温(最理想是10℃)、无震动、无强光照射、保持适当湿度的酒窖中存放,酒瓶要横放,为防止串味,不要与有气味的东西放在一起。葡萄酒是有生命的,特别是红葡萄酒,会在瓶中继续成熟。

(三)葡萄酒副商标

在我国,声名十分显赫的"小拉菲"(Carruades de Lafite)即拉菲副商标(副牌),其酒标的图案、色调与正牌极其相似。拉菲,正牌(Château Lafite-Rothschild)选用80%~95%的赤霞珠,5%~20%的美乐,3%的品丽珠(Cabernet Franc)和味而多,在100%新橡木桶陈酿18~20个月;副牌(Carruades de Lafite)则是选用一块名叫"Carruades"的地段的葡萄酿造,比例为50%~70%的赤霞珠,30%~50%的美乐,5%的品

---

① 《食品添加剂使用标准》GB 2760—2011.

丽珠和味而多,橡木桶陈酿 18 个月(新橡木桶比例 10%～15%)。

一些著名葡萄酒有正牌商标外,许多著名酒厂还给葡萄酒冠以副商标。用副商标原因大致有"为未达到正牌质量标准的多余的酒寻找出路"、"在不影响质量好的正牌酒的销售的同时,卖出质量较差的酒"、"从非常年轻的葡萄藤(通常少于 8 年)上摘取的葡萄酿的酒"等,最主要目的是为了卖出更多的酒。以下是一份国内红酒单的部分内容,从中可以看出在我国国内,名庄副牌的价格也相当高,具体见表 4.1。

表 4.1　红酒单

产品名称 NAME	销售价(元)
Chateau ChevalBlanc 1Crand Cru Classe Saint-Emilion 舍瓦尔博朗庄园(白马酒庄)	9680
Chateau Mouton Rothschild 木桐酒庄	6980
Chateau LATOUR 拉图酒庄	16888
Chateau HAUT BRION 噢比用酒庄	8888
Chateau MARGAUX 玛高酒庄	16888
Chateau Lafite Rothschild 拉菲酒庄	16888
Carruades de Lafite 小拉菲	6680
Les Forts de Latour 小拉图	5880
Le Petit cheval 小白马	2980

(表格来源:百度文库)

第二节　葡萄酒的分类

葡萄酒的种类繁多,分类方法也不相同。国际上最具权威的是国际葡萄与葡萄酒局(International Office of Vine and Wine,简称 OIV)的分类。OIV 是一个政府间的国际组织,由符合一定标准的葡萄及葡萄酒生产国组成,创建于 1924 年的法国巴黎,在业内被称为"国际标准提供商"。OIV 是 ISO 确认并公布的国际组织之一,同时,OIV 标准还是世界贸易组织(WTO)在葡萄酒方面采用的标准。

一、我国对葡萄酒的分类

在我国,葡萄酒根据颜色分为红葡萄酒、白葡萄酒、桃红葡萄酒;根据生产工艺分为葡萄酒和特种葡萄酒。①

（一）葡萄酒（wines）

1. 按葡萄酒中的含糖量和总酸分类

干葡萄酒（dry wine）：含糖（以葡萄糖计）小于或等于 4.0g/L；或者当总糖高于总酸（以酒石酸计），其差值小于或等于 2.0g/L 时，含糖最高为 9.0g/L 的葡萄酒。

半干葡萄酒（demi-sec wine）：含糖大于干葡萄酒，最高为 12.0g/L；或者当总糖高于总酸（以酒石酸计），其差值小于或等于 2.0g/L 时，含糖最高为 18.0g/L 的葡萄酒。

半甜葡萄酒（semi-sweet wine）：含糖大于半干葡萄酒，最高为 45.0g/L 的葡萄酒。

甜葡萄酒（sweet wine）：含糖大于 45.0g/L 的葡萄酒。

2. 按葡萄酒中二氧化碳含量（以压力表示）分类

平静葡萄酒（still wines）：在 20℃时，二氧化碳压力小于 0.05MPa 的葡萄酒。

起泡葡萄酒（sparkling wines）：在 20℃时，二氧化碳压力等于或大于 0.05MPa 的葡萄酒。

高泡葡萄酒（high-sparkling wines）：在 20℃时，二氧化碳（全部自然发酵产生）压力大于等于 0.35MPa（对于容量小于 250mL 的瓶子二氧化碳压力等于或大于 0.3MPa）的起泡葡萄酒。

低泡葡萄酒（semi-sparkling wines）：在 20℃时，二氧化碳（全部自然发酵产生）压力在 0.05～0.34MPa 的起泡葡萄酒。

3. 高起泡葡萄酒按含糖量分类

天然高泡葡萄酒（brut sparkling wines）：酒中糖含量小于或等于 12.0g/L（允许差为 3.0g/L）的高泡葡萄酒。

绝干高泡葡萄酒（extra-dry sparkling wines）：酒中糖含量为 12.0～17.0g/L（允许差为 3.0g/L）的高泡葡萄酒。

干高泡葡萄酒（dry sparkling wines）：酒中糖含量为 17.0～32.0g/L（允许差为 3g/L）的高泡葡萄酒。

半干高泡葡萄酒（semi-sec sparkling wines）：酒中糖含量为 32.0～50.0g/L 的高泡葡萄酒。

甜高泡葡萄酒（sweet sparkling wines）：酒中糖含量大于 50.0g/L 的高泡葡萄酒。

4. 几种葡萄酒的定义

年份葡萄酒（vintage wines）：指葡萄采摘酿造该酒的年份，其中所标注年份的葡萄酒含量不能低于瓶内酒含量的 80%（体积分数）。

品种葡萄酒（varietal wines）：指用所标注的葡萄品种酿制的酒所占比例不能低于

① 《葡萄酒》GB15037－2006.

75%(体积分数)。

产地葡萄酒(origional wines):指用所标注的葡萄酿制的酒的比例不能低于80%(体积分数),但必须由厂家申请,经有关部门认可才能标注。

(二)特种葡萄酒(special wines)

用鲜葡萄或葡萄汁在采摘或酿造工艺中使用特定方法酿制而成的葡萄酒。

1.利口葡萄酒(fortified wines)

由葡萄生成总酒度为12%vol以上的葡萄酒中,加入葡萄白兰地、食用酒精或葡萄酒精以及葡萄汁、浓缩葡萄汁、含焦糖葡萄汁、白砂糖等,使其终产品酒精度为15.0%~22.0%vol的葡萄酒。

2.葡萄汽酒(carbonated wines)

酒中所含二氧化碳是部分或全部由人工添加的,具有同起泡葡萄酒类似物理特性的葡萄酒。

3.冰葡萄酒(ice wines)

将葡萄推迟采收,当气温低于-7℃使葡萄在树枝上保持一定时间,结冰,采收,在结冰状态下压榨、发酵、酿制而成的葡萄酒(在生产过程中不允许外加糖源)。

4.贵腐葡萄酒(noble rot wines)

在葡萄的成熟后期,葡萄果实感染了灰绿葡萄孢,使果实的成分发生了明显的变化,用这种葡萄酿制而成的葡萄酒。

5.产膜葡萄酒(flor or film wines)

葡萄汁经过全部酒精发酵,在酒的自由表面产生一层典型的酵母膜后,加入葡萄白兰地、葡萄酒精或食用酒精,所含酒精度等于或大于15.0%vol的葡萄酒。

6.加香葡萄酒(flavoured wines)

以葡萄酒为酒基,经浸泡芳香植物或加入芳香植物的浸出液(或馏出液)而制成的葡萄酒。

7.低醇葡萄酒(low alcohol wines)

采用鲜葡萄或葡萄汁经全部或部分发酵,采用特种工艺加工而成的、酒精度为1.0%~7.0%vol的葡萄酒。

8.脱醇葡萄酒(non-alcohol wines)

采用鲜葡萄或葡萄汁经全部或部分发酵,采用特种工艺加工而成的、酒精度为0.5%~1.0%vol的葡萄酒。

9.山葡萄酒(vitis amurensis wines)

采用鲜山葡萄或山葡萄汁经过全部或部分发酵酿制而成的葡萄酒。[1]

① 《葡萄酒》GB15037-2006.

我国为了与国际接轨,于 2003 年明令废止了"半汁葡萄酒"(葡萄酒中葡萄原汁的含量达 50％,另一半可加入糖、酒精、水等其他辅料)行业标准,半汁葡萄酒的生产到 2004 年 5 月 17 日停止。半汁葡萄酒产品在市场上的流通截止时间最迟为 2004 年 6 月 30 日。

二、饭店酒吧对葡萄酒的分类

按照国际上饭店酒吧约定俗成的分类方法,把葡萄酒分成以下四类:

1. 佐餐酒(table wine):包括红葡萄酒、白葡萄酒、玫瑰红葡萄酒。由天然葡萄发酵而成,酒度约在 14 度以下,在气温 20℃ 的条件下,含有二氧化碳的压力低于 0.05MPa 时,都可算无泡佐餐酒。

2. 起泡葡萄酒(sparkling wine):包括香槟酒和各种含汽的葡萄酒。香槟酒(champagne)是法国香槟区用香槟法生产的葡萄汽酒,其制作复杂,酒味独具一格。法国其他地区及世界其他国家用香槟法生产的葡萄汽酒只能称起泡葡萄酒(sparkling wine)。

3. 强化葡萄酒(fortified wine):在制作过程中加入白兰地,使酒度达到 15～21 度。它包括些厘、砵酒、马德拉酒等。

4. 加料葡萄酒(flavored wine):在一般葡萄酒中添加了香草、果实、蜂蜜等,并添加了烈酒,如味美思(vermouth)等。

在我国现有葡萄酒分类中没有"强化葡萄酒",但有"产膜葡萄酒"。"产膜葡萄酒"是一种强化葡萄酒。

第三节　世界著名葡萄酒

世界著名的葡萄酒出产国主要包括"旧世界"的法国、意大利、德国等和"新世界"的美国、澳大利亚、智利等。

一、法国葡萄酒

(一)质量等级分类

欧共体(欧盟前身)将葡萄酒分为两类:特定地区所产的高级葡萄酒(Vins de Qualite Produits dansune Régions Déterminées-V. Q. P. R. D)和佐餐葡萄酒(Vins de Table),法国依照当时欧共体的要求,将葡萄酒分为为以下四个等级。

1. 原产地名称监制葡萄酒(Appellation d'Origine Contrôlée-A. O. C.)

1935 年 7 月 30 日,法国农业部正式通过了保护名酒的法规(INAO),颁布了生产最优秀葡萄酒的规定,内容包括生产地区、葡萄种植面积、种植密度、每公顷的产量、品种、种植工艺、栽培技术、葡萄酒最低酒精度、酿造方法、储存和陈酿条件等的具体要求,经严格审查,符合标准要求的葡萄酒可列入 AOC 级葡萄酒。

AOC 葡萄酒商标上印有"Appellation XX Contrôlée"。XX 所在位置是具体的产地名,每一个符合要求的产区都有一个总的名称,如果能够达到更严格的标准,则有权享受 AOC 范围内更高一级的分类名称,产地名以范围越小越好。例如:

波尔多(Bordeaux)是一个总的产区名,在波尔多下有梅多克(Médoc)产区,而波亚克(Pauillac)又是梅多克(Médoc)产区中的一个村庄(commune,法国最小的行政区,有时译为小区、公社、分区等)。产地名范围从大到小依次是 Bordeaux、Médoc、Pauillac,因此"Appellation Bordeaux Contrôlée"是按 AOC 最低标准生产的酒,比它高的是"Appellation Médoc Contrôlée",而最高级别是"Appellation Pauillac Contrôlée"。见图 4.6、图 4.7、图 4.8。

图 4.6　波尔多(Bordeaux)监制葡萄酒

图 4.7　梅多克（Médoc）监制葡萄酒

图 4.8　波亚克（Pauillac）监制葡萄酒

2. 特酿葡萄酒(Vins Délimités de Qualité Supérieure-V. D. Q. S.)

1949 年 12 月 18 日首次使用,有关规定略松于 A. O. C. ,质量也略低,但它对生产条件也有明确规定,且须通过品尝测试。

3. 土产葡萄酒(Vins de Pays)

1973 年制定,其质量一般低于 V. D. Q. S,略高于佐餐葡萄酒。见图 4.9。

图 4.9　土产葡萄酒(Vins de Pays)

图 4.10　佐餐葡萄酒(Vins de Table)

4. 佐餐葡萄酒(Vins de Table)

一般的葡萄酒。见图 4.10。

法国还对葡萄园进行等级划分,各地区对优良的葡萄园等级区分不统一,其级别层次和名称不尽相同。等级划分始于 1885 年,1935 年后官方开始承认一些酒区的分级。

(二)法国的名葡萄酒产地

法国名葡萄酒主要产区有:西南部的波尔多、东部的勃艮第、北部的香槟区、东北部的阿尔萨斯、西北部的卢瓦尔河谷、东南部的罗讷河谷,另外还有汝拉和萨瓦产区、西南部地区、东南部的米迪、科西嘉等。

1. 波尔多

拥有"Bordeaux"和"Bordeaux Supérieur"基本产地名称,所产葡萄酒80%为红葡萄酒,20%为白葡萄酒,其AOC葡萄酒占全国AOC葡萄酒的20%~30%。在1152年,因婚姻波尔多曾成为英国领地,英国人喜欢饮用色泽浅淡细致的红葡萄酒,并取名为"Claret"。

波尔多只允许用 Cabernet Sauvignon(赤霞珠)、Melot(美乐)、Cabernet Franc(品丽珠)、Malbec、Petit Verdot(味而多)酿造红葡萄酒,只允许用 Sémillon(赛美容)、Sauvignon Blanc(长相思)、Muscadelle 生产白葡萄酒。波尔多地区习惯称葡萄园为"Château",简称"Ch",即城堡。

图 4.11 法国拉菲葡萄酒

(1)梅多克(Médoc):其红葡萄酒是世界上最好的红葡萄酒,是法国红葡萄酒的旗帜和骄傲。种植葡萄的土壤是布满砾石的沙质土壤。拥有"Médoc"、"Haut-Médoc"产地名称,另有六个村庄拥有自己的产地名称,其中 Saint-Estèphe、Pauillac、Saint-Julien、Margaux 非常著名,Moulis 和 listrac 名气较小。

梅多克有四个最高等级的葡萄园,称为头苑(Peremiers Crûs、First Growth,是最高级),分别是 Château Lafite-Rothschild(拉菲)、Château Mouton-Rothschild(木桐,见图 4.13)、Château Latour(拉图)和 Château Margaux(玛歌),三个在 Pauillac,Château Margaux 在 Margaux。

图 4.12 法国 Château Latour

图 4.13 Château Mouton-Rothschild(木桐)

（2）格拉夫（Graves）：土壤为沙砾土，产红葡萄酒，也产白葡萄酒，白葡萄酒中以干白葡萄酒品质较为优良。有一个最高等级的葡萄园 Château Haut Brion，其红葡萄酒是举世公认的最佳红葡萄酒之一。

（3）圣爱米勇（Saint-Émillion）：法国最古老的酒区之一，以盛产红葡萄酒著称。

（4）波梅罗（Pomerol）：虽然是没有被官方承认的等级葡萄园，但其红葡萄酒极品是世界上最昂贵的葡萄酒。最上乘的葡萄园是 Château Pétrus，它受到人们的高度信赖，酒呈深红色，干型，果香馥郁，口感绵柔圆正，回味无穷。

（5）苏太尼（Sauternes）、巴萨克（Barsac）：是形成贵族霉的典型地区。如果天公作美，就可以生产出精美而举世闻名的甜白葡萄酒，此酒是葡萄酒爱好者所追求的极品之一，它的酒香高贵、丰满，浓郁又柔和诱人，酒体丰满，甘甜

图 4.14 法国 Yquem 葡萄酒

长润,酒劲十足但不烈,风格独特,甚至连厌恶饮酒的人都会为之倾倒。有一个最高等级的葡萄园 Château d'Yquem。

2.勃艮第(法:Bourgogne,英:Burgundy)

拥有"Bourgogne"和"Bourgogne Grand Ordinaire"基本产地名称,所产葡萄酒80%为红葡萄酒,20%为白葡萄酒。用 Pinot Noir(黑品乐)酿造红葡萄酒,用 Chardonnay(霞多丽)、Aligoté(珊瑚珠)、Pinot Blanc(白品乐)酿造白葡萄酒,用 Gamay Noir(黑佳美)酿造保祖利。

在中世纪,勃艮第最大最好的葡萄园几乎都是寺院所有。法国大革命时期,寺院所有的葡萄园被没收后分割成小块出售给农民。因此勃艮第的葡萄园可能为许多人共同所拥有,一个葡萄园经常有 40 个以上的所有者。

勃艮第的名葡萄园分为两个等级:第一等是 Grand Cru,第二等是 Premier Cru。

(1)夏布利(Chablis):所产干白葡萄酒十分著名,酒液澄清透明,果香浓郁、纯正,酒味爽口,不甜,与生蚝等共食风味更佳。夏布利酒分四个等级,从高到低分别是:Chablis Grand Cru、Chablis Premier Cru(见图 4.15)、Chablis 和 Petit Chablis。生产最高级别 Grand Cru Chablis 酒的葡萄园有 7 个,都在同一村庄的一面山坡上(山坡的另一面生产 Premier Cru Chablis 级别的酒)。

图 4.15　Chablis Premier Cru

(2)金坡地(Côte d'Or):勃艮第最好的红葡萄酒和白葡萄酒主要都产于此区。该区分为两部分,即北部的 Côte de Nuist 和南部的 Côte de Beaune。

Côte de Nuist 以生产红葡萄酒为主,且生产勃艮第最好的红葡萄酒,名酿价格异常昂贵。有名的村庄有:

①Gevery-Chambertin:属 Grand Cru 等级的葡萄园有 Chambertin、Chambertin-Clos de Bèze(见图 4.16)、Chapple-Chambertin、Charmes-Chambertin、Griotte-Chambertin、Latrirèes-Chambertin、Mazis-Chambertin、Ruchottes-Chambertin。

图 4.16　Chambertin-Clos de Bèze 监制葡萄酒

图 4.17　Romanée-Conti 葡萄园

② Vosne-Romanée：属 Grand Cru 等级的葡萄园有 Richebourg、Romanée、Romanée-Conti、Romanée-Saint-Vivant、La Tâche（见图 4.19）。其中 Romanée-Conti

图 4.18 法国 Romanée-Conti 葡萄酒

酒色泽棕红优雅,酒体协调完美,风格独特细腻,迷人至极,有"酒中玲珑"之称,被认为是勃艮第酒的"完美版本"。

③Morey-Saint-Denis:属 Grand Cru 等级的葡萄园有 Bonnes Mares(部分)、Clos de la Roche、Clos de Tart、Clos Saint-Denis。

④Flagey-Echézeaux:属 Grand Cru 等级的葡萄园有 Echézeaux、Grands Echézeaux(见图 4.20)。

⑤Chambolie-Musigny:属 Grand Cru 等级的葡萄园有 Bonnes Mares(部分)、Musigny。

⑥Vougeot:属 Grand Cru 等级的葡萄园有 Clos de Vougeot。

金坡地南部的 Côte de Beaune 虽然也生产红葡萄酒,但以产优质的白葡萄酒而闻名于世。有名的村庄有:

①Puligny-Montrachet:产品多数是白葡萄酒。属 Grand Cru 等级的葡萄园有 Montrachet、Chevalier-Montrachet、Bâtard-Montrachet、Bienvenues-Bâtard-Montrachet。

②Chassagne-Montrachet:产品多数是红葡萄酒。属 Grand Cru 等级的葡萄园有 Montrachet、Bâtard-Montrachet、Criots-Bâtard-Montrachet。

③Aloxe-Corton:产品多数是红葡萄酒。属 Grand Cru 等级的葡萄园有 Le Corton、Corton-Charlemagne。

图 4.19 La Tâche、Richebourg、Romanée-Saint-Vivant 葡萄酒

图 4.20　Grands Echézeaux 葡萄酒

（3）勃艮第其他有名产区：①夏龙坡地（Côte Chalonnaise）：主要产起泡葡萄酒；②马孔内斯（Mâconnais）：主要产白葡萄酒，最著名的是 Pouilly-Fuissé 和 St Veran。其中 Pouilly-Fuissé 是勃艮第白葡萄酒的杰出代表。③保祖利（Beaujolais）：所用的葡萄原料为佳美（Gamay），所以也常称"佳美保祖利"。Moulin-à-Vent 村生产最著名，也可能是保祖利地区最好的酒，村因附近有一个 17 世纪的风车（Moulin-à-Vent）而得名。

3. 香槟

香槟，Champagne，产于法国北部香槟地区，采用 Chardonnay（霞多丽）、Pinot Noir（黑品乐）、Meunier 为原料，使用香槟法工艺酿制的自然产汽的葡萄汽酒。香槟是以产地命名的葡萄酒，其名称受法国法律及国际法的保护。法国其他地区及世界其他国家产的葡萄汽酒，即使用香槟法工艺酿制，也只能称汽酒（Sparkling Wine）。不同国家或地区对汽酒的称呼有所不同，如法国叫 Mousseux，意大利叫 Spumante（从 1994 年起，Asti Spumante 甜白汽酒获 DOCG 称号，可以去掉后缀 Spumante，只叫 Asti），德国和奥地利叫 Sekt 或 Schaumwein。

据传在 1668 年，一位盲人僧侣 Dom Pi-

图 4.21　巴黎之花香槟

erre Pérignon 生产出了第一瓶香槟酒。酿造一流的香槟通常用70％的红葡萄和30％的白葡萄。Pinot Noir 和 Meunier 葡萄红皮白肉,用于生产时必须去皮,因此香槟一般为白色或金色,而玫瑰香槟的粉红色泽一般来自添加的红葡萄酒。

图 4.22　茗悦香槟

香槟根据含糖量分为绝干(Extra brut,含糖量低于 6 克/升)、干(brut,含糖量低于 15 克/升)、半干(Extra sec,含糖量 12～20 克/升)、半甜(sec,含糖量 17～35 克/升)、甜(Demi sec,含糖量 33～50 克/升)、极甜(Doux,含糖量高于 50 克/升)。香槟酒还有 Vintage(年份酒)与 Non-Vintage(非年份酒)之分,在 Vintage 中一般仍含有少量其他年份的酒。

每一种香槟酒都有专用代号,在瓶标签下方近边缘处有两个字母和一组数字。前面的两个字母用来辨别制作者的规模,NM 意味大香槟商,产品被誉为全区的代表作;RM 代表一些较为富有的酒农采用自己种的葡萄自行酿制的;CM 代表合作社生产的酒,品质一般;MA 是指某些大酒店和餐厅想以自己的名字作为香槟酒牌号,而委托上述两者之一代为酿制,但制作人的名字却不会出现在标签上。后面的数字是每种香槟的编号。

香槟一般用制造厂商的名称来作为酒名,较著名的有 Moët & Chandon(酩悦,1743 年创立)、Bollinger(1829 年成立)、Heidsieck(1785 年创立)、Henriot(1808 年创立)、Lanson (龙顺,成立于 1760 年,1838 年更名为 Lanson)、Ruinart(1729 年成立)、Mumm(玛姆,1827 年成立)、Louis Roederer(1760 年成立)、Perrier Jouët(1811 年成立)、Laurent Perrier(1812 年成立)、Taittinger(1930 年成立)、Krüg、Veuve Clicquot 等。

4.阿尔萨斯

位于法国东部孚日山脉(Vosges)的东侧,仅隔莱茵河和德国交界。葡萄酒依照规定,必须悉数在本地用绿色瘦长型酒瓶装瓶,不能散装出售。1975 年 6 月,葡萄酒法设立了阿尔萨斯特等葡萄园(Alsace Grand Cru),当时 47 个葡萄园被授予"Grand Cru"。

阿尔萨斯由于天气寒冷,这里主要还是以白葡萄品种为主,制作红酒的品种只有黑品乐一种,以产清淡型的红酒为主。相反的,白葡萄品种达 10 种之多,其中有 4 种被列为特优品种:雷司令(Riesling)、琼瑶浆(Gewurztraminer)、灰品乐(Pinot Gris,在阿尔萨斯区又叫做 Tokay)、麝香(Muscat),除了特优品种外,这里还有其他 6 种白色品种,用于生产果香浓郁、清淡爽口的阿尔萨斯白酒,其中比较重要的有西万尼(sylvaner)、白品乐(在这里又叫 Klevner)等。阿尔萨斯葡萄酒的特色在于只出产单一品种葡萄酒,以保持各品种的特色,而且会在标签上注明采用的葡萄品种,即使每家酒厂同时种植多种品种也都分别装瓶不相混。只有一种《高贵的混合》(Edelzwicker)的白酒是由

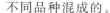

不同品种混成的。

阿尔萨斯盛产著名的干白葡萄酒,绝大部分葡萄酒采用酿造的葡萄品种名称来命名。最好的葡萄酒出自其南部地区,并有"Alsace"或"Vin d'Alsace"字样。在气候特别好的特殊年份,阿尔萨斯也生产少量的甜酒,分成两种类型:

迟摘型葡萄酒 vendange tardive:制造这一类型酒只能采用前面介绍的四种特优品种,采收的日期比一般正常的干白酒晚许多,好让葡萄过熟,有更多的糖分,同时也让葡萄的香味更浓郁。这类酒虽然绝大部分是甜酒,但也有制成酒精度高的干型酒。

Selection des grains nobles:意指"特选的高贵葡萄粒",常缩写成 SGN,也同样只能用特优品种酿造,采摘的日期比迟摘型更晚,只有极佳的年份才有生产,除了过熟外,还有部分葡萄粒成为贵腐葡萄,使葡萄的糖分更浓缩。这类葡萄酒浓郁丰富,芳香扑鼻,由于有许多未发酵的糖分留在酒中使口感香滑,余香久久不散,可媲美优质的苏太尼(Sauterne)贵腐甜酒。

此外,阿尔萨斯也出产品质不错的传统制法的 AOC 起泡酒 Crémant d'Alsace,主要采用白品乐和雷司令两个品种。

5. 卢瓦尔河谷、罗讷河谷

卢瓦尔河谷是法国白葡萄酒之乡,除了一些玫瑰红葡萄酒、红葡萄酒以及起泡酒之外,其出产的干的白葡萄酒约占 75%,且一般说来酒体都比较清新淡雅。卢瓦尔河谷便是由此类白葡萄酒而闻名。卢瓦尔河谷的酒大部分用地区或村庄名命名,如 Anjou、Pouilly-Fumé、Sancerre、Vouvray、Saumur 等,但有一个例外,就是 Muscadet 酒,是用葡萄品种命名的。

罗讷河谷大部分产区生产红葡萄酒,出产的酒酒味强烈,口味醇厚,适合寒冷的冬夜饮用。

二、意大利葡萄酒

意大利是世界上最大的葡萄酒生产国和消费国。来自欧盟委员会的数字显示,2010 年,意大利共生产了 496000 万升葡萄酒,高于法国的 462000 万升。

(一)分类

1963 年以前意大利对酿酒的各个方面没有正式控制,1963 年 7 月 12 日总统签署了意大利 DOC 葡萄酒法令,把酒分为两个等级,分别是 Denominazione di Origine Controllata (DOC)和 Vino da Tavola(VDT)。在 1980 年,增加了 DOCG 等级(Denominazione di Origine Controllata e Garantita),在 1992 年又增加了 IGT 等级(Indicazione Geografica Tipica)。

1. VDT 酒,即佐餐葡萄酒。泛指最普通品质的葡萄酒,对葡萄的产地、酿造方式等规定的不是很严格。

2. IGT 酒,即典型产地葡萄酒。它与法国的 Vins De Pays(地方名酒)和德国的 Landwein 葡萄酒相同。规定这种葡萄酒应产于典型的特定地区和特定的健康葡萄,并把这一情况在商标上注明。

3. DOC 酒,即"控制命名产地生产的葡萄酒",为原产地名称监制葡萄酒,是国家名酒,是使用指定的葡萄品种,在指定的地区,按指定方法酿造及陈年的葡萄酒。酒商标上有"Denominazióne di Origine Controllata"的字样。见图 4.23。

图 4.23　意大利 DOC 葡萄酒

4. DOCG 酒,即"保证控制命名产地生产的葡萄酒"。DOCG 等级是意大利葡萄酒的最高级别,无论在葡萄品种、采摘、酿造、陈年的时间;方式等都有严格管制,甚至有的还对葡萄树的树龄做出规定,而且要由专人试饮,开始只有 5 个,到 2011 年已有 71 个获此殊荣。酒商标上有"Denominazióne di Origine Controllata e Garantita"的字样。见图 4.24。

图 4.24　蒙大奇诺的布鲁耐罗 DOCG 葡萄酒

意大利有 19 个大的 DOC 和 DOCG 葡萄酒生产区,主要的有皮埃蒙特、托斯卡纳、威尼托、翁布里亚、马尔凯、弗留利—威尼斯—朱利亚、撒丁岛等。DOC 和 DOCG 酒必须用国家指定的防伪瓶口包装(封条),有些瓶颈上有企业特制的瓶颈标。

意大利葡萄酒一些用语的含义:rosso:红,bianco:白,rosato:玫瑰红,frizzante:弱起泡性,spumante:起泡性,liquoroso:利口型的甜葡萄酒,secco:干,abboccato:微甜,amabile:半甜,dolce:甜型,Superiore:表示该酒的酒精度比 DOC 或 DOCG 规定的最低度数要略高(通常高 0.5 度多),Classico:是一个地区概念,表示葡萄酒生产的中心区域或原产地,Riserva:表示 DOC 或 DOCG 要求酿酒厂要将酒在橡木桶中陈酿一段时间,至于最短储藏时间要由 DOC 或 DOCG 法规单独规定。

(二)意大利名葡萄酒简介

1. 巴罗洛(Barolo):产于皮埃蒙特大酒区的巴罗洛城周围的朗垓(Langhe)丘陵,常被认为是"王者之酒和酒中之王",由产区的 Nebbiolo 葡萄的三个当地分枝 Michet、Lampia、Rose´酿造。酒呈石榴红色反射橙红色,颈标为金狮或戴头盔的人头像。

2. 巴巴来斯考(Barbaresco):取名于皮埃蒙特大酒区的同名城市,由产区的 Nebbiolo 葡萄的三个当地分枝 Michet、Lampia、Rose 酿造。酒呈石榴红色反射橙红色,颈标为蓝背景金色巴巴来斯考古塔。

3. 阿斯蒂起泡酒(Asti,Asti Spumente)与阿斯蒂的麝香葡萄酒(Moscato d'Asti):出产于阿莱桑德里亚、阿斯蒂和库内奥省,在皮埃蒙特大酒区,专门由 Moscato Bianco(白麝香葡萄)酿成。阿斯蒂是意大利起泡酒业的中心,阿斯蒂起泡酒有意大利起泡酒之王的称号,色泽从浅黄色到淡淡的金色,气泡细腻而持久,微甜,颈标为阿斯蒂守护神。阿斯蒂的麝香葡萄酒呈淡禾秆黄色,甜型,颈标为戴头盔的人头像。

图 4.25 意大利巴罗洛葡萄酒

4. 阿奎(Acqui,Brachetto d'Acqui):出产于阿斯蒂省的 18 个市和阿莱桑德里亚省的 8 个市之间的阿奎·黛勒麦,在皮埃蒙特大酒区,专门由 Brachetto 葡萄酿造。酒呈宝石红色并且偏向明亮的石榴红色或者桃红色,也可以酿成起泡酒,起泡细腻文雅持久。

5. 盖迪纳拉(Gattinara):出产于皮埃蒙特大酒区的盖迪纳拉市,这种酒尽管已经

图 4.26　意大利 Asti 起泡酒

闻名于十几个世纪,但其产量实际上很有限。酒呈石榴红色偏向橙红色,颈标为立在葡萄园中的塔楼。

6. 佳味(Gavi,Cortese di Gavi):出产于阿莱桑德里亚省 10 个市的丘陵上,取名于区中同名城市,在皮埃蒙特大酒区,专门由 Cortese 葡萄(在当地的名字叫Courteis)酿造。酒呈浅黄色,清澈透明。也可以酿造成起泡酒或者低起泡酒。

7. 该美(Ghemme):出产于皮埃蒙特大酒区该美市和 Romagnono Sesia 市,由至少 75％的 Nebbiolo 葡萄在当地的品种Spanna 以及最多 25％的 Vespolina 和/或Rala 葡萄酿成,颜色为宝石红色反射出石榴红色。

8. 干蒂(Chianti):它或许是意大利在世界上最有名的葡萄酒了。其产区几乎包括了托斯卡纳全境,呈鲜明的宝石红色,经陈年后偏向石榴红色,能感觉到灌木下的紫罗兰香及草莓酱香。

9. "古典"干蒂(Chianti Classico):它是佛罗伦萨和西耶纳省 Chianti 产区的很古老的品种。所用葡萄的 75％至 100％是 Sangiovese。Chianti Classico 至少需要陈酿两年,3 个月在瓶中,酒精含量至少 12.5 度。它有钻石一样的光彩,虽然含单宁,但顺畅。有明显的紫罗兰和香紫罗兰香味及草莓酱香。颈标是黑公鸡。

10. 蒙大奇诺的布鲁耐罗(Brunello di Montalcino):由在托斯卡纳大酒区的 Montalcino 镇出产的 Sangiovese 葡萄(当地称之为 Brunello)所酿成。是有着几百年的历史并享誉世界的意大利葡萄酒的代表。呈鲜明的宝石红色,陈年后偏向于石榴红色,典型的紫罗兰微香,酒体丰满,富含单宁但很流畅。颈标为绿背景南欧常青橡树。

11. 蒙特布诺(Vino Nobile di Montepulciano):这种最古老的葡萄酒产于托斯卡纳大酒区锡耶纳省的 Montepulciano 镇周围一带很小的一块区域,至少已经有 7 个世纪的历史了。有多种指定葡萄品种,但至少含有 70％的 Prugnolo Gentile(Sangiovesed的当地名称)。葡萄酒呈宝石红色,有紫罗兰和草莓的味道。颈标为白背景红圈狮身鹫首的怪兽。

12. 卡尔米尼亚诺(Carmignano):它被严格限定在 Carmignano、Poggio、Caiano 之间的丘陵地带,在托斯卡纳大酒区。其葡萄包含 50％的 Sangiovese。最低酒精含量12.5 度,呈宝石红色,有明显的香紫罗兰香味。

13. 圣吉米尼亚诺的维勒纳恰（Vernaccia di San Gimignano）：这是最古老的一种白葡萄酒，产于托斯卡纳大酒区的 San Gimignano 镇，主要由 Vernaccia 葡萄酿成。酒呈淡草黄色并泛着金光，入口有黄色水果香，并有一种独到的微苦回味。酒标是一只狂野的狮子。

14. 超级索阿韦（Soave Superiore）：产于 Soave、Monteforte d'Polne、San Martino Buon Albergo 等城镇所在的丘陵地带，在威尼托大酒区。酒呈浅黄色，有时带绿，干型。

15. 来乔岛索阿韦（Reciodo di Soave）：产于威尼托大酒区维罗纳省 11 个城镇，其中心地带位于索阿韦镇。酒呈金黄色，由明显的果香和甜味。还可制成起泡酒。

16. 超级巴尔道理诺（Bardolino Superiore）：产于维罗纳省的伽乐代斯卡诺地区，Bardolino 是其中的一个法定的典型产区名。干红葡萄酒，非常适合与淡奶酪以及意大利的第二道菜相搭配。

17. 罗马涅的阿尔巴纳（Albana di Romagna）：在艾米利亚—罗马涅大酒区（Emilia-Romagna），完全用 Albana 葡萄酿成干酒、甜酒以及葡萄干酿成的酒，就是这最后一种葡萄干酿成的酒令已经陷入危机的 Albana 得以复兴。最低酒精含量在 11.5 至 12 度之间。只有那种用葡萄干酿的酒才达到了 15.5 度并且要在木桶里酿造。干 Albana 酒发出钻石光芒的黄色。

图 4.27 意大利 Chianti Classico 葡萄酒

18. 蒙特法儿考的萨格拉迪诺（Sagratino di Montefalco）：这是一种近年来因为开始生产干酒而盛行的酒，在翁布里亚大酒区。原先，它只生产由葡萄干酿造的酒。其葡萄用 Sagratino，所酿酒为干酒，最低酒精含量为 13 度，至少要经过 30 个月的陈酿。它呈鲜明的宝石红色，映射出紫罗兰的光泽，令人联想野生草莓。它富含单宁，酒体丰满，有如一位贵妇人。由葡萄干酿成的酒，入口温和，最低酒精含量为 14.5 度，至少要经过 30 个月的陈酿。

19. 陶乐加诺红（Torgiano Rosso Riserva）：产区位于翁布里亚大酒区佩鲁贾省的 Torgiano 镇一带。最低酒精含量为 12.5 度，至少要经过三年的陈酿。它呈透明的宝石红色，口味干爽。

20. 桃拉西（Taurasi）：产于 Avellino 省的辽阔区域，主要产地是 Taurasi 镇，这种酒也因此而得名。位于坎帕尼亚大酒区。主要的葡萄是 Aglianico，也可以添加最多不超过 15％ 的其他红色葡萄。它呈鲜明的宝石红色，陈酿后交相映射出石榴红、橙红。有红色水果味，入口干爽。

21.嘎路拉的维勒曼迪诺(Vermentino di Garulla):Garulla 地处撒丁岛的东北部。纯由 Vermentino 酿成(如果不含香味,它也只允许至多添加 5% 当地的其他白色浆果)。呈金黄色,有微微的柑橘香味和陈酒特有的香味,入口干爽,酸度适中,回味微苦。

22.色拉培娇娜(La Vernaccia di Serrapetrona):它出产于 Serrapetrona 市以及邻近的两个市的部分地区,在马尔凯(Marches)大酒区。是由至少 85% 的 Vernaccia nera presente 以及至多 15% 的其他品种的红色葡萄酿成的起泡酒。分为甜型和不甜型两种。色泽呈现从石榴红色到宝石红色。

23.考内罗红(Rosso Conero):出产于马尔凯大区首府安科纳附近的 Conero 山区。颜色呈强烈的宝石红色,刚上市时有微微的紫红色,陈年后显出石榴红色以及橙红色。

24.拉曼道罗(Ramandolo):在弗留利—威尼斯—朱利亚大酒区。这一平静干酒由 100% 的 Verduzzo Friulano 葡萄制成。呈古金黄色,有令人愉悦的甜味和微微的杏仁香。

25.弗兰奇亚考达(Franciacorta):产于伦巴第大酒区,它被称为意大利的"香槟酒"。限定的区域为:在布雷西亚(Brescia)和白勒嘎莫(Bergamo)环绕着 Iseo 湖的 Moreniche 丘陵。这种起泡酒经过在瓶中以"弗兰奇亚考达式,即古典式瓶中发酵产生气泡"发酵方式来发酵而制成。这一起泡酒的基本型是霞多丽葡萄占大多数,加上"黑品乐"和"白品乐"。按规定要在瓶中至少发酵 18 个月,但它实际上发酵达 36 个月。

26.超级"瓦尔特丽娜"(Valtelina Superiore):产于伦巴第大酒区,在松得里奥(Sondrio)省北部的阿达(Adda)长长的山谷里出产的这种红酒,有着深石榴红色丰满的酒体和纯正的酒香。所用的 90% 的葡萄都是 Chiavennasca(内比奥罗葡萄在当地的叫法)加上其他一些芳香的红色葡萄。

27.娃泰丽娜的斯弗儿扎特(Sfurzato di Valtellina):产于伦巴第大酒区,它由 90% 的内比奥罗的一个分支品种,当地叫做 Chiavennasaca 的葡萄和 10% 的黑品乐或者美乐及其他一些当地品种的葡萄酿制而成;酒精含量至少 14 度。

三、德国葡萄酒

德国以迟摘法生产的白葡萄酒闻名于世,葡萄产区在莱茵和摩泽尔两河流域,在传统上德国葡萄酒称为 Hock 或 Moselle。Hock 通常用来指在莱茵河区生产并用棕色瓶销售的葡萄酒,是莱茵河上 Hochheim 镇的缩写,这个镇一直是把莱茵河葡萄酒运往欧洲其他地区的轮船港口。Moselle 是摩泽尔河流的名称,此地生产并出售的葡萄酒用绿色瓶装。

（一）德国葡萄酒分类

1971 年 7 月 14 日,德国的葡萄酒法正式开始实施,使德国成为世界葡萄酒生产管理最严格的国家之一。这是第五次颁布葡萄酒法,以前曾分别在 1892、1901、1909、1930 年颁布过。德国的葡萄酒法律相当繁琐,以下简单介绍其分级制度。

德国的葡萄酒有四大级别:

1. Tafelwein:普通餐酒。

2. Landwein:地区餐酒,在品质上比 Tafelwein 高一级。

3. Qualitätswein bestimmer Anbaugbiete:简称 QbA,特定地区优质佳酿葡萄酒。必须来自指定产区,用指定葡萄园中生长的指定的葡萄品种,并接受权威的鉴定。

4. Qualitätswein mit Prädikat:简称 QmP,带头衔的优质佳酿葡萄酒,是德国葡萄酒的最高级别。QmP 级别内根据葡萄不同的成熟度,还可以细分为 6 个等级:

（1）Kabinett:一般,是 QmP 等级里面最低一等,由完全成熟的葡萄酿制的。

（2）Spätlese:晚收,顾名思义其收获的时间要比一般晚一些,让葡萄含有更高的糖分。此一等级的葡萄酒如同 Kabinett 一样,呈现类似的风格,只是要比 Kabinett 等级的酒体更加丰满一些。Kabinett 和 Spätlese 既可以是干型的,也可以是半甜型的,这完全取决于酿酒师所期望的风格,这两种等级和 QbA 等级的葡萄酒,是全德国产量和消费量最大的。

（3）Auslese:精选,在收获的时候要对葡萄进行选择（一串一串、有选择地收获葡萄）,收获时间比晚收还要晚一些,达到这一级的一些葡萄可能会有点轻微的贵腐感染,表面带有些贵腐霉菌。虽然大多数 Auslese 等级的葡萄酒是甜的,但是也有极少数干型的。好的 Auslese 等级的葡萄酒可以陈年 15～20 年之久。

（4）Beerenauslese:简称 BA,颗粒精选,这是由贵腐霉感染的葡萄酿制的甜酒,由于收获时只选用那些经过贵腐作用的葡萄,需要对葡萄一颗一颗地进行选择,所以有颗粒精选的名字。酒全都属于甜型。

（5）Trockenbeerenauslese:简称 TBA,用深度贵腐的葡萄酿成,葡萄大概要失去 95％的水分,酿成的酒也最甜。TBA 等级的葡萄酒有的时候就如同蜂蜜那么浓稠,是世界上最甜、也是最珍贵的葡萄酒之一。由于产量很少所以价格通常很高。

在德国葡萄酒中,Trocken 表示是干葡萄酒,每升酒含糖最大为 9 克,Halbtrocken 表示是半甜,每升酒含糖最大为 18 克。在 Trockenbeerenauslese 中的 Trocken 指干枯的葡萄,而非指含糖少。

（6）Eiswein:冰酒,是用冰冻的葡萄酿造的酒（见图 4.28）。他在 QmP 的等级中有些特别,德国法律要求他的糖度和 BA 一样,但是他却是使用没有感染过贵腐霉菌的"健康"葡萄酿造。按照德国葡萄酒法律,葡萄要在自然状态下,在零下 8℃ 的低温以下,经过最少 6 小时自然冰冻,然后进行压榨发酵酿成的酒。

图 4.28　德国冰酒

图 4.29　德国冰酒原料葡萄

（二）德国葡萄酒区简介

德国葡萄酒在商标上必须标出指定酒区名，而葡萄酒名称一般有四部分内容组成：
［村庄名＋er］＋［单独葡萄园或葡萄园区名］＋［葡萄品种］＋［享受的等级］。德国葡
萄酒有 13 个指定酒区，在每个酒区下有若干子产区（Bereich）。葡萄园区名
（Grosslage）是那些具备同样的气候条件、土壤和地形等的葡萄园的集合称呼，最佳的
葡萄酒采用单独葡萄园（Einzellage）的名称，但也有权使用葡萄园区名，因此要注意区

分。村庄(Village)是当地葡萄酒酿造社区的中心。德国白葡萄酒精品用的葡萄品种一定是 Riesling(雷司令)。所有葡萄酒都必须在其商标上标明由检验管理局号码、村庄号码(装瓶所在地)、装瓶者号码、批号、装瓶年份组成的检验认证数字号码(Ap Number)。

1. 摩泽尔(Mosel-Saar-Rewur)

摩泽尔是被世界公认的德国最好的白葡萄酒产区之一,一般简单以 Mosel 称之。这里的土壤大部分以板岩为主,所有的葡萄园几乎都位于陡峭的河岸上,坡度一般在60°以上,手工操作是这里唯一可行的办法,葡萄树必须独立引枝以适应如此陡峭的坡度。主要葡萄品种是贵族品种雷司令。摩泽尔的白葡萄酒酒度低,酒液清澈,口味清新柔和,有爽快的酸味,无甜味,适合刚酿好就喝,不宜存放太久。产区内有 6 个子产区,分别是:Zell-Mosel、Bernkastel、Obermosel、Saar、Ruwertal、Moseltor。一些主要的村镇有 Piesport、Graach、Bernkastel、Wehlen、Trittenheim、Zeltingen、Brauneberg、Zell、Ockfen、Ayl、Kasel 等。Brauneberger 白葡萄酒曾是该区第一名酒,酒呈淡黄色,色泽优雅,香气扑鼻,口味纯正、舒适,干型;Bernkasteler Doktor 因治好了主教的高烧而著名,酒呈淡黄色,清亮透明,香气清芬,带有新鲜果实的芳香,口味干洌、爽适、新鲜,干型,见图 4.30。

图 4.30　德国 Bernkasteler Doktor 葡萄酒

2.莱茵高(Rheingau)

莱茵高地区葡萄园面积并不算大,但这里却出产世界级的葡萄酒。Rheingau 地区内只有一个子产区,就是 Johannisberg,这里被认为是真正的 Riesling(雷司令葡萄)的老家。在美国很多 Riesling 葡萄酒的标签上都会使用 Johannisberg Riesling 的名称以证明其是正宗的 Riesling 品种。主要种植的是 Riesling 品种,但是近年来红葡萄品种,特别是 Pinot Noir,在德国叫做 Spatburgunden 的种植有了戏剧性的增长。一些主要的村镇有

图 4.31　德国 Johannisberg 雷司令

Rüdesheim、Johannisberg、Rauenthal、Erbach、Hattenhein、Oestrich、Eltville、Geiern-heim、Kiedrich、Hochheim 等。相比 Mosel 的白葡萄酒而言,Rheingau 的白葡萄酒不论是颜色、香气、口感、酒体都更重。Johannisberger 白葡萄酒为德国最优秀的酒品之一。

3.法尔兹(Pfalz)

Pfalz 原文为"宫殿"的意思,因古罗马皇帝奥古斯都在此建行宫而得名。以前此地区也被称作 Rheinpfalz"莱茵法尔兹",是德国第二大葡萄产区。所产 77% 为白葡萄酒。这里葡萄种植的品种比较丰富,有 Riesling、Muller Thurgau、Kerner、Portugieser、Silvaner、Scheurebe。Pfalz 内有 3 个子产区:Mittelhardt,Deutsche Weinstrasse,Sudliche Weinstrasse,25 个酒村,333 个单一葡萄园。最好的 Pfalz 酒来自该地区的北部那些种植 Riesling 和 Muller Thurgau 的葡萄园。而南部则大量种植 Silvaner 等品种,且高产,生产大量质量平平的葡萄酒。

4.莱茵黑森(Rheinhessen)

莱茵黑森是德国最大的葡萄酒产区,内有 3 个子产区:Binern、Nierstein 和 Won-negau。Rheinhessen 地区多数是富饶而平坦的土地,因此比较容易种植高产的 Scheu-rebe、Kerner、Bacchus 和比较可靠的 Muller Thurgau,这些品种总和超过了葡萄种植面积的四分之一。这里出产最多的但质量平平的酒,其中最具代表性的就是"圣母之奶"Liebfraumilch(莱茵白葡萄酒,用莱茵四个产区莱茵黑森、莱茵高、法尔兹、纳厄中某一区的葡萄酿造的 QbA 白葡萄酒)。但是也有一些高质量的葡萄酒,这些酒集中出在 Nierstein、Nackenheim 村庄和 Oppenheim 村庄的一部分,这些地方被称作"前莱茵"

(Rheinfront)。

前面的四个产区在德国葡萄酒的出口中占的比例最大,在国际市场上经常见到,而后面这 9 个产区不仅产区相对比较小,而且出口不算多,在国际市场上不常见:

1. 阿尔(Ahr):酿成的酒主要在本地消费,该地区有一个子产区:Walporzheim-Ahrtal。这里的主要品种 Spätburgunder 红葡萄虽然很难与勃艮第的 Pinot Noir 相比,但是也有很好的优雅与细致感;这里的 Riesling 酒,新鲜而具有良好的酸度。

2. 米特海姆(Mittelrhein):主要品种是 Riesling。这里包括 2 个子产区:Loreley 和 Siebengbirge。这里由于地理位置靠北,气候寒冷,白葡萄酒的酸度颇高。Mittelrheim 是一个风景宜人的地方,沿着莱茵河四处是美丽的古堡,但是这里的葡萄酒由于价格太低,并非是主要经济来源,废弃的葡萄园也比比皆是。

3. 纳厄(Nahe):Nahe 位于 Rheinhessen 及 Mosel 区之间,所以出产的葡萄酒也兼有这两区的特色。Nahe 土壤结构适合种植的品种十分多样。内有 1 个子产区:Nahetal。Nahe 的葡萄酒结合了细致高酸度的果味,同时还带有矿物和香料味道。

4. 巴登(Baden):Baden 是德国的三大产区,内有 8 个子产区。Baden 是德国最靠南的葡萄酒产区,位于上莱茵河谷(Upper Rhein Valley)和黑森林(Black Forest)之间,气候温暖,产品中红葡萄酒的比例相对较高,这里以干酒居多,更具有国际口味。

5. 弗兰肯(Franken):Franken 地区位于法兰克福的东部,以白葡萄酒为主。内有 3 个子产区。与德国其他地方不同的是,这里的酒多数为干白酒,酒体较重且带有泥土的复合口感,高质量的酒装在独特的扁圆形大肚瓶子里,这种瓶子叫做 Bocksbeutel。

6. 乌腾堡(Wurttemberg):是德国最大的红葡萄酒产区,也是德国少数红葡萄酒产量高于白葡萄酒的产区。有 6 个子产区。

7. Hessische Bergstrasse:此地区很小,内有 2 个子产区。此区以白葡萄酒为主,酒非常浓郁但是酸度较低,主要为本地消费。

8. Saale-Unstrut:以前此地区位于东德境内,两德统一以后,此地区成为德国的一部分。生产非常好的 QbA 和 Qmp-Kabinett 等级的干白葡萄酒。产区内有两个子产区。

9. Sachsen:这个地区也被叫做 Elbtal,以前也是在东德境内,有 2 个子产区。这里的葡萄酒 90% 是中等酒体的干白酒和起泡酒 Sekt。多数也为本地消费。

四、其他国家葡萄酒

1. 美国葡萄酒

美国的主要葡萄酒产区是加州。加利福尼亚最著名的地区有:北部海岸的 Napa Valley(纳帕)、Sonoma county、Mendocino county、Lake county,中北部海岸的 Monterey county、Santa Clara、Livermore,中部河谷的 San Joaquin Valley,中南部海岸

的 San Luis Obispo、Santa Barbara；加利福尼亚地区阳光充足，以气候稳定著称，所以，该地区葡萄收成也非常稳定，年份对这个地区的葡萄酒出品几乎影响不大。有名的葡萄品种有赤霞珠、美乐、黑品乐、Zinfandel、长相思、Johannisberg Riesling 等。在口味上，远不如意大利酒和法国酒那么复杂。但以纳帕山谷为代表的葡萄酒产地，生产的优质葡萄酒具有丰厚的果香、温和柔滑的单宁及丰满的口感。美国加州嘉露（E. & J. Gallo）是美国最大的葡萄酒输出厂商。

2. 澳大利亚葡萄酒

澳大利亚主要的葡萄种植区域是新南威尔士、南澳大利亚和维多利亚；南澳大利亚的 Barassa Valley（巴罗沙谷）、新南威尔士的 Hunter Valley（猎人谷）、维多利亚的 Yarra Valley（亚拉谷）称为澳大利亚三大葡萄酒河谷；澳大利亚最吸引人的葡萄品种是西拉（Syrah、Shiraz），最大的特点就是在口味上不那么严格地受葡萄种类和品质的限制——在一些有声誉的大酿酒商那儿，他们可以根据自己的独特配方、技术，用同样的原料生产出味道相差甚远的葡萄酒。这其中的代表就包括澳大利亚著名酿酒厂 Seppelts 和 Wolf Blass 出品的葡萄酒。

第四节 葡萄酒的饮用和服务

对葡萄酒的饮用，在众多酒中是最为讲究的，有一系列如示瓶、冰镇、开瓶、斟酒等服务礼仪，同时葡萄酒与菜肴的搭配是西餐的一门艺术。

一、葡萄酒的适饮温度

葡萄酒饮用时的温度对酒香及味觉的影响很大，必须特别注意，以免发生错误，降低甚至破坏酒的品质。温度太低，香味无法从酒中释放，温度过高，不仅酒精味会太重，也有可能会产生不当的香味化合。

酒温的标准依各类酒的特性而异，适当地调整酒温不仅使葡萄酒可以发挥它的优良特性，而且可以修正葡萄酒的不足和缺陷。其主要的原则是：单宁越强酒温要越高，甜度或酒精度高则酒温要低一点；香味丰富的酒温度可稍微高一点。红葡萄酒一般在 16～18℃ 饮用。干白葡萄酒、玫瑰红葡萄酒应该冷冻至 8～12℃ 饮用，一般是在客人点酒后，把酒放在冰水混合的冰桶中，冰镇数分钟就行。也可预先把酒放入冰柜 1 小时左右，再取出来饮用。香槟、起泡葡萄酒、甜白葡萄酒最好在 6～8℃ 时饮用。这样的温度能降低气泡的散发速度，维持酒的新鲜感，便于持久保存酒中的果味和酒精。把酒放在冰水混合的冰桶中约 25 分钟即可。

为了让葡萄酒在饮用时的香味更香醇，可以预先开瓶，其功效在于让酒稍微氧化，能使酒的味道柔顺一些，特别是还没到成熟期的红葡萄酒，先开瓶透气可避免饮用的时候单宁太强。

至于开瓶多久才适合,则依酒的种类和个人的口味而定。通常以新鲜果香为主的白葡萄酒、普通清淡的红葡萄酒、白葡萄酒、新葡萄酒以及玫瑰红葡萄酒等都无需预先开瓶,现开现喝就可以了。甜白葡萄酒或贵腐白葡萄酒最好在1小时之前开瓶,让酒瓶直立透气即可。

红葡萄酒就比较复杂,通常太年轻未到成熟期,单宁很重的红葡萄酒需要透气较长时间,可提早2小时开瓶。由于开瓶后酒与空气的接触面积并不大,功效有限,不妨在开瓶后再换瓶,让酒有机会接触更多的空气。处于成熟期的红葡萄酒只要提早半小时就足够了。陈年老酒通常结构比较脆弱,最好换瓶去渣后(滗酒)尽快饮用。

图 4.32 醒酒器

过分的振动也会影响葡萄酒的稳定性,经过长途运输的葡萄酒最好放置一两天,等到酒稳定一些再喝比较好。

二、杯 具

通常选用的是无色玻璃高脚杯。这有利于鉴定酒色,还可以避免手温传给酒,影响酒液的温度。酒杯的容量最好不少于200毫升。大一点,盛的酒就多一点,酒在杯中就有足够的空间凝聚芳香。酒杯杯口应该适当收口,这有利于凝聚酒香。杯形除美观外,为能观察酒的颜色,以没有花纹为宜,酒杯应该清洁,无破损。红葡萄酒用红葡萄酒杯(简称红酒杯),白葡萄酒用白葡萄酒杯(简称白酒杯),两者也可用通用葡萄酒杯(简称通用酒杯)。

三、示 瓶

在客人点酒后,服务员上酒时,首先应将酒瓶给客人看一下,请客人核实酒的牌子后,再开瓶塞见图4.33和图4.34。

四、开 瓶

用软木塞的酒瓶开启用酒钻,具体开启步骤是:

1. 用刀子沿着瓶口突起的上沿或下沿,将瓶口封套割开。

图 4.33 红葡萄酒示瓶

图 4.34 白葡萄酒示瓶

2. 用酒钻将软木塞拔出。

3. 闻一下软木塞是否有异味,以鉴别酒质。

4. 用擦布把瓶口擦拭干净。给主人酒杯里斟上少许,请主人尝一下,待主人同意后,再斟给客人。

开启起泡葡萄酒缠有铁丝的塞,在拧开铁丝把瓶塞从瓶中拔出之前,瓶口不要对人,并最好用餐巾罩住瓶塞并且轻微地包缠住。

五、上酒顺序

在上葡萄酒时,如有多种葡萄酒,哪种酒先上,哪种酒后上,有几条国际通用规则:

1. 先上白葡萄酒,后上红葡萄酒;

2. 先上新酒,后上陈酒;

3. 先上淡酒,后上醇酒;

4. 先上干酒,后上甜酒;

5. 普通的酒在名牌的酒前喝;

6. 口味酸的酒在甜酒前喝;

7. 酒龄短、轻型的酒在成熟、醇厚的酒前喝。

六、酒水与菜肴的搭配

进餐饮酒时,葡萄酒与菜肴的适配原则是酒味与菜味相谐调,即酒与菜的风格不要一个压过或掩盖了另一个,酒味不可盖过菜味,或菜味损害酒味。一般是红配红、白配白,即红葡萄酒与红色的肉类食物搭配,如牛肉、猪肉、羊肉、鸭、野味等,白葡萄酒与白色的肉类食物搭配,如鱼肉、水产品、贝类、鸡肉等。白葡萄酒去腥味的作用较好,且能较好地体现鱼等水产品菜肴的本味;红葡萄酒解除油腻的作用比较突出,因而各有各的搭配。另外,人们在正式进餐前,往往要饮点开胃酒,借以促进食欲。在吃奶酪或甜点时,多配以甜味较浓的红葡萄酒,如砵酒等。进餐结束后,一般还要饮点高酒精度的酒,如白兰地、利口酒等,这有助于肠胃的消化功能,并且可以提神。香槟酒可以同所有菜肴一起搭配,并可以在整个用餐过程中饮用,甚至不搭配菜肴也可饮用。在进餐过程中,对带有醋的沙拉,带有咖喱粉的菜肴,以及带有巧克力的甜品,不适宜同葡萄酒搭配,因为它们会与葡萄酒相抵触,并产生很不协调的邪味。

第五章

黄酒、清酒和啤酒

黄酒、清酒和啤酒都是以谷物为原料酿造而成的谷物酿造酒。

第一节　中国黄酒

黄酒(Chinese rice wine),是以稻米、黍米等为主要原料,加曲、酵母等糖化发酵剂酿制而成的发酵酒。[①] 因具有黄亮的色泽,故称为黄酒。由于储存而更芳香、质更佳,故又名老酒。

以稻米、黍米等粮食为原料的酿造酒在中国历史悠久,酿造历史至少 4 千年以上,是中国最古老的饮料酒之一。它品种繁多,分布地区很广,全国各地都有生产,是中国的特色酒品。几千年来,中国人民在生产中积累了丰富的经验,使得中国的粮食酿造酒品质优异,风格独特。在现今所有中国的传统粮食酿造酒中,黄酒是最有名的。

黄酒含有糖、糊精、醇类、甘油、有机酸、氨基酸、维生素等成分,是一种营养价值很高的饮料酒。

一、黄酒的分类

（一）按含糖量分类

干黄酒:总糖含量小于等于 15.0g/L 的酒,如元红酒。

半干黄酒:总糖含量在 15.1～40.0 g/L 的酒,如加饭(花雕)酒。

半甜黄酒:总糖含量在 40.1～100 g/L 的酒,如善酿酒。

---

① 《黄酒》GB/ T 13662—2008.

甜黄酒:总糖含量高于 100 g/L 的酒,如香雪酒。

(二)按产品风格分类

传统型黄酒:以稻米、黍米、玉米、小米、小麦等为主要原料,经蒸煮、加酒曲、糖化、发酵、压榨、过滤、煎酒(除菌)、储存、勾兑而成的黄酒。

清爽型黄酒:以稻米、黍米、玉米、小米、小麦等为主要原料,加入酒曲(或部分酶制剂和酵母)为糖化发酵剂,经蒸煮、糖化、发酵、压榨、过滤、煎酒(除菌)、储存、勾兑而成的、口味清爽的黄酒。

特型黄酒:由于原辅料和(或)工艺有所改变(如加入药食同源等物质),具有特殊风味且不改变黄酒风格的酒。[①]

(三)其他分类法

1. 按原料分类

分为稻米和非稻米两类。

2. 按产区、原料、风味的不同分类

南方糯米、粳米黄酒:长江以南地区,以糯米、粳米为原料,以酒药和麦曲为糖化发酵剂酿成的黄酒,它在中国黄酒中占有相当大的比例,其中以绍兴老酒最著名。

北方黍米黄酒:山东、华北和东北地区的黄酒,以黍米为原料,以米曲或麦曲为糖化发酵剂酿成的黄酒。山东黄酒是我国北方黄酒的代表,它工艺独特,最早创始于山东即墨,相传 1074 年就已开始酿造。

红曲黄酒:以糯米、粳米为原料,以红曲(耐高温的红曲霉制米曲)作糖化发酵剂酿成的黄酒,多产于气候炎热的福建、浙江等地。

大米清酒:是改良的大米黄酒,颜色淡黄、清亮而富有光泽,有清酒特有的香味,在风格上不同于其他黄酒,主要代表是吉林清酒。

3. 按酒龄分类

酒龄是指发酵后的成品原酒在酒坛、酒罐等容器中储存的年限。销售包装标签上标注的酒龄,以勾兑酒的酒龄加权平均计算,其中所标注酒龄的基酒不低于 50%。

4. 按质量等级分类

传统型稻米黄酒按质量等级分为优级、一级、二级;传统型非稻米黄酒分为优级、一级;清爽型黄酒按质量等级分为一级、二级。[②]

5. 按包装容器分类

分为瓶装酒、坛装酒等。坛有陶制大酒坛以及花雕坛等。对酒质而言,最好的包装容器仍然是传统的陶制大酒坛,它有促进黄酒陈化,且有久藏不变、越陈越香等优点,但

---

① 《黄酒》GB/ T 13662—2008.
② 《黄酒》GB/ T 13662—2008.

缺点是易破碎,取酒不便(传统方法是用酒提吊取)。坛壁彩绘雕塑的坛称花雕坛。

二、黄酒的质量

(一)黄酒特点

黄酒种类虽多,但都有以下一些共同特点:

1.都以粮食为原料酿制成的发酵原酒。

2.由于使用了不同的酒曲,黄酒具有浓郁的曲味和曲香。

3.传统糖化发酵剂酒药中常配加中草药,使黄酒具有独特的风味。

4.黄酒在酿造过程中,各种生化反应(糖化、发酵、成酸、成酯等)同时进行,交互反应,同时低温发酵酿造,发酵的全部生成物构成了黄酒特有的色、香、味和风格。黄酒用适量糖色调色。

5.酒度一般在20度以下,灭菌称煎酒(因传统灭菌用蒸煮法)。

6.黄酒为原汁酒类,酒中有少许沉淀物(酒脚)属正常现象,而非质量问题。黄酒变质表现为酒度明显降低,酒味变酸变苦或有异味,酒液严重发浑或液面产生薄膜。

(二)黄酒感官质量

根据中华人民共和国国家标准《黄酒》,部分黄酒的感官质量要求如下。

1.优级传统型黄酒

外观:橙黄色至深褐色,清亮透明,有光泽,允许瓶(坛)底有微量聚集物。

香气:具有黄酒特有的浓郁醇香,无异香。

口味:干黄酒:醇和,爽口,无异味;半干黄酒:醇厚,柔和鲜爽,无异味;半甜黄酒:醇厚,鲜甜爽口,无异味;甜黄酒:鲜甜,醇厚,无异味。

风格:酒体协调,具有黄酒品种的典型风格。

2.一级清爽型黄酒

外观:橙黄色至深褐色,清亮透明,有光泽,允许瓶(坛)底有微量聚集物。

香气:具有本类黄酒特有的清雅醇香,无异香。

口味:干黄酒:柔净醇和,清爽,无异味;半干黄酒:柔和,鲜爽,无异味;半甜黄酒:柔和,鲜甜,清爽,无异味。

风格:酒体协调,具有本类黄酒的典型风格。

三、黄酒名品

(一)绍兴酒

绍兴酒(Shaoxing rice wine),又称绍兴老酒或绍兴黄酒,是以优质糯米、小麦和在绍兴特定地域内的鉴湖水为原料,经过独特工艺发酵酿造而成的优质黄酒。[1]

绍兴酒的主要酿造原料为:得天独厚的鉴湖佳水、上等精白糯米和优良黄皮小麦,人们称这三者为"酒中血"、"酒中肉"、"酒中骨"。

1999 年,我国对一些知名产品实行原产地域保护制度后,绍兴黄酒成为首批原产地域保护产品,我国还于 2000 年发布了中华人民共和国国家标准《绍兴酒(绍兴黄酒)》[2]。到 2002 年年底,6 家著名黄酒生产企业都获得绍兴酒原产地域产品专用标志的使用权。这 6 家企业分别为:中国绍兴黄酒集团公司、绍兴东风酒厂、绍兴女儿红酿酒有限公司、浙江塔牌酒厂、中粮绍兴酒有限公司、绍兴王宝和酒厂。2009 年《地理标志产品绍兴酒(绍兴黄酒)》(GB/T 17946-2008)发布,代替了《绍兴酒(绍兴黄酒)》(GB 17946-2000)。

绍兴酿酒有正式文字记载的历史是在春秋越王勾践之时。据《吴越春秋》记,公元前 492 年,越王勾践为吴国所败,带着妻子到吴国去当奴仆。当群臣们送行送到浙水边上时,一位叫文种的大夫捧着酒上前为他送行:"臣请荐脯,行酒二觞。"当时,勾践仰天叹息,举杯垂泪,一句话也说不出来。文种再次上前劝行:"觞酒暨升,请称万岁。"

在吴国三年,勾践卧薪尝胆,受尽屈辱,终于取得吴王夫差的欢心。吴王生日之时,在文台大排酒宴,勾践上前祝酒:"奉觞上千岁之寿","觞酒暨升,永受万福。"吴王放勾践回国,勾践回到越国,决心奋发图强,报仇雪耻。为了增加兵力和劳动力,勾践采取奖励生育的措施。据《国语·越语》载:"生丈夫(男孩),二壶酒,一犬;生女子,二壶酒,一豚。"在这里,酒被作为奖励生育的奖品。另据《吕氏春秋》记载,越王勾践出师伐吴时,越国父老乡亲纷纷前来献酒壮行。勾践把酒全部倒进了河的上游,他与将士们一起迎流共饮。于是将士们群情振奋,战气百倍。这就是历史上有名的"箪醪劳师"的典故。这些关于勾践的记载说明,早在 2500 年前的春秋时代,酒在绍兴已经十分流行。

南北朝时,绍兴酒被列为给皇帝的贡酒。唐朝时,著名诗人贺知章、李白、白居易、元稹等,都以饮绍兴美酒、赏稽山鉴水、留千古诗篇为畅事。明清之际,绍兴出现了大酒坊,清嘉庆年间绍兴酒被列为全国十大名酒之一。1910 年的南洋劝业会和 1915 年在美国旧金山举行的巴拿马太平洋万国博览会上,中国绍兴酒与中国的茅台酒、汾酒、泸州老窖特曲、洋河大曲、张裕金奖白兰地、张裕味美思酒及葡萄酒一起荣获金质奖章。绍兴酒在国家历届评酒会上都有金奖获得,先后被列为国家"八大"、"十八大"名酒之一。

1.绍兴酒的生产

(1)传统工艺。绍兴酒是以糯米为原料,经酒药、麦曲中多种有益微生物的糖化发

---

[1]　GB 17946-2000.
[2]　GB 17946-2000.

酵作用,酿造而成的一种低酒度的发酵原酒。酒药,又称小曲、白药、酒饼,是我国独特的酿酒用糖化发酵剂,也是我国优异的酿酒菌种保藏制剂。麦曲作为培养繁殖糖化菌而制成的绍兴酒糖化剂,它不仅给酒的酿造提供了各种需要的酶(主要指淀粉酶),而且在制曲过程中,麦曲内积累的微生物代谢产物,亦给绍兴酒以独特的风味。麦曲生产一般在农历八、九月间,此时正值桂花盛开时节,气候温湿,宜于曲菌培育生长,故有"桂花曲"的美称。20世纪70年代前,绍兴的酒厂还是用干稻草将轧碎的小麦片捆绑成长圆形,竖放紧堆保温,自然发酵而成,称"草包曲"。但这种制曲方法跟不上规模产量日益扩大的需要,至70年代后期,改进操作方法,把麦块切成宽25厘米、厚4厘米的正方形块状,堆叠保温,自然发酵而成,称为"块曲"。麦曲中的微生物最多的是米曲霉(即黄曲霉),根霉、毛霉次之,此外,尚有少量的黑曲霉、青霉及酵母、细菌等。成熟的麦曲曲花呈黄绿色,质量较优。由于麦曲是多菌种糖化(发酵)剂,其代谢产物极为丰富,赋予绍兴酒特有的麦曲香和醇厚的酒味,构成了绍兴酒特有的酒体与风格。

淋饭酒,因淋水冷却米饭而得名,俗称"酒娘",学名"酒母",原意为"制酒之母",是作为酿造摊饭酒的发酵剂。一般在农历"小雪"前开始生产,其工艺流程为"糯米→过筛→加水浸渍→蒸煮→淋水冷却→搭窝→冲缸→开耙发酵→灌坛后酵→淋饭酒(醅)"。经20天左右的养醅发酵,即可作为摊饭酒的酒母使用。

摊饭酒,又称"大饭酒",即是正式酿制的绍兴酒。一般在农历"大雪"前后开始酿制。其工艺流程为:糯米→过筛→浸渍→蒸煮→摊冷(清水、浆水、麦曲、酒母)→落缸→前发酵(灌坛)→后发酵→压榨→澄清→煎酒→成品。因采用将蒸熟的米饭倾倒在竹簟上摊冷的操作方法,故称"摊饭法"制酒。因颇占场地,速度又慢,现改为用鼓风机吹冷的方法,加快了生产进度。

(2)机制工艺。千百年来,绍兴酿酒业主要是受传统工艺的制约,始终徘徊在农村副业—手工作坊—工厂式作坊的生产模式上,以手工操作为主,设施简劣,劳动强度大,生产周期长;同时,自然发酵,受气温季节影响,必须在农历九月至翌年三月的半年时间内,完成投料、发酵和榨煎全过程。自20世纪60年代起,绍兴酿酒业面临国际、国内市场供不应求的状况,对如何拓展规模、扩大产量、减轻劳动强度等一系列问题进行研究和论证。1985年绍兴酿酒总厂(黄酒集团前身)建成投产年产万吨的机械化新工艺车间。这是第一家将各项单项设备革新,组成整体设计的厂家,完善了从原料到成品全过程一条龙生产作业线。从此,绍兴酒机械化新工艺生产胜利诞生,绍兴酿酒业迈向了一个新的里程碑。与此同时,在工艺上也逐步进行了大胆改革,试验选用纯种酵母菌、糖化菌代替自然菌种发酵,大大缩短了生产周期,更重要的是有利于微生物的培养与控制,有利于质量的稳定与提高。

2.绍兴酒的主要品种

绍兴酒按加工工艺及所含糖分主要分为以下四类:

(1)绍兴元红酒。也称"状元红",属干黄酒。过去的外包装多在酒坛外涂红色。酒的色泽呈琥珀或橙黄,具独特的绍兴酒醇香。口味醇厚爽口,糖、酸成分较低。酒精度≥13.0%vol。

(2)绍兴加饭(花雕)酒。它比元红酒酿造配料中糯米的使用量增多10%以上,所以称加饭酒。酒质丰美,口味醇厚、柔和、鲜爽,是绍兴酒的上等品。酒龄3年以下的酒,酒精度≥15.5%vol,酒龄3～5年的酒,酒精度≥15.0%vol,酒龄5年及5年以上的酒,酒精度≥14.0%vol。糖分含量高于元红酒,属半干黄酒。加饭酒经多年贮存即为花雕酒。按浙江地方风俗,民间生女之年要酿酒数坛,泥封窖藏,待女儿长大结婚之日取出饮用,即是花雕酒中著名的"女儿红"。因这种酒在坛外雕绘有我国民族风格的彩图,故取名"花雕酒"或"元年花雕"。

(3)绍兴善酿酒。属半甜黄酒,用已贮存1～3年的陈元红酒,代水入缸与新酒再发酵,酿成的酒再陈酿1～3年,所得之酒香气浓郁,酒质特厚,口味醇厚,鲜甜爽口,风味芳馥,是绍兴酒之佳品。酒精度≥12.0%vol。

(4)绍兴香雪酒。属甜黄酒,是用米饭加酒药和麦曲一次酿成的酒(绍兴酒中称为淋饭酒)。拌入少量麦曲,再用由黄酒糟蒸馏所得的50度的糟烧代替水,一同入缸进行发酵。这样酿得的高糖(20%左右)的黄酒,即是香雪酒。酒色淡黄清亮,香气浓郁,滋味醇厚,鲜甜甘美。为绍兴酒的特殊品种。酒精度≥15.0%vol。

3.绍兴酒的质量

据测定:绍兴酒含有21种氨基酸,其中作定量分析的17种,每升含量达6770毫克,是啤酒的12倍。绍兴酒中能助长人体发育的赖氨酸,每升中含量高达440.9毫克。含以正丙酸和乙酸乙酯为主的高级醇及低沸点酯10多种,含量达0.19%～0.5%,是构成绍兴老酒浓郁馥香的重要因素。还有葡萄糖、麦芽糖、乳糖、多糖等糖类12种,含有琥珀酸等10多种有机酸。

绍兴老酒酒精浓度低,酒性温和,适量常饮,有兴奋精神、促进食欲、生津补血、解除疲劳、延年益寿的功效。

绍兴酒按质量高低可分为优等品、一等品、合格品。

对优等品的感官质量要求是:

色泽:橙黄色,清亮透明,有光泽。允许瓶(坛)底有微量沉淀物。

香气:具有绍兴酒特有的香气,醇香浓郁,无异香、异气。三年以上的陈酒应具有与酒龄相符的陈酒香和酯香。

口味:绍兴加饭(花雕)酒:具有绍兴加饭(花雕)酒特有的口味,醇厚、柔和、鲜爽,无异味;绍兴元红酒:具有绍兴元红酒特有的口味,醇和、爽口,无异味;绍兴善酿酒:具有绍兴善酿酒特有的口味,醇厚,鲜甜爽口,无异味;绍兴香雪酒:具有绍兴香雪酒特有的口味,鲜甜、醇厚,无异味。

风格:酒体组分协调,具有绍兴酒的独特风格。①

(二)山东即墨老酒

产于山东省即墨县酿酒厂,酒度12度,含糖8%,酒液清亮透明,呈黑褐色,微有沉淀,久放不浑浊,酒香浓郁,具有焦糜的特殊香气,入口醇香,甘爽适口,微苦而余香不绝,回味悠长。

(三)福建龙岩沉缸酒

产于福建龙岩酒厂,酒度20度,具有甜型黄酒的特殊风格。龙岩沉缸酒以糯米为原料,采用古田红曲和特制药曲为糖化发酵剂,酒醅经三次沉浮,最后沉入缸底,陈酿三年而成。特点:酒色褐红,清澈明亮,芳香幽郁,酒质醇厚,入口甘美,无黏稠感。

四、黄酒的服务

(一)黄酒的饮用

1.传统黄酒宜加温饮用,细品慢酌,便可以尝到各种滋味,更觉暖人心肠,且不致伤肠胃。加温方法以隔水加温为好,初温为美(30～40℃),重温则味减。

2.不同品种黄酒适用不同的下酒菜。如绍兴元红酒佐鸡鸭肉蛋类最适口,绍兴加饭佐冷盘最佳,而陈加饭与元红兑饮,配蟹下酒,乃是饮者一大快事,绍兴善酿配甜品糕点最为适宜。

3.黄酒也可混合饮用。

(二)黄酒的功用

黄酒除饮用外,又是烹饪菜肴中理想的调味料。在烧菜时,加上少许老酒,能起到排膻除腥去臭的作用。酒中的氨基酸与食盐接触后生成氨基酸钠盐,能增加菜肴的香味、鲜味。

黄酒又是一种很好的中药药引,因为中药中有很多有效成分只是微溶或不溶于水,而溶于酒精,白酒酒精含量太高,易伤胃,啤酒度数又太低,不宜作药引,而黄酒酒精含量适中,加上本身也是一种很好的营养饮料,故作药引十分相宜。在中医处方中,常用黄酒来浸泡、炒煮、蒸炙各种药材,借以提高药效。《本草纲目》详载了69种药酒可治疾病,这69种药酒均以黄酒制成,可以说这是我国最早的配制酒。

在药补方面,用黄酒(最好是绍兴元红酒)浸泡黑枣,胡桃仁,不仅补血活血,且能健脾开胃;黄酒浸泡龙眼、荔枝干肉,于心血不足,夜寝不安者甚有功效;酒冲鸡蛋是一种实惠的大众食补吃法;用红糖冲老酒温服,不仅补血,且能祛恶血;阿胶用老酒调蒸服用,专治妇女畏寒、贫血之症。

---

① 《地理标志产品绍兴酒(绍兴黄酒)》GB/T 17946－2008.

第二节　日本清酒

　　清酒（sake）在日本俗称日本酒，是以精白米（大米磨去表层，使之精白，以磨去越多、剩下的米芯越小越好）为原料制成的低度米酒。其前身为浊酒。

　　日本清酒的历史比较悠久，起初为宫廷及贵族等少数人所享用。日本全国有大小清酒酿造厂2000余家，但大多数产量很小，其中最大的5家酒厂及其著名产品是：大仓厂（成立于1637年）的月桂冠、小西厂的白雪（白雪清酒的发源可溯至公元1550年）、白鹤厂（创立于1743年）的白鹤、西宫厂（创立于1889年）的日本盛和大关厂的大关酒。

　　清酒的牌名很多，仅日本《名酒事典》中介绍的就有400余种，命名法各异，一般是以人名、地名、名胜古迹、动植物、各类誉词及酒制方法来命名的。产量较大的有月桂冠、樱正宗、大关、白鹰、松竹梅及秀兰等。

一、日本清酒的特点

　　清酒色泽呈淡黄色或无色，清亮透明，芳香宜人，口味纯正，绵柔爽口，其酸、甜、苦、辣、涩味协调，风味独具一格，酒度15度以上，营养丰富。

　　清酒的好坏主要是看酒的等级，而不是牌子，名厂同样生产便宜的产品。

二、日本清酒分类

（一）按制法不同分类

1. 纯米酿造酒：用米、米曲及水为原料，不外加酒精。

2. 普通酿造酒：1吨原料米的醪添加100％的酒精120升。

3. 增酿酒：添加用酒精、糖类、酸类及氨基酸盐类等配成的酒精调味液。

4. 本酿造酒：酒精加入量低于普通酿造酒。

5. 吟酿造酒：纯米酿造酒或本酿造酒的原料米其精米率（将大米表层磨成米粉去掉后所剩米芯的程度比率，即精白米对糙米的比率）为60％以下者。日本酿造清酒很讲究糙米的精白程度，以精米率来衡量精白度，精米率低表示大米被磨掉多，精白度就高。精米率以低为好。精白后的米吸水快，容易蒸熟、糊化，有利于提高酒的质量。吟酿造酒被誉为"清酒之王"。

　　日本清酒大体上分为"特定名称酒"和"普通酒"。"特定名称酒"是指本酿造以上的酒，按原料及制造方法的不同，分为纯米大吟酿酒、大吟酿酒、纯米吟酿酒、吟酿酒、特别纯米酒、纯米酒、特别本酿造酒和本酿造酒八大类，这些酒都属于从前一级以上的特级酒。"特定名称酒"的酒不允许使用米、米曲、酿造用酒精以外的任何原料，且酿造用酒精的使用也是有限定的，它不能超过白米重量的10％，如果丝毫也不使用酿造用酒精，只使用米、米曲在名称上可加上"纯米",这一切在日本法律中都有严格的规定。

（二）按口味分类

1. 甜口酒：糖分较多,酸度较低。

2. 辣白酒：糖分较少,酸度较高。

3. 浓醇酒：浸出物较多,口味较醇厚。

4. 淡丽酒：浸出物较少,爽口。

5. 高酸味清酒：以酸度高、酸味大为其特征。

6. 原酒：制成后不加水的清酒。

7. 市售酒：指原酒加水装瓶出售的清酒。

（三）按贮存期分类

1. 新酒：压滤后未过夏的清酒。

2. 老酒：贮存期过一个夏季。

3. 老陈酒：贮存期过两个夏季。

（四）按等级分类

过去,日本清酒按酒税法规定的级别分为：

1. 特级清酒：品质优良,酒度16°以上。

2. 一级清酒：品质较优,酒度16°以上。

3. 二级清酒：品质一般,酒度15°以上。

根据日本法律规定,特级与一级的清酒必须送交政府有关部门鉴定通过,方可列入等级。由于日本酒税很高,特级的酒税是二级的4倍,有的酒商常以二级产品销售,所以受到内行饮家的欢迎。但是,从1992年开始,这种传统的分类法被取消了,取而代之的是按酿造原料的优劣、发酵的温度和时间以及是否添加食用酒精等来分类,目前日本酒大致可以按如下表述分高低等级：

纯米大吟酿：纯米且原料米的精米率为35%、低温长时间发酵、酒味富含水果香、一般低温饮用(5℃)最佳。

大吟酿：主要以精米率为35%～40%的米芯发酵,为降低成本向发酵液中略加入一些食用酒精与糖类,酒味有水果香。

纯米吟酿：纯米且原料米的精米率为60%、低温长时间发酵、酒味含水果香。

纯米酒：纯米且原料米的精米率为69%、酒味圆蕴深厚、不添加任何酒精与糖类,适合加热饮用。

本酿造：主要靠酿制纯米酒的原料酿制,为降低成本添加食用酒精与糖类进行勾兑,价格便宜,是一般大众酒。

普通酒：靠米粉、碎米发酵,发酵液酒精度数低,投入大量食用酒精与糖类调整酒味。

合成酒：完全是酒精与糖类勾兑，在日本是用于做菜时使用的料理酒。

与中国除黄酒外还有许多种类的米酒类似，在日本，除一般清酒外，还有浊酒、红酒、红色清酒、赤酒、贵酿酒、高酸味清酒、低酒度清酒、长期陈酿酒、起泡清酒、活性清酒（含活性酵母）、着色清酒等米酒种类。

三、清酒的饮用与服务

（一）传统的饮用方法

日本清酒传统的饮用方法是在小的瓷罐中加热到 35～50℃，并用小小的陶瓷酒杯饮用，酒要倒满。作为佐餐酒，其下酒菜，以清淡的日本菜为最合适，刺身更是清酒的上佳菜肴。饮清酒时还有一套礼节，如斟酒、接酒、献酒以及坐都有一定的手势和姿势。

（二）清酒的饮用服务

1. 饮用温度：清酒一般在 16℃ 左右下饮用，也可加温热饮。

2. 杯具：饮用清酒时可采用小瓷碗或小陶瓷杯，也可选用褐色或青紫色玻璃杯。酒杯应清洗干净。

3. 饮用时间：清酒可作为佐餐酒，也可作为餐后酒。

4. 清酒还可混合饮用。

5. 清酒的保管。清酒是一种谷物原汁酒，且陈酿并不能使其品质提高，因此不宜久藏。清酒很容易受日光的影响，即使酒库内散光，长时间的照射影响也很大，所以应尽可能避光保存。酒库内要保持洁净、干爽，同时，要求低温（10～12℃）储存，特别是开瓶后要放在冰箱冷藏。

第三节　啤　酒

啤酒（beer），是以麦芽、水为主要原料，加啤酒花（包括酒花制品），经酵母发酵酿制而成的、含二氧化碳的、起泡的、低酒精度的发酵酒，包括无醇啤酒（脱醇啤酒）。[1]

啤酒刺激性小，营养丰富，还有清凉饮料的作用，是目前世界上十分流行的饮品之一。

啤酒是世界上最古老的含酒精饮料之一。传说 9000 年前有人用麦芽煮粥喝，把剩下的粥倒掉后，粥经自然发酵，居然成了芬芳的液体，喝起来有一种形容不出的气氛和心情，也许这就是人类与啤酒接触的开始。据考古发现，世界上最早酿制啤酒的有亚叙（今叙利亚）人、苏美尔人（两河流域南部居民）、古埃及人、古希腊人、古罗马人、印加人和中国人，最早酿制历史当在 5000 年以上。古巴比伦汉穆拉比法典（公元前 1800 年）

---

① 《啤酒》GB 4927—2008.

中已有关于啤酒的法令:"卖啤酒的女人如果不按规定用谷物交换而擅自用钱币代替,或者是有偷斤减两事,罚丢入水中";"犯人出现在啤酒店喝酒,没有通报逮捕,店主判死刑";"出家人开啤酒店或到啤酒店喝酒,判处火刑"。

啤酒酿制技术公元前在欧洲生根发芽,伴随着古代欧洲人度过了漫长的中世纪,其间日耳曼人对欧洲啤酒业作出了很大贡献,是他们在公元 768 年首先把酒花加到啤酒中。

后来欧洲人把啤酒传播到世界各个角落。19 世纪中叶,法国科学家巴斯德研究出"巴氏灭菌法",解决了防止酒液变质的技术。1881 年,挪威科学家汉森首先从苏格兰爱丁堡啤酒厂分离出上层发酵啤酒酵母。而后在丹麦的嘉士伯啤酒厂分离出下层发酵啤酒酵母。

19 世纪末、20 世纪初,近代啤酒传入我国,俄、德首先在我国开办啤酒。我国自建的最早的啤酒厂是 1915 年建的北京双合盛啤酒厂。但一直到新中国成立前夕,我国啤酒产量都不大。新中国成立后,特别是改革开放后,我国啤酒业发展十分迅速,产量从新中国成立前的不足 1 万吨提高到 1988 年的 600 多万吨。1988 年我国啤酒产量跃居世界第三,仅次于美国和德国。1995 年产量达到 1568.82 万吨,列居世界第二,仅次于美国。2002 年产首次超过美国,登上世界第一。2002 年我国啤酒总产量为 2402.70 万吨,[①]2003 年中国啤酒消费量居世界第一。2010 年全国啤酒产量为 44830449 千升(为 4483.04 吨)。[②] 中国啤酒的年产量超过 4000 万吨,而第二梯次的啤酒生产国美国在 2400 万吨水平,传统的啤酒生产国德国维持在 1200 万吨的水平。

一、啤酒的原料和成分

(一)啤酒的原料

1. 大麦

大麦依据在穗轴上的排列方式可分为六棱、四棱、二棱大麦;二棱大麦淀粉含量相对较高,蛋白质含量相对较低,是酿造啤酒最好的原料。

采用大麦作为酿造啤酒的主要原料,一方面是取其所含的淀粉成分,另一方面大麦出芽后取其淀粉酶作为糖化剂。不同的纯种大麦在化学组成(如淀粉、蛋白质等)、浸出率和酶活性上有差别,选择适宜的大麦品种是酿造优质啤酒的基本条件。大麦经发芽后方可酿制啤酒。麦芽通常被认为是"啤酒的灵魂",它确定了啤酒的颜色和气味。

2. 酒花

酒花又名蛇麻花、忽布(hop),是一种多年生缠绕草本植物,有多个种类,雌雄异

---

① 中华人民共和国国家统计局编.2004 中国统计年鉴.北京:中国统计出版社,2004.9.

② 数据来源:中国产业信息网.

株,具有健胃、利尿、镇静等医疗效果,啤酒酿造时只用雌花,我国新疆有野生酒花。酒花的作用:在啤酒酿造时取其含有的树脂、酒花油和多酚类,这些物质赋予啤酒特殊的香气和愉快的苦味,增加啤酒泡沫的持久性,提高啤酒的稳定性,抑制杂菌的生长繁殖等。

图 5.1　啤酒花

3.酿造用水

啤酒含有 90% 左右的水,因此水的质量是决定啤酒特性的最重要的因素。

4.啤酒酵母

啤酒酵母分为上层(也称上面、顶部)发酵酵母和下层(也称下面、底部)发酵酵母。

5.辅助原料

辅助原料如大米、玉米(去胚),用于代替部分大麦,不仅可以降低成本,还可以降低啤酒的色度,且使啤酒更温和、清淡。

(二)啤酒的成分

啤酒的成分十分复杂,主要成分有:

水	89%～91%
酒精	一般在 8% 以下
碳水化合物(糖和糊精)	4% 左右
含氮物	0.2%～0.4%
二氧化碳	0.3%～0.45%
矿物质	0.2% 左右

啤酒酒精度表示法传统上用重量百分比(%m/m)方式,现用容量百分比(%vol)方

式。在商标上显眼地标出的"度"数，如 $8°P$、$12°P$ 等，是指原麦汁浓度，而不是酒精度，它的含义是指麦芽经糖化后麦汁中含糖量的多少。当然，原麦汁浓度以及发酵度高的啤酒，酒精含量也较高。

原麦汁浓度的一种国际通用表示单位是柏拉图度（plato），符号为 $°P$，表示 100g 麦芽汁中含有浸出物的克数。

二、啤酒的分类

（一）根据是否杀菌分类

熟啤酒：经巴氏灭菌或瞬时高温灭菌的啤酒。

生啤酒：不经巴氏灭菌或瞬时高温灭菌，而采用其他物理方法除菌，达到一定生物稳定性的啤酒。

鲜啤酒：不经巴氏灭菌或瞬时高温灭菌，成品中允许含有一定量活酵母菌，达到一定生物稳定性的啤酒。

（二）根据啤酒色度分类

1. 淡色啤酒（light beer）

色度为 2～14EBC 单位的啤酒。俗称黄啤酒，颜色从淡黄到棕黄，根据原麦汁浓度可进一步分为：

高浓度淡色啤酒：原麦汁浓度大于 13%（m/m）的淡色啤酒；

中等浓度淡色啤酒：原麦汁浓度为 10%～13%（m/m）的淡色啤酒；

低浓度淡色啤酒：原麦汁浓度低于 10%（m/m）的淡色啤酒。

2. 浓色啤酒（dark beer）

色度为 15～40EBC 单位的啤酒。颜色呈棕红或红褐色，根据原麦汁浓度可进一步分为：

高浓度浓色啤酒：原麦汁浓度大于 13%（m/m）的浓色啤酒；

低浓度浓色啤酒：原麦汁浓度等于或小于 13%（m/m）的浓色啤酒。

3. 其他

黑色啤酒（black beer）：色度大于等于 41EBC 单位的啤酒。颜色呈深红褐色，大多数红里透黑。

特种啤酒（special beer）：由于原辅材料、工艺的改变，使之具有特殊风格的啤酒。例如：

干啤酒（dry beer）：真实（实际）发酵度不低于 72%，口味干爽的啤酒，其他指标应符合相应类型啤酒的要求。

低醇啤酒（low-alcohol beer）：酒精度为 0.6%～2.5%vol，其他指标应符合相应类型啤酒的要求。

无(脱)醇啤酒(non-alcohol beer):酒精度小于等于 0.6%vol,原麦汁浓度大于等于 3.0°P 的啤酒,其他指标应符合相应类型啤酒的要求。

小麦啤酒(wheat beer):以小麦芽(占麦芽的 40%以上)、水为主要原料酿制,具有小麦麦芽经酿造所产生的特殊香气的啤酒。

浑浊啤酒(turbad beer):在成品中含有一定量的酵母菌或显示特殊风味的胶体物质,浊度等于 2.0EBC 的啤酒,除"外观"外,其他指标应符合相应类型啤酒的要求。

冰啤酒(ice beer):经冰晶化工艺处理,浊度等于小于 0.8EBC 的啤酒,其他指标应符合相应类型啤酒的要求。

果蔬类啤酒(fruit and vegetable beer):具体分为果蔬汁型啤酒(有一定量的果蔬汁)、果蔬味型啤酒。①

(三)根据包装容器分类

分为瓶装啤酒、罐装啤酒、桶装啤酒。桶装啤酒需要配备专用售酒器,要严格按生产厂商的要求安装和操作售酒器,否则容易出现酒质问题。一些酒店还有小(微)型自酿啤酒设备,设备的安装和操作同样需要生产厂商的指导。

(四)根据使用酵母的不同分类

1. 上层发酵啤酒

上层发酵啤酒是指在发酵时加入一种酵母,这种酵母在发酵过程中将浮到酒的顶部,这种酵母在 15~21℃时把糖分解成酒精和二氧化碳。大多数的上层发酵啤酒与红葡萄酒相类似,带有较浓烈的气味和醇厚的味道。下列是一些国际上有名的上层发酵啤酒种类。

修道院啤酒(Abbey Ale):数世纪前由比利时的 Cistercian 修士们所酿制。他们用这种酒自斟自饮,也用这种酒款待客人。这种酒的显著特点是它们的颜色呈深黄色或咖啡色,带有浓烈的麦芽味。

比利时啤酒中最独特古老的是"修道院啤酒",包括由真正的修道士酿制的 Trappist 和授权非修道院酒厂制作的 Abbey。

世界上目前仅存的六家真正由修道士手工酿造的修道院有五家在比利时。它们是 Orval、Chimay、Westmalle、Rochefort 与 Westvleteren,是比利时啤酒酿造的宝藏;另外一家是荷兰的修文修道院。上层发酵法、高酒精浓度、经过 2 到 3 次瓶内发酵、全程手工制作是 Trappist 的四大特点。Orval 与 Chimay 是众多比利时修道院啤酒当中具有国际知名度的经典之作。

爱尔啤酒(Ale):源自英格兰,是英式上层发酵啤酒的总称。苦味爱尔(Bitter Ale),酒液黄铜色,在英国十分流行,在生产过程中使用大量的酒花,因而酒液中苦味

① 《饮料酒分类》GB/ T 17204—2008.

有时很浓。淡爱尔(Mild Ale),呈深棕色,只加入少量酒花,是一种典型的英式爱尔啤酒。爱尔啤酒颜色比拉戈啤酒深,而且与拉戈啤酒比,它带有更多的酒花味,发酵程度比较低,这种酒一般带有苦味,但有一些也比较甜。这种酒适于在3~7℃下饮用。

爱尔特(Alt):一种以古老方式酿造的啤酒,色泽棕红,口味浓厚。这种酒在19世纪前的德国非常流行,这一时期拉戈啤酒也有生产。

琥珀啤酒(Amber Ale):颜色呈淡琥珀色的爱尔啤酒。

褐色啤酒(Brown Ale):深褐色或可乐色啤酒,具有麦芽芳香,甜中带苦。酒味从清淡到醇厚,一般酒精含量低,传统上产自大不列颠、比利时,加拿大也偶尔生产。这种酒有时也叫做深棕色啤酒。

古铜色爱尔啤酒(Copper Ale):深古铜色,味道有点苦的爱尔啤酒,是由英格兰人首先发酵酿制的。

奶油爱尔啤酒(Cream Ale):是爱尔啤酒和拉戈啤酒的混合体。奶油爱尔啤酒经高度发酵,因此具有丰富的泡沫。适于在3~7℃下饮用。

黑麦啤酒(Dunkel Weissbier):是用黑麦为原料酿制的啤酒。

加味啤酒(Faro):通常用水果增加其甜味或以香料增加其香味。例如,覆盆子啤酒(Framboise):这种酒中加入了覆盆子,一般在布鲁塞尔酿造。勾兑加味啤酒(Gueuze):由各种陈化过的加味啤酒勾兑而成,泡沫丰富,带苹果的气味或大葱的味道。不过酒都比较酸。此酒酿于布鲁塞尔和德国柏林。樱桃啤酒(Kriek):发酵时加入了酸和苦的黑樱桃以使其进一步发酵,于是这种酒具有樱桃的味道,通常在布鲁塞尔发酵酿制。

帝王斯托特(黑)啤酒(Imperial Stout):味道浓烈,颜色深,带水果味的酒,源于俄国。如今这种酒大部分是在大不列颠、丹麦和芬兰酿制。

印度爱尔啤酒(India Pale Ale):带有非常浓烈的啤酒花气味和芳香的苦味酒。该酒是19世纪英国人装在酒桶里运给在印度服役的士兵的酒。

寇思赤啤酒(Kölsch):淡的金黄色的啤酒,首次于德国科隆酿制。

果酒味啤酒(Lambic):深层次发酵的啤酒,一般在布鲁塞尔发酵酿制。在发酵过程中加入的成分为越橘、桃子、覆盆子、酸樱桃和小麦。大部分啤酒味道与葡萄酒相似,有点酸,几乎与味美思酒一样,不像啤酒。

牛奶斯托特啤酒(Milk Stout):低酒精度,中甜度,浓乳酸,颜色发黑。

燕麦斯托特啤酒(Oatmeal Stout):味道浓郁,颜色较黑,在发酵过程中燕麦片被加入其中。

淡爱尔啤酒(Pale Ale):古铜色的爱尔啤酒,气味浓烈,啤酒花含量高,相当苦,首先在英格兰发酵。饮时可稍加食盐。

搬运工啤酒(Porter):黑啤酒的前身,特点是呈黑色,通常有种烟炙味或水果味,甜中带苦。酒精含量比斯托特啤酒低，并应在 13℃ 下饮用。它是 1722 年由一位伦敦的酿酒商 Raplh Harwood 推广的，因为搬运工等很喜欢喝这种酒，于是把这种酒命名为搬运工(Porter)啤酒。

塞森啤酒(Saison)：相当新鲜的，属于琥珀色爱尔啤酒，带少许酸味；首先在比利时酿制。

苏格兰爱尔啤酒(Scotch Ale)：半黑色的、味道浓烈的爱尔啤酒，带有丰富的麦芽味，一般在苏格兰生产。

斯托特(黑)啤酒(Stout)：Stout 这个词来自词组 extra stout porter，它是一种较烈的颜色较深的酒，属于搬运工啤酒一类。这种酒从烤熟的大麦中获得深颜色(几乎是黑色的)。这种酒相当醇厚，并有麦芽味，同时还带有点苦味和淡淡的甜味，应在 13℃ 下饮用。黑啤酒的特定类型有苦斯托特啤酒(Bitter Stout)、帝王斯托特啤酒(Imperial Stout)、爱尔兰斯托特啤酒(Irish Stout)、牛奶斯托特啤酒(Milk Stout)、燕麦斯托特啤酒(Oatmeal Stout)和搬运工黑啤酒(Poter)。

修士啤酒(Trappist)：它是由比利时和荷兰的修士们发酵酿制的。根据官方制定的法律，修士啤酒特指那些由修士酿制的酒。大部分的啤酒流行色很深，酒精含量也很高。

小麦啤酒(Wheat Beer)：也叫 Weissbier 和 Weizenbier，这是一个德国名字，用于完全或大部分由小麦酿成的酒。这种酒通常不经过滤并保存了一些残余酵母，因此外形上看起来并不清澈。这种酒比较酸，味道鲜而有乳酸味。一般配以一片柠檬或一盎司不含酒精的糖浆饮用。小麦啤酒适于在 3～7℃ 下饮用。Hefe weizen 是酒瓶中有活酵母的小麦啤酒，Kristall weizen 是经过滤的小麦啤酒，而 Dunkel weissbier 是黑色的小麦啤酒。

白啤酒(White Beer)：1543 年首先在比利时酿制，由大麦、小麦和燕麦混合制成。

2. 下层发酵啤酒

用下层发酵酵母在低温下发酵，发酵速度比较慢。下层发酵啤酒是世界上产量最大的啤酒。下列是一些国际上有名的下层发酵啤酒种类：

博克啤酒(Bock Beer)：德语中的 Bock 意思是母山羊。博克啤酒原本是公元 1200 年于德国的艾因别克城酿制的。现在，几乎每个城市都可以出产这种啤酒，这种酒大部分在冬天酿制，以便能在早春时饮用。博克啤酒颜色较黑，味醇厚香甜浓烈，有淡淡麦芽味。在德国少量生产的较特别烈性的一种啤酒叫 Doppelbock。博克啤酒最好在 7～10℃ 下饮用。

黑啤酒(Dark Beer)：呈深黑色，味道浓烈，有淡淡的奶油香味和麦芽味，甜中带苦，并有焦糖味。宜在 7～10℃ 下饮用。

多特蒙德啤酒(Dortmunder Beer)：色浅味干，传统上在德国的多特蒙德地区酿造。

干啤酒(Dry Beer):在酿制过程中,发酵厂从大麦中尽可能多地抽取出糖分,并混合了谷物(大米、玉米等),使发酵过程多持续了 10 天。另一个酿制方法是使更多的麦芽和辅助原料(主要是玉米和大米)转换成可发酵的糖,这种糖在发酵过程中得到更有效的使用,发酵度高,同时也会使啤酒的酒精含量更高。是为糖尿病患者酿制的。

费思特比尔(Festbier):为传统节日酿制的酒,它的类型、味道和酒精含量变化大。

冰啤酒(Ice Beer):这是一种在低于常温下发酵,然后马上在低于 0℃ 的温度下冷却,使它形成冰晶的啤酒。接着冰晶被过滤,一些发酵厂称这个过程能够除去苦腥味的蛋白质,使其味道更柔滑。这种啤酒的酒精含量比一般啤酒高。与一般的观点相反,这种过程并不是起源于美国甚至加拿大,而是德国。在德国被称做 Epsbock 的一种啤酒,就是使用这种方法发酵的。

库尔姆巴赫啤酒(Kulmbacher Beer):这种啤酒来自德国的库尔姆巴赫。一些库尔姆巴赫啤酒据说含 14% 的酒精。这种酒适于在 3~7℃ 下使用。

拉戈啤酒(Lager):该啤酒于 7 世纪在德国得到发展。Lager 来源于德语词 lagern(贮存),尤其适合下层发酵啤酒,因为它必须在低温保存以延长其贮存时间。拉戈啤酒传统上贮存于地窖或洞穴中以进行完全发酵,因此也译为窖啤酒。颜色呈亮金色到黄色,一般已经完全发酵。

淡啤酒(Light Beer):由普通的啤酒稀释而成,这种普通啤酒是由高纯度的谷物或大麦酿成,并一般发酵为干啤酒。另一种生产方式包括酶的加入,这降低了卡路里的数量和酒精含量;它的味道也相对清淡。生产淡啤酒的目的是酿制一种低卡路里的啤酒。普通酒 12 盎司含 135~170 卡路里,而淡啤酒一般低于 100 卡路里。

迈博克啤酒(Maibock):在春天发酵的酒。

烈啤酒(Malt Liquor):这是一个美语词,指含有较高酒精量(通常 5% 左右)的拉戈啤酒。不同的品牌啤酒味道不一样,有的甚至加水果糖浆使之更甜。这个名称来自啤酒所带有的麦芽味,甜味中带点苦味,它的颜色比普通的酒黑得多,它的气味也较重,味道也更浓。

三月份发酵酒(Marzenbier):一种酒度适中的琥珀色的啤酒。三月份发酵(其名由来)。夏季时不饮用,一般十月份饮用。在德国,可与任何在十月份保存的啤酒共饮。

慕尼黑啤酒(Munich,也写做 Münchener):最早酿制这种酒是在巴伐利亚,但如今世界好多国家都能发酵酿制这种酒。它比比尔森类型的啤酒颜色稍深,但比其他的德国酒温和,也不那么苦。它也具有更明显的麦芽气味和芳香,饮完口中带有甜甜的余香。慕尼黑啤酒可在 3~7℃ 下饮用。

比尔森啤酒(Pilsner,也写做 Pilsener 和 Pils):这是世界上最受欢迎的啤酒类型。比尔森这个词来自捷克的比尔森镇。这种啤酒呈浅金黄色,并有很明显的酒花气味。尽管比尔森也有一些甜味酒,但通常来说比尔森啤酒比较干或非常干。

瑶赤比尔啤酒(Rauchbier):颜色呈琥珀色到黑色,麦芽要在焚烧冒烟的山毛榉木上烘干。这种酒主要是在白艾亩和汉堡地区生产的。

蒸啤酒(Steam Beer):高度发酵的酒,颜色呈深金褐色,具有浓烈丁香气味、橙皮味和桃味。口感有强烈苦味及干涩味。它名字中的"steam"一词来自发酵过程中的蒸制阶段,在此阶段中,特定的经发酵的麦芽糖被加入其中以加速其发酵;这时由此过程产生的泡沫释放出气体。蒸啤酒是下层发酵啤酒,但带有浓烈的酒味,这种啤酒是在洛杉矶淘金(Gold Rush)时期首先酿制的。

Ur博克啤酒(Ur-Bock):颜色较深,气味浓烈,酒度属中,带明显的麦芽味。尽管这种酒曾经一度在维也纳生产,但现在生产这种酒的范围扩大到了全世界,因此它的名字也不再含有太多的意义。

三、啤酒的质量

在我国,根据中华人民共和国国家标准《啤酒》[①],啤酒分为优级、一级。啤酒的感官质量可从泡沫、外观、香气和口味来评定。

（一）啤酒泡沫

泡沫是啤酒重要的质量特征之一。可以从起泡性、泡持性、挂杯等看泡沫质量。起泡性是指啤酒倒入杯中,酒液是否立即产生大量泡沫,产生的高度,以及泡沫是否细腻等;泡持性是指啤酒倒入杯中后,泡沫形成至泡沫崩散所持的时间;挂杯是指泡沫的附着力,即饮完的空杯内壁残留泡沫的多少,附着是否均匀。

优级浓、黑啤酒的泡沫要求是"细腻、挂杯,瓶装泡持性≥180s,听装泡持性≥150s";优级淡色啤酒的泡沫要求是"洁白细腻,持久挂杯,瓶装泡持性≥180s,听装泡持性≥150s"。

（二）啤酒外观

优级浓、黑啤酒的外观要求是"酒体有光泽,允许有肉眼可见的微细悬浮物和沉淀物(非外来异物)";优级淡色啤酒的外观要求是"清亮,允许有肉眼可见的微细悬浮物和沉淀物(非外来异物)"。

（三）香气和口味

优级浓、黑啤酒的香气和口味要求是"具有明显的麦芽香气,口味纯正,爽口,酒体醇厚,杀口,柔和,无异味"。优级淡色啤酒的香气和口味要求是"有明显的酒花香气,口味纯正,爽口,酒体谐调,柔和,无异香、异味"。

---

① GB 4927—2008.

四、常见品牌和服务

(一)世界各国啤酒名品

美　国

Miller(美乐)	Budweriser(百威)
Busch	Coors
Andeker	Olympia
Old Milwaukee	Pabst(蓝带)
Schlitz	

德　国

Beck's(贝克)	Berliner lindl weiss
Bitburger	D. A. B
Dortmunder	Furstenberg
Henninger	Hofbrau
Holsten	Kulmbacher Monkshof
Lowenbrau	Paulaner
Spaten	

荷　兰

Amstel Light	Bavaria
Heineken(喜力)	

其　他

比利时:Duvel、Rodenbach　　　　爱尔兰:Guinness(健力士)

丹麦:Carlsberg(嘉士伯)、Tuborg　　加拿大:Molson、Moosehead

澳大利亚:Cooper、Foster、Swan　　捷克:Pilsner(比尔森)

墨西哥:Carta Blanca、Corona(科罗娜)　奥地利:Gösser

芬兰:Finlandia　　　　　　　　　法国:Kronenbourg

英格兰:Newcastle　　　　　　　　葡萄牙:Sagres

卢森堡:Diekirch　　　　　　　　　新西兰:Steinlager

菲律宾:San Miguel(生力)　　　　　新加坡:Archor(锚牌)、Tiger(虎牌)

南非:SAB

日本:Asahi(朝日)、Kirin(麒麟)、Sapporo(札幌)、Suntory(三德利)

中国:青岛、燕京、雪花、珠江、重庆、哈尔滨、金星啤酒等。

中国名啤酒——青岛啤酒:产于山东青岛啤酒厂,其前身为 1903 年由英国人和德国人合资在青岛开办的英德酿酒有限公司,新中国成立后收归国有。

青岛啤酒酒花采用蒂大、花粉多、香味浓的"青岛大花",大麦用上等的二棱大麦,水用天赐甘露——著名的崂山矿泉水。

华润雪花啤酒(中国)有限公司:成立于1994年,其股东是华润创业有限公司和全球第二大啤酒集团SABMiller国际酿酒集团。华润创业有限公司在华润雪花啤酒拥有51%的股份,而SABMiller拥有49%的股份。华润雪花啤酒厂的前身始建于1933年,1949年3月正式更名为沈阳啤酒厂。雪花啤酒诞生于沈阳啤酒厂,从1957年开始,工厂技术人员开始研制"雪花牌啤酒",经过3年的不懈努力,终于在1960年研制成功并批量生产,这种新贵因其泡沫丰富洁白如雪,口味持久溢香似花,遂得名"雪花"啤酒。1979年的国家轻工业部第三届全国评酒会上,雪花啤酒被评为全国优质酒。

英博啤酒集团(InBev):是全球第一大啤酒公司,总部设在比利时的Leuven。英博的前身可以追溯到1366年的比利时啤酒厂,经过1987年一次合并后改名英特布鲁(Interbrew)。2001年8月,英特布鲁从德国啤酒公司Brauerei&Co.手中收购了著名的德国贝克啤酒,而2004年3月和巴西美洲饮料集团(Ambev)合并,后改名英博,终于甩掉老牌啤酒商AB、SAB、喜力而成为全球最大的啤酒集团。今天英博啤酒集团已经成为中国最大的啤酒生产商之一。英博集团旗下的众多本土啤酒品牌中有双鹿、雪津、金龙泉、KK、红石梁、白沙、金陵、绿兰莎、三泰等。珠江啤酒是英博唯一一家不控股的合资公司。

SABMiller由南非SAB公司和美国Miller公司合并而成,总部设在英国伦敦。在2002年5月30日南非酿酒公司(SAB)与美国菲利普·莫里斯公司达成一项协议,收购菲利普·莫里斯旗下的米勒酿酒公司(Miller Brewing),从而一跃成为仅次于百威啤酒生产商安霍塞·布希公司(Anheuser Busch)的世界第二大酿酒企业。排在喜力公司(Heineken)之前。

(二)啤酒的饮用与服务

1.饮用温度。一般啤酒最佳饮用温度是8~11℃,专家们通过实验和测试,确定了不同环境温度中,与之相适应的最佳啤酒饮用温度。

环境温度	15℃	25℃	35℃
啤酒温度	10℃～15℃	10℃	6℃

2.杯具。用于啤酒饮用的杯具式样较多,桶装生啤酒用半升至一升容量的带把扎啤酒杯。杯具须绝对干净,油是啤酒泡沫的大敌,有油的杯具应格外注意清洁。

3.啤酒倒入杯中要有一定的泡沫,大口快饮。

4.开瓶后的啤酒寿命很短,当啤酒和空气接触后会很快发生氧化反应而使啤酒风味变差甚至变质,因此要求随喝随开。

5.啤酒的保管。啤酒是一种娇贵易坏的饮品,稳定性差。保管不当,其质量将受到影响。保管中应注意以下几点:

(1)保管温度:生鲜啤酒应严格控制在10℃以下,最适宜温度不超过8℃;熟啤酒应控制在10～20℃。温度较高或较低(低于5℃),都会引起啤酒浑浊,温度为－1.5℃时啤酒开始冻结。

(2)保质期:啤酒保存时间一长,就易出现浑浊、变质等现象,因此一定要注意生产日期和保质期,同时还须注意保管条件,以免酒质提前变坏。为防啤酒过期,酒要合理堆放,先进先出。

(3)日光照射是诱发啤酒营养物质变化的一个重要因素,光照下啤酒会产生一种令人不快的"日光臭"。因此,除用透光率较低的棕色瓶外,啤酒还须放置在无阳光照射的阴凉地带,并保持干燥通风。

(4)轻拿轻放,避免震荡,以防浑浊和爆瓶。

第六章

蒸 馏 酒

蒸馏酒在生产时用蒸馏器来提高酒度。蒸馏过程中,在蒸馏初期截取出的酒精度较高的酒—水化合物叫酒头 (initial distillate);在蒸馏后期截取出的酒精度较低的酒—水化合物叫酒尾 (last distillate);在蒸酒时,截取酒头和酒尾的操作叫掐头去尾 (cutting-out both end of the distillate)。

蒸馏酒酒度高,对人刺激性很大,几乎不含营养物质,营养价值很低。世界著名的蒸馏酒品有中国白酒、白兰地、威士忌、杜松子酒、伏特加、朗姆酒、特吉拉等。

帝亚吉欧 (Diageo)是全球第一大烈酒集团,横跨蒸馏酒、葡萄酒和啤酒三大顶级酒类市场。它最初只是苏格兰 Walker 家族开办的作坊,1920 年,其主打产品尊尼获加 (JohnnieWalker)就已向全球 120 个国家出口;1925 年,世界三大威士忌品牌 Walkers、Dewar、Buchanans 组成 Distillers 有限公司;1986 年,酿酒业巨头健力士 (Guinness)收购 Distillers,将其更名为 United Distillers 公司。1997 年,Guinness 与 GrandMet 合并,组成现在的帝亚吉欧集团。后帝亚吉欧又收购了加拿大施格兰 (Seagram Sprits)及英国 Allied Domecq 的部分品牌。同时,帝亚吉欧还拥有法国香槟酒和白兰地大厂酩悦轩尼诗 (Moet Hennessy SA)34% 的股份。通过一系列并购,帝亚吉欧旗下已经拥有众多世界顶级烈酒等品牌,旗下品牌包括世界第一的伏特加皇冠 (Smirnoff)、世界第一及第二的苏格兰威士忌尊尼获加 (Johnnie Walker)和珍宝 (J&B),世界第一的利口酒百利甜酒 (Baileys)、世界第二的朗姆酒摩根船长 (Captain Morgan)、世界第一的黑啤健力士 (Guinness)等。

"保乐力加" (Pernod Ricard)是世界第二大烈酒集团,保乐力加集团由法国两家最大的酒类公司保乐公司(成立于 1805 年)和力加公司(成立于 1932 年)于 1975 年合并而成。2005 年 7 月,全球第三大烈酒集团法国保乐力加集团联合美国 Fortune

Brands,宣布合作收购了全球第二大烈性酒公司英国 Allied Domecq,并购后成立新的 Pernod Ricard(保乐力加集团)。保乐力加也是通过并购拥有了全球销售量最大的前 100 个烈酒品牌中的 20 多个,包括马爹利、芝华士、力加、百龄坛、甘露、马利宝、必发达、哈瓦那俱乐部等名牌。

第一节　中国白酒

中国白酒(Chinese spirits),是以粮谷为主要原料,用大曲、小曲或麸曲及酒母等为糖化发酵剂,经蒸煮、糖化、发酵、蒸馏而制成的饮料酒。[1] 以前叫烧酒、高粱酒,新中国成立后统称白酒、白干。白酒就是无色的意思,白干就是不掺水的意思,烧酒就是将经过发酵的原料入甑加热蒸馏出的酒。

在中国,虽然粮谷酿造酒历史久远,而且曲药的历史也很长,但由于白酒酿制需要蒸馏技术,因此其历史相对较晚。对中国白酒的起源,大致有四种说法。

1. 起源于元朝。明代医药学家李时珍(1518—1593 年)在《本草纲目》中所写:"烧酒非古法也,自元时始创,其法用浓酒和糟入甑,蒸令气上,用器承取滴露,凡酸败之酒皆可蒸烧。近时惟以糯米或粳米,或黍或秫,或大麦,蒸熟,和曲酿瓮中十日,以甑蒸取,其清如水,味极浓烈,盖酒露也。"这段话,除说明我国烧酒创始于元代之外,还简略记述了烧酒的酿造蒸馏方法。入选 2002 年十大考古新发现的江西李度无形堂元代烧酒作坊遗址[2]用实物印证了李时珍的记载。

2. 起源于唐朝。在唐代文献中,烧酒、蒸酒之名已有出现。如唐诗"自到成都烧酒熟,不思身更入长安"等。

3. 起源于南宋。1975 年,河北青龙县出土了一套年代不晚于 1161—1189 年的铜制烧酒锅。

4. 起源于北宋。依据是《宋史·食货志》中提到"大酒"。

中国白酒饮用时用小酒杯,且多配以菜肴。白酒也可用于烹调。

一、白酒的原料和成分

(一)白酒的原料

1. 含淀粉或糖质的原料

含淀粉或糖质的原料主要有谷物、薯类、代用原料等,其中以高粱最为适宜。用薯类(包括白薯或薯干、马铃薯等)为原料的白酒要特别注意甲醇含量。

---

[1] 《白酒工业术语》GB/T 15109—2008.

[2] 新华网 http://www.sina.com.cn. 2003 年 10 月 14 日.

高粱（orghum，kaoliang，milo），亦称红粮、小蜀黍（shǔshǔ）、红棒子。禾本科草本植物栽培高粱作物的果实。籽粒有红、黄、白等颜色，呈扁卵圆形。按其粒质分为糯性高粱和非糯性高粱。

小麦（wheat），禾本科草本植物栽培小麦的果实。呈卵形或长椭圆形、腹面有深纵沟。按照小麦播种季节的不同分为春小麦和冬小麦；按小麦籽粒的粒质和皮色分为硬质白小麦、软质白小麦、硬质红小麦、软质红小麦。

玉米（maize，corn），亦称玉蜀黍（shǔshǔ）、大蜀黍、棒子、包谷、包米、珍珠米。禾本科草本植物栽培玉米的果实。籽粒形状有马齿形、三角形、近圆形、扁圆形等。种皮颜色主要为黄色和白色。按其粒形、粒质分为马齿形、半马齿形、硬粒形、爆裂型等类型。

大米（milled rice，white rice，rice），稻谷经脱壳碾去皮层所得的成品粮的统称，可分为籼米、粳米和糯米，糯米又分为籼糯米和粳糯米。

2.辅料

采用固态发酵时，为了给发酵和蒸馏创造有利条件，需加稻壳、谷糠、高粱壳等辅料。

3.酒曲

酒曲是以淀粉和蛋白质等为主要原料的天然培养基，富集多种微生物及生物酶，用于酿酒的糖化和发酵的制剂。酒曲是白酒生产的动力，俗语道"酒曲是酒的骨头"。主要有：

大曲：用小麦或大麦、豌豆等原料经自然发酵制成。一般为砖形的块状物。大曲酿制的白酒，香味浓厚，质量较高，但用曲量大，耗粮多，出酒率低，生产周期较长。

小曲：因曲胚形小而得名，以大米等原料制成，多为较小的圆球、方块、饼状，部分小曲在制曲时加入了中草药，故又称药曲或酒药。酿制的酒，一般香味较淡薄，属米香型，大多采用半固态发酵法，用曲量少，出酒率高。

麸曲：以麦麸为原料，采用纯种微生物接种制备的一类糖化剂或发酵剂。用麸皮、酒糟制成的散状曲，不需要用粮食，生产周期又短，故又名快曲。其有节约粮食、出酒率高、生产周期短，适用于多种原料酿酒，能机械化生产等优点。缺点是酒的风味一般，不及大曲酒。

4.酒母

纯种酵母扩大培养后称酒母。

5.酿制用水

"名酒所在，必有佳泉"，水质的好坏直接影响酒的质量和产量。人们把水比喻为"酒的血液"。酿制用水，最好选用自山中泉水，远离城镇上游河水，河道较宽、洁净的河心水或湖心水，以及干净的井水。

（二）白酒的成分

白酒的主要成分是乙醇和水，两者约占总量的98％以上。在酒度为53度时，乙醇与水相互结合最为紧密。其余的微量成分含量不到2％，其中包括有机酸、酯类、高级醇、多元醇、酚类及其他族化合物。白酒中的微量成分虽然含量极少，但对白酒质量却有极大影响，决定白酒的香气和口味，构成白酒的不同香型和风格。

酸：是白酒中的重要呈味物质，主要是乙酸。含酸量小的酒，酒味寡淡，后味短；含酸量大的酒，则酒味粗糙。适量的酸在酒中能起到缓冲的作用，可消除饮后上头和口味不谐调等现象。酸还能促进酒质的甜味感，但过酸的酒甜味减少，也影响口味。

酯：是白酒中最主要的香气组分，在微量成分中其数量也最多、影响最大。乙酸乙酯及乳酸乙酯是我国白酒的重要酯分。此外，酚类化合物也给白酒以特殊的香气。

多元醇：在白酒中呈甜味。白酒中的多元醇类，以甘露醇（即己六醇）的甜味最浓。多元醇在酒内可起缓冲作用，使白酒更加丰满醇厚。多元醇是酒醅内酵母酒精发酵的副产物。

白酒中还有一些有害物质，是需要严格控制其含量的。有害物主要有：

农药残留：酿酒所用原料，如谷物和薯类作物等，在生长过程中如过多地施用农药，毒物会残留在种子或块根中。用这种原料制酒，农药就被带入酒中，饮用后会影响健康。

高级醇：在水溶液里呈现油状物，所以又叫杂醇油，是白酒的重要成分之一。从卫生角度来看，它是一种有害物质，含量过高，对人体有害，能使神经系统充血，使人头痛、头晕。喝酒上头主要是杂醇油的作用。它在人体内氧化慢，停留时间长，容易引起恶醉。

醛类：主要是在白酒的生产发酵过程中产生的。它有较大的刺激性和辛辣味。醛类中甲醛的毒性最大，饮含量10克的甲醛即可使人致死。其次是乙醛和糠醛。乙醛是极易挥发的无色液体，能溶于酒精和水中。在蒸酒时，酒头含量最多，经过贮存，会逐渐挥发一些。人们经常喝乙醛含量高的酒，容易产生酒瘾。乙醛毒性相当于乙醇的83倍。

甲醇：是一种有麻醉性的无色液体，密度0.791，沸点64.70℃，能无限地溶于水和酒精中。它有酒精味，也有刺鼻的气味，毒性很大，对人体健康有害，过量饮用，会头晕、头痛、耳鸣、视力模糊。10毫升甲醇可引起严重中毒，眼睛失明；急性者可出现恶心、胃痛、呼吸困难、昏迷，甚至危及生命。

铅：主要来自酿酒设备、盛酒容器、销售酒具。铅对人体危害极大，它能在人体积蓄而引起慢性中毒，其症状为头痛、头晕、记忆力减退、手握力减弱、睡眠不好、贫血等。

二、白酒的分类

（一）按糖化发酵剂分类

1. 大曲酒（Daqu spirits）：以大曲为糖化发酵剂酿制而成的白酒。

2. 小曲酒（Xiaoqu spirits）：以小曲为糖化发酵剂酿制而成的白酒。

3. 麸曲酒（Fuqu spirits）：以麸曲为糖化剂，加酒母（酿酒干酵母）为发酵剂，或以麸曲为糖化发酵剂酿制而成的白酒。

4. 混合曲酒（mixed koji soirits）：以大曲、小曲或麸曲等糖化发酵剂酿制而成的白酒。

（二）按生产工艺分类

1. 固态法白酒（Chinese spirits by traditional fermentation）：以粮食为原料，采用固态（或半固态）糖化、发酵、蒸馏，经陈酿、勾兑而成，未添加食用酒精及非白酒发酵产生的呈香呈味物质，具有本品固有风格特征的白酒。

2. 液态法白酒（Chinese spirits by liquid fermentation）：以含淀粉、糖类的物质为原料，采用液态糖化、发酵、蒸馏所得的基酒（或食用酒精），可用香醅串香或用食品添加剂调味调香，勾调而成的白酒。

3. 固液法白酒（Chinese spirits made from tradition and liquid fermentation）：以固态法白酒（不低于 30％）、液态法白酒勾调而成的白酒。[1]

（三）按香型分类

1. 浓香型白酒（strong flavour Chinese spirits）：以粮谷为原料，经传统固态法发酵、蒸馏、陈酿、勾兑而成，未添加食用酒精及非白酒发酵产生的呈香呈味物质，具有以己酸乙酯为主体复合香的白酒。又称泸型白酒。[2]

浓香型白酒以四川泸州老窖特曲及五粮液为代表。其特点是：窖香浓郁，清冽甘爽，绵柔醇厚，香味协调，尾净余长。可以概括为"香、醇、浓、绵、甜、净"六个字。浓香型白酒的种类是丰富多彩的，有的是柔香，有的是暴香，有的是落口团，有的是落口散，但其共性是：香要浓郁，入口要绵并要甜（有"无甜不成泸"的说法），进口、落口后味都应甜（不应是糖的甜），不应出现明显的苦味。

2. 酱香型白酒（jiang flavour Chinese spirits）：以粮谷为原料，经传统固态法发酵、蒸馏、陈酿、勾兑而成，未添加食用酒精及非白酒发酵产生的呈香呈味物质，具有其特征风格的白酒。又称茅型白酒。[3]

---

[1] 《白酒工业术语》GB/T 15109－2008.

[2] 《白酒工业术语》GB/T 15109－2008.

[3] 《白酒工业术语》GB/T 15109－2008.

酱香型白酒以贵州茅台酒为代表。其特点是:酱香突出,幽雅细致,酒体醇厚,回味悠长,空杯留香。

3. 清香型白酒(mild-flavour Chinese spirits):以粮谷为原料,经传统固态法发酵、蒸馏、陈酿、勾兑而成,未添加食用酒精及非白酒发酵产生的呈香呈味物质,具有以乙酸乙酯为主体复合香的白酒。又称汾型白酒。[①]

清香型白酒以山西汾酒为代表。清香型白酒的特点是:清香纯正,醇甜柔和,自然协调,余味爽净。它入口绵,落口甜,香气清正。可以概括为:清、正、甜、净、长五个字,清字当头,净字到底。

4. 米香型白酒(rice flavour Chinese spirits):以大米为原料,经传统固态法发酵、蒸馏、陈酿、勾兑而成,未添加食用酒精及非白酒发酵产生的呈香呈味物质,具有以乳酸乙酯、β-苯乙醇为主体复合香的白酒。[②]

米香型白酒亦称蜜香型,以桂林象山牌三花酒为代表。小曲香型酒一般以大米为原料。特点是:蜜香清雅纯正,入口柔绵,落口甘冽,回味怡畅。

5. 其他香型白酒:此类酒大都是工艺独特,大小曲都用,发酵时间长。凡不属上述四类香型的白酒(兼有两种香型或两种以上香型的酒)均可归于此类。如药香型(贵州遵义董酒为代表)、浓酱兼香型(湖北松滋白云边、新郎酒为代表)、凤香型(陕西凤翔西凤酒为代表)、特型(江西樟树四特酒为代表)、豉香型(广东佛山玉冰烧为代表)、芝麻香型(山东景芝白干为代表)、老白干香型白酒(衡水老白干为代表)。

浓酱兼香型白酒(Nongjiang-flavour Chinese spirits)是新中国成立后,研发成功的一种新香型白酒。以粮谷为原料,经传统固态法发酵、蒸馏、陈酿、勾兑而成,未添加食用酒精及非白酒发酵产生的呈香呈味物质,具有浓香兼酱香独特风格的白酒。

凤香型白酒(Feng-flavour Chinese spirits)以粮谷为原料,经传统固态法发酵、蒸馏、陈酿、勾兑而成,未添加食用酒精及非白酒发酵产生的呈香呈味物质,具有乙酸乙酯和己酸乙酯为主的复合香气的白酒。又称凤型白酒。

特香型白酒(Te-flavour Chinese spirits)以大米为主要原料,经传统固态法发酵、蒸馏、陈酿、勾兑而成,未添加食用酒精及非白酒发酵产生的呈香呈味物质,具有特香型风格的白酒。

豉香型白酒(Chi-flavour Chinese spirits)以大米为原料,经蒸煮,用大酒饼作为主要糖化发酵剂,采用边糖化边发酵的工艺,釜式蒸馏、陈肉酝浸勾兑而成,未添加食用酒精及非白酒发酵产生的呈香呈味物质,具有豉香特点的白酒。

芝麻香型白酒(Zhima-flavour Chinese spirits)以高粱、小麦(麸皮)等为原料,经传

---

① 《白酒工业术语》GB/T 15109—2008.
② 《白酒工业术语》GB/T 15109—2008.

统固态法发酵、蒸馏、陈酿、勾兑而成,未添加食用酒精及非白酒发酵产生的呈香呈味物质,具有芝麻香型风格的白酒。

老白干香型白酒(Laobaigan-flavour Chinese spirits)以粮谷为原料,经传统固态法发酵、蒸馏、陈酿、勾兑而成,未添加食用酒精及非白酒发酵产生的呈香呈味物质,具有以乳酸乙酯、乙酸乙酯为主体复合香的白酒。

（四）其他分类法

1. 按使用的主要原料分类

可分为粮食酒(如高粱酒、玉米酒、大米酒等)、瓜干酒(有的地区称红薯酒、白薯酒)、代用原料酒(如粉渣酒、豆腐渣酒、高粱糠酒、米糠酒等)。

2. 按酒精含量分类

可分为高度酒(酒精度大于等于 $41\%\sim68\%$ vol)、低度酒(酒精度$25\%\sim40\%$ vol)。

3. 按产品档次分类

按产品档次可分为高档酒、中档酒、低档酒。按产品等级一般分为优级、一级等。

三、白酒的质量

白酒的感官质量,对色泽与外观要求一般为无色或微黄,清亮透明,无悬浮物,无沉淀;香气与口味上不同香型白酒要求不同,在风格上优级品应具有本品突出的风格。

1. 浓香型白酒感官质量

在国家标准《浓香型白酒》[1]中,其感官质量要求如下:

色泽和外观:无色或微黄,清亮透明,无悬浮物,无沉淀(当酒的温度低于 10℃ 时,允许出现白色絮状沉淀物质或失光,10℃ 以上时应逐渐恢复正常)。

香气:高度优级酒具有浓郁己酸乙酯为主体复合香气;高度一级酒与低度优级酒具有较浓郁己酸乙酯为主体复合香气;低度一级酒具有己酸乙酯为主体复合香气。

口味:高度优级酒酒体醇和谐调,绵甜爽净,余味悠长;高度一级酒与低度优级酒酒体醇和谐调,绵甜爽净;余味较长低度一级酒酒体较醇和谐调,绵甜爽净。

风格:优级酒应具有本品典型的风格;一级酒应具有本品明显的风格。

2. 清香型白酒感官质量

在国家标准《清香型白酒》[2]中,其感官质量要求如下:

色泽和外观:无色或微黄,清亮透明,无悬浮物,无沉淀(当酒的温度低于 10℃ 时,允许出现白色絮状沉淀物质或失光,10℃ 以上时应逐渐恢复正常)。

香气:高度优级酒清香纯正,具有乙酸乙酯为主体优雅、谐调的复合香气;高度一级

[1] GB/T 10781.1—2006.
[2] GB/T 10781.2—2006.

酒清香纯正,具有乙酸乙酯为主体的复合香气;低度优级酒清香纯正,具有乙酸乙酯为主体清雅、谐调的复合香气;低度一级酒清香纯正,具有乙酸乙酯为主体的香气。

口味:高度优级酒酒体柔和谐调,绵甜爽净,余味悠长;高度、低度一级酒酒体较柔和谐调,绵甜爽净,有余味;低度优级酒酒体柔和谐调,绵甜爽净,余味较长。

风格:优级酒应具有本品典型的风格;一级酒应具有本品明显的风格。

3. 米香型白酒感官质量

在国家标准《米香型白酒》[①]中,其感官质量要求如下:

色泽和外观:无色或微黄,清亮透明,无悬浮物,无沉淀(当酒的温度低于 10℃时,允许出现白色絮状沉淀物质或失光,10℃以上时应逐渐恢复正常)。

香气:优级酒米香纯正,清雅;一级酒米香纯正。

口味:高度优级酒酒体醇和,绵甜,爽冽,回味怡畅;高度一级酒酒体较醇和,绵甜,爽冽,回味较畅;低度优级酒酒体醇和,绵甜,爽冽,回味较怡畅;一级酒酒体较醇和,绵甜,爽冽,有回味。

风格:优级酒应具有本品典型的风格;一级酒应具有本品明显的风格。

四、白酒名品

(一)茅台酒

茅台酒由中国贵州茅台酒厂(集团)有限责任公司生产。因产于黔北赤水河畔的茅台镇而得名,是我国大曲酱香型酒的鼻祖,深受世人的喜爱,被誉为国酒、礼品酒、外交酒。其酒质晶亮透明,微有黄色,它具有酱香突出、幽雅细腻、酒体醇厚丰满、回味悠长、空杯留香持久的特点。其优秀品质和独特风格是其他白酒无法比拟的。茅台酒质量与其产地密切相关,这是茅台酒不可克隆的主要原因,也是茅台酒区别于中国其他白酒的关键之一。茅台酒产地茅台镇地处贵州高原最低点的河谷,海拔仅 440 米,气候温暖,雨量充沛,终年无雪,风速小,十分有利于酿造茅台酒微生物的栖息和繁殖。茅台镇独特的地理地貌、优良的水质(赤水河水)、特殊的土壤(朱砂土)及亚热带气候是茅台酒酿造的天然屏障,一定程度上也可说茅台是大自然之杰作。20 世纪六七十年代全国有关专家曾用茅台酒工艺及原料、窖泥,乃至工人、技术人员进行异地生产,所出产品均不能达到异曲同工之妙。充分证明了茅台酒是与产地密不可分的及茅台酒的不可克隆性,为此茅台酒 2001 年成为我国白酒首个被国家纳入原产地域保护产品。茅台酒生产所用高粱为主要产于贵州仁怀境内及相邻川南地区的糯性高粱,当地俗称红缨子高粱。此高粱颗粒坚实、饱满、均匀,粒小皮厚,支链淀粉含量达 88% 以上,其截面呈玻璃质地状。茅台酒工艺十分独特,基酒生产周期长达一年,可概括为二次投料、九次蒸馏、八次

---

① GB/T 10781.3—2006.

发酵、七次取酒,历经春、夏、秋、冬一年时间。一般需要长达三年以上贮存才能勾兑,它不允许也不可添加任何香气、香味物质,53°贵州茅台酒连水也不允许添加。茅台酒在新中国成立前有"华茅"(成义酒房的"双德牌")、"赖茅"(荣和酒房的"麦穗牌")、"王茅"(恒实酒房的"山鹰牌")。新中国成立后合并为茅台酒厂。商标在 1952 年统改为"工农牌",1954 年后分为内销和外销两种商标,内销为"金轮牌"(又名"工农牌"),外销为"飞仙牌"。文化大革命时期曾一度改为"葵花牌",旋又恢复"金轮牌"、"飞仙牌"。

根据国家标准《地理标志产品 贵州茅台酒》[1],贵州茅台酒是以优质高粱、小麦、水为原料,并在贵州省仁怀市茅台镇的特定地域范围内按贵州茅台酒传统工艺生产的酒。并规定"陈年贵州茅台酒"酒龄不低于 15 年。

(二)五粮液

五粮液由四川宜宾五粮液集团有限公司生产。宜宾古为戎州、叙州,酿酒历史悠久。据宜宾地区出土汉墓遗物中,有许多陶制和青铜制的酒器,说明早在汉代就已盛行酿酒和饮酒的风俗。宋代酿有"荔枝绿"、"绿荔枝"名酒,明代酿有"咂嘛酒"。清代的"杂粮酒",系由"荔枝绿"、"咂嘛酒"脱颖发展成的"烧酒",是用高粱、粳米、糯米、玉米、荞麦五种谷物酿成。1929 年宜宾县前清举人杨惠泉爱其酒质优点,而鄙其名称,更名为"五粮液"。现五粮液的酿造原料为高粱、糯米、大米、小麦和玉米五种粮食。糖化发酵剂则以纯小麦制曲,有一套特殊制曲法,制成"包包曲",酿造时,须用陈曲。用水取自岷江江心,水质清洌优良。发酵窖是陈年老窖,有的窖是明代遗留下来的。五粮液酒无色,清澈透明,香气悠久,味醇厚,入口甘绵,入喉净爽,各味谐调,恰到好处。饮后无刺激感,不上头。属浓香型大曲酒中出类拔萃之佳品。

根据国家标准《地理标志产品 五粮液酒》[2],五粮液酒是在宜宾市地理标志产品保护范围内,以精选的高粱、糯米、大米、小麦、玉米五种粮食和水为原料,用传统的"包包曲"作为大曲,以具有 600 多年和经 600 多年优质窖泥演化的窖池群及千年以上的传统生产工艺,在封窖泥封闭的窖池里,固态自然发酵、蒸馏,运用筛选组合而成的浓香型白酒。在国标中还规定了"五粮液年份酒"。

(三)泸州老窖特曲

泸州老窖特曲由泸州老窖集团有限责任公司生产。据《宋史》载泸州等地酿有小酒和大酒,"自春至秋,酤成即鬻,谓之小酒。腊酿蒸鬻,侯夏而出,谓之大酒。"大酒系烧酒。此酒无色透明,窖香浓郁,清洌甘爽,饮后尤香,回味悠长。具有浓香、醇和、味甜、回味长的四大特色。

1996 年,国务院将泸州老窖股份有限公司拥有的泸州明代酿酒窖池列为国家级重

---

[1] GB/T 18356−2007.
[2] GB/T 22211−2008.

点文物予以保护。国窖始建于公元 1573 年,具体查明的连续使用窖龄为 430 多年。泸州老窖形象产品"国窖 1573"由此命名。

我国已发布国家标准《地理标志产品　泸州老窖特曲酒》(GB/T 22045－2008)、《地理标志产品 国窖 1573 白酒》(GB/T 22041－2008)。

(四)汾　酒

汾酒由山西省杏花村汾酒集团公司生产。古井亭牌、长城牌、汾牌、老白汾牌汾酒均是山西省汾阳县杏花村汾酒厂的产品。汾阳古称汾州,南北朝时产有"汾清"酒。唐代杜牧《清明》诗"清明时节雨纷纷,路上行人欲断魂。借问酒家何处有? 牧童遥指杏花村。"使杏花村家喻户晓。该村用于酿酒的古井至今犹存。汾酒以晋中平原所产的"一把抓"高粱为原料,用大麦、豌豆制成的"青茬曲"为糖化发酵剂,取古井和深井的优质水为酿造用水。汾酒酒液无色透明,清香雅郁,入口醇厚绵柔而甘冽,余味清爽,回味悠长。汾酒纯净、雅郁之清香为我国清香型白酒之典型代表,故人们又将这一香型俗称"汾香型"。

(五)剑南春

剑南春牌剑南春酒是四川剑南春集团有限责任公司生产。据李肇《唐国史补》载,唐代开元至长庆年间,酿有"剑南之烧春"名酒。此酒以高粱、大米、糯米、玉米、小麦为原料,小麦制大曲为糖化发酵剂。剑南春酒质无色,清澈透明,芳香浓郁,酒味醇厚,醇和回甜,酒体丰满,香味协调,恰到好处,清冽净爽,余香悠长。属浓香型大曲酒。

(六)古井贡酒

古井贡酒由安徽古井集团有限公司生产。亳州曾称亳县,古称谯陵、谯城,是曹操、华佗的故乡。据《魏武集》载:曹操向汉献帝上表献过"九酝酒法",说:"臣县故令南阳郭芝,有九酝春酒……今仅上献。""贡酒"因而得名。据《亳州志》载:现在酿酒取水用的古井,是南北朝梁代大通四年(公元 532 年)的遗迹,井水清澈透明,甘甜爽口,以其酿酒尤佳,故名"古井贡酒"。古井贡酒以本地优质高粱作原料,以大麦、小麦、豌豆制曲,沿用陈年老发酵池,继承了混蒸、连续发酵工艺,并运用现代酿酒方法,加以改进,博采众长,形成自己的独特工艺,酿出了风格独特的古井贡酒。古井贡酒酒液清澈如水晶,香醇如幽兰,酒味醇和,浓郁甘润,黏稠挂杯,余香悠长,经久不绝。

我国已发布国家标准《地理标志产品 古井贡酒》(GB/T19327－2007)。

(七)洋河大曲(Yanghe Daqu liquor)

洋河大曲由江苏洋河酒厂股份有限公司生产。产于江苏省宿迁市宿城区洋河镇(原江苏省泗阳县洋河镇),洋河大曲以产地而得名,属浓香型大曲酒,可以考证的历史有 400 余年。以优质高粱为原料,以小麦、大麦、豌豆制成的高温火曲为发酵剂,辅以闻名遐迩的美人泉水精工酿制而成。沿用传统工艺"老五甑续渣法",同时采用"人工培养老窖,低温缓慢发酵"、"中途回沙,慢火蒸馏"、"分等贮存、精心勾兑"等新工艺和新技术。洋河大曲酒具有色、香、鲜、浓、醇五种独特的风格,以其"入口甜、落口绵、酒性软、尾爽净、回味香"的特点。

我国已发布国家标准《地理标志产品 洋河大曲酒》(GB/T 22046—2008)。

第二节 白 兰 地

白兰地是英文"brandy"的音译,"Brandy"一词源自荷兰语"Brandwijn",意思是"燃烧的葡萄酒"。白兰地,法语为"eau-de-vie",意思是"生命之水"。白兰地的问世,应始于治病和方便运输、防止葡萄酒变质的目的,但究竟起源于何时,却无从得知。

按国际惯例,白兰地是以葡萄为原料的蒸馏酒。以其他水果为原料的蒸馏酒,称呼时应冠以水果名,如苹果白兰地。

一、白兰地的定义

以葡萄为原料的白兰地,按生产方法的不同,还可以分为葡萄原汁白兰地、葡萄渣白兰地以及配置酒型白兰地。葡萄原汁白兰地采用原汁葡萄酒蒸馏而成,陈酿后可成为世界上最好的白兰地。用发酵后的葡萄皮渣蒸馏而成的白兰地,称为葡萄渣白兰地。葡萄渣白兰地甲醇含量较高。配置酒型白兰地是用甘蔗或甜菜的糖蜜发酵、蒸馏制得的酒精,与葡萄原汁白兰地、葡萄渣白兰地混合勾兑而成的白兰地。因此,在不同的国家,白兰地具有不同的含义。

在英联邦国家,作为进入市场销售的白兰地,必须是采用新鲜的葡萄汁,不加糖或酒精,发酵蒸馏所得,并且要求至少3年以上的陈酿。

在法国,白兰地产品有干邑、雅邑、葡萄渣白兰地、法国白兰地、水果白兰地等,其中干邑和雅邑是世界上享有盛誉的葡萄原汁白兰地,但这两种产品不以白兰地命名,而以产地命名;葡萄渣白兰地称为"Marc"(对葡萄渣白兰地,不同国家称呼不同,如意大利称Grappa,德国称Trester);法国没有一个法定的白兰地定义,所谓的"法国白兰地"是根据各国法律对白兰地产品的相关规定来选用原料酒精调配成的,这种法国白兰地主要是对外出口,法国人很少饮用。类似法国这样用葡萄酒精与甜菜酒精调配勾兑成"法国白兰地"的国家还有奥地利、比利时、挪威、荷兰、日本等国。

在美国,白兰地既可表示较高档的葡萄原汁白兰地,又可表示低档的葡萄渣白兰地。

在我国,中华人民共和国国家标准《饮料酒分类》[①]中,白兰地的定义是:以新鲜水果或果汁为原料,经发酵、蒸馏、陈酿、调配而成的蒸馏酒;分为葡萄白兰地、水果白兰

---

① GB/T 17204—2008.

地、调配白兰地；葡萄白兰地简称白兰地，具体又分为葡萄原汁白兰地、葡萄皮渣白兰地；水果白兰地在白兰地名称中应冠以水果名。在国家标准《白兰地》[①]中白兰地的定义为：以葡萄为原料，经发酵、蒸馏、橡木桶陈酿、调配而成的蒸馏酒；按原料分为葡萄原汁白兰地、葡萄皮渣白兰地、调配白兰地。

二、干　邑

干邑（Cognac）是以地名为酒名的一种酒，"Cognac"本是处于法国西南部夏朗德省（Charente）的一个小镇，作为地名，中文译为"科涅克"等，但作为酒名，商场和酒吧都译为"干邑"。干邑是世界上最有名的白兰地，被称为"世界白兰地之王"。

干邑的生产或多或少带有一些偶然性。夏朗德有港口和航运水道，早在罗马时代，夏朗德的人们就掌握了葡萄栽培和海水提盐技术，到中世纪，荷兰、挪威和英国的商人就到夏朗德进行贸易活动。15 世纪之前夏朗德虽然一直是葡萄酒产区，它多白垩的土壤非常适合种植 Ugni blanc（白玉霓，又叫圣爱米利翁 St Emilion）、Folle Blanche（白福儿）、Colombard（哥伦巴）葡萄，但这些葡萄酿造的白葡萄酒酸度很高，不适宜长途的海上贩运。为了方便运输、防止葡萄酒变质，同时也为了降低出口税（当时的出口税按体积征收），大约在 16 世纪中叶，葡萄酒被煮沸浓缩。1701—1714 年，西班牙战争爆发封锁了运白兰地酒的路线，本来销往英国和荷兰的白兰地只好储藏在橡木桶中。等战争结束贸易恢复之后，人们惊异地发现，白兰地从浅白色变成晶莹透亮的琥珀色，味道也有了提高。

（一）干邑产区

1909 年 5 月 1 日，法国政府公布了一条关于法国名酒干邑的法令，用法律确定了干邑的产区，除确定的产区外，其他地区产的白兰地一律不得使用"Cognac"的称号。世界上，1951 年 10 月 30 日签订的里斯本条约同意保护"Cognac"的称号，因此许多国家在本国的法律上明确规定，禁止本国生产的白兰地使用"Cognac"的称号。

1936 年，法国政府正式将干邑酒的产区划分为七个，由于有两个产区质量特点相同，经常被合在一起，因此根据质量优劣划分的产区为六个：

大香槟区（Grande Champagne）

小香槟区（Petite Champagne）

边林区（Bodreries）

优质林区（Fins Bois）

良质林区（Bons Bois）

普通林区（Bois Ordinaires）：与 Bois Communs 产区合称

---

① 　GB 11856—2008.

最著名的产区是大香槟区和小香槟区。

（二）干邑生产

1.基本葡萄酒：用于蒸馏的葡萄酒酿制所用的葡萄品种约98%是 St Emilion（圣爱米利翁），但也准许用 Folle Blanche 和 Colambard，三个都是白葡萄，另外政府还准许另外几个品种作补充用，但用量须限制。产 Cognac 的葡萄总的要求有两个：一是酸度大，二是产酒精低；这是生产优品的关键因素之一。

2.基本葡萄酒用一定的蒸馏器（小型铜罐蒸馏器）经过两次蒸馏。

图 6.1　小香槟区蒸馏器

3.入橡木桶中陈年（ageing,亦叫成熟、成长、陈酿）：新得到的干邑要在一定的橡木桶（用产自 Troncais 森林的 Limousin 橡木）中陈年，新橡木桶装新酒，一年后，酒要放入略微陈旧的橡木桶中，最后再移放在一只较陈旧的大号橡木桶中。

酒在桶中陈年发生的变化主要有：

（1）酒液从新橡木中吸取颜色，使酒从浅白色变为美丽的琥珀色。

（2）氧气从木头的细孔进入酒中，与酒液发生作用，对酒香的形成等产生影响。

（3）桶中的溶解物、衍生物也对酒的老熟和酒香产生影响。

4.调兑（blending）：调兑由专门的调兑师来完成，其目的是为了生产风格一致的干邑，任何一种牌子都含有许多不同年龄和类型的白兰地，调兑时只能调兑一步，在两次调兑之间需间隔一段时间，以使不同的白兰地完全融合在一起。

5.装瓶：用蒸馏水来降低酒度。白兰地酒一旦装瓶，质量就不再发生变化，不像有的酒还要在瓶中继续成熟。

（三）干邑质量

白兰地的质量受土壤、气候、原料（葡萄）、设备、方法、陈年等的影响。

1. 酒标符号与品质的关系

（1）星号。星星记号起源于 1811 年时哈雷彗星的出现，最先发起的是 Hennessy 酒厂，该年科涅克葡萄空前大丰收，该年度标签上加注上了一颗星，此后每次丰收时，即在标签上增加一颗，最多达 5 颗。后来渐渐演变为三星分级标志。

（2）英文缩写。缩写字的含义如下：

V—Very（非常、充分）　　E—Eetra 或 Especial（特级）

O—Old（陈年）　　　　　　X—Extra（特醇）

P—Pale（浅色）　　　　　　S—Superior 或 Special（高级）

VSOP 意为：非常优质的陈年浅色白兰地

（3）酒龄。干邑是一种经过调兑的酒，把不同酒龄的酒混合在一起，因此装瓶后的酒中必然有一种是最年轻的，有一种是最老的，法国《国家干邑办公室》为了使国际上对法国名酒在酒龄方面有一个明确的界限，对调兑不同等级干邑用的最年轻的酒特别作了规定，如表 6-1 所示

表 6-1

代　号	酒　龄
三星	四年半以下
VO　VSOP	不低于四年半
Extra　Napoléon	不低于五年半

实际上，国外白兰地代理商对白兰地酒龄的要求均不相同，如对 VSOP 酒龄，美国要求两年就够了，英国要求三年就够了，而对三星，在美国一年酒龄就可投入市场。

商业宣传上讲白兰地与酒龄的关系一般如下：

＊＊＊：表示 5 年陈

VO：10～12 年陈

VSO：12～20 年陈

VSOP：20～30 年陈

Napoléon：40 年陈

XO：50 年陈

Extra：70 年的特陈

法国酒商流行一种说法，他们用女人的年龄来比喻酒的好坏，认为酒龄最好是 25～40 年。

2.质量和种类

干邑的质量特点为:色泽呈晶莹的琥珀色,清亮透明,口味非常精细,酒体优雅。与中国茅台酒类似,干邑的质量也可以通过空杯留香的程度来加以识别。

市场上干邑的种类主要有:

(1)极品干邑:是干邑中的顶级产品,数量少、包装精美,价格昂贵。一些酒厂生产此类干邑,如人头马公司的路易十三。

(2)精品干邑:有以下酒标符号的干邑质量卓越,享负盛名:

VVSOP(陈年浅色非常高级干邑)　　　　Cordon Blue(蓝带)

Vieille Réserve(特别陈酿)　　　　　　　Cordon Argent(银色的细带)

Grand Réserve(高级陈酿)　　　　　　　Paradis(天堂)

Napoléon(拿破仑)　　　　　　　　　　　Antique(古玩)

XO 和 Extra(特别陈年)

(3)VSOP:此类干邑至少要有 4 年半的酒龄。

(4)三星干邑:最年轻的只需要 18 个月的酒龄。

Fine Champagne:表示干邑是用大香槟区和小香槟区种植的葡萄酿制而成的,而且至少有 50% 的葡萄来自大香槟区。

(四)干邑名品

1.人头马(Remy Martin):Remy Martin 原本是一个厂商的名字,公司创立于 1724 年。酒标上以人头马身的希腊神话人物造型为标志,因此中文译为人头马。

图 6.2　路易十三

图 6.3　马爹利至尊

2.马爹利(Martell):Martell 原本也是一个厂商的名字,他于 1715 年来到法国的干邑,经营起白兰地。目前,该公司成了施格兰公司的一员。

3. 轩尼诗(Hennessy)：Hennessy 原本也是一个厂商的名字，此人原是为法国皇宫服务的爱尔兰籍军官，因厌倦了部队的生活而辞了职，但没有回爱尔兰原籍，而是寄居到了干邑。1765 年，他成立了一个商业公司，到他儿子这一代就改为以他儿子的名字命名的公司。

图 6.4　轩尼诗 XO　　　　　　　　图 6.5　轩尼诗 Paradis 干邑

4. 拿破仑(Courvoisier)：公司成立于 1790 年，产品皆以拿破仑立像为象征，因此我国一般把其产品译为"拿破仑"。

5. 其他干邑名品：卡慕(Camus)、长颈(FOV)、御鹿(Hine)、百事吉(Bisquit)、奥吉尔(Augier)、金像(Otard)、路易老爷(Louis Royer)、威来(Renault)等。

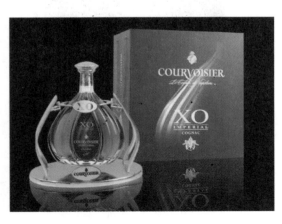

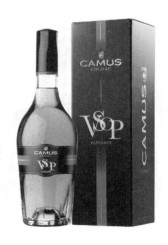

图 6.6　拿破仑干邑　　　　　　　　图 6.7　卡慕 VSOP

三、雅 邑

雅邑(Armagnac)本是地名,位于法国西南部,此区自古就以其优质白兰地享负盛名。有关它的第一次记载是在 1411 年,比干邑的出现约提前两个世纪,尽管与干邑采用的葡萄品种是一样的,但因气候、制作方法等不同,形成了不同的品质。雅邑生产时只蒸馏一次,新酒在黑橡木桶(橡木出自 Monlezun 森林中)陈年。橡木是黑色的要比浅色的成熟快。1909 年 5 月 25 日,法国政府正式批准了雅邑地区的原产地名称监制制度,从此雅邑生产的各个方面都受到监控,制度在 1936 年进行了修订,1972 年趋于完善。

好的雅邑颜色为深褐色,带有金色光泽,酒液中心发黑,酒香浓郁,回味悠长,其显著特点是风格稳健沉着(男性的风味)。

(一)雅邑产区

雅邑有三个产区:

1. Bas-Armagnac:是最大的产区,也是公认的最佳雅邑出产地,有 57％的白兰地酒产自此处,见图 6.8。

图 6.8 Bas-Armagnac

2. Tenareze:出产酒体轻盈、早期成熟的白兰地,有 40％的白兰地酒产自此处。

3. Haut-Armagnac:是最小的产区,有 3%的白兰地酒产自此处。

(二)酒标识认

1. 如果商标上有三个产区中的任何一个名字的话,那么这种白兰地一定来自那个产区;"Armagnac"一词仅仅说明是一种调兑品。

2. VS 或三星表示酒中酒龄最短的也已有 3 年;VO、VSOP 或 Réserve 表示酒中酒龄最短的也已有 5 年;Extra、Napoléon 或 Vieille Réserve 表示酒中酒龄最短的也已有 6 年;Hors d'age 表示酒中酒龄最短的也已有 10 年。

(三)雅邑名品

金堡(Chabot):从 16 世纪起就由 Chabot 家族开始生产,是最好的雅邑酒。

其他较有名的雅邑有:Saint-Vivant、Castagnon、Marquis de Montesquiou、Marquis de Caussade 等。

四、白兰地的其他名品和服务

(一)白兰地的其他名品

1. 西班牙

西班牙是世界上最大的白兰地生产国,也是最大的消费国。1987 年 8 月 6 日,西班牙政府成立了世界排名第三的白兰地产区(仅次于雅邑和干邑)。赫雷斯(Jerez)本以产些厘酒(Sherry)闻名,政府用法律规定"Brandy de Jerez"必须产自些厘酒产区,并对酒的生产进行了严格规定。大多数些厘酒商都销售白兰地。

西班牙白兰地柔和而芳香,有名的酒厂有:Sánchez-Romate(品牌名:Cardenal Mendoza)、Pedro Domecq(有两个有名品牌:Carlos I 和 Fundador,其中 Carlos I 1892 年首次生产)、osborne、Bobadilla(品牌名:Gran Capitán)、Díez-Mérito(品牌名:Gran Duque de Alba)、Garvey、González Byass(品牌名:Lepanto)、Fernando A. de Terry、Duff-Gordon、Sandeman、Torres 等。

2. 美国

美国 95%的白兰地产自加利福尼亚州。美国白兰地口味清淡,有名的酒厂有:Korbel(1889 年生产了第一批白兰地)、E. & J.(1968 年首次销售)、Paul Masson、Coronet、Carneros、Alambics、Assumption Abbey、Hiran Walker、Boilieux、Woodbury 等。

3. 意大利

意大利白兰地风味比较浓重,饮用时最好加冰或水。Stock Distillery 是意大利最大的白兰地酒厂,最著名的品牌是 Stock 84;Vecchia Romagna 一开始叫做 Buton。

4. 德国

德国 Hugo Asbach 于 1907 年首次生产 Asbach Uralt。

5. 希腊

希腊 Spyros Metaxa 于 1888 年成立了 Metaxa distillery。麦迪沙（Metaxa）有"古希腊猛将精力的源泉"之誉。

6. 中国

中华人民共和国《白兰地》国家标准①，白兰地产品分为特级（XO）、优级（VSOP）、一级（VO）、二级（VS）四个等级。

特级酒的感官要求是：外观澄清透明、晶亮，无悬浮物、无沉淀，色泽金黄色至赤金色，香气具有和谐的葡萄品种香，陈酿的橡木香，醇和的酒香，幽雅浓郁，口味醇和、甘冽、沁润、细腻、丰满、绵延，有独特的风格。

对酒龄的要求，特级（XO）是 6 年，优级（VSOP）是 4 年，一级（VO）是 3 年，二级（VS）是 2 年。

成立于 1892 年的烟台张裕葡萄酒公司最早在中国近代化生产白兰地。

除此以外，秘鲁和智利（Pisco Brandy，酒名来自秘鲁南部的一个港口名）、南非、葡萄牙、独联体等国也生产优质白兰地。

（二）白兰地的饮用和服务

1. 饮用时间：餐后饮用，也可作餐前酒。

2. 酒杯：白兰地杯，也可用郁金香型的高脚杯。

3. 每份量一般为 25 毫升。

4. 饮用方法：可净饮，也可兑饮，对陈酿多年的干邑，最好是净饮。

五、水果白兰地

水果白兰地（Fruit Brandy，法语为"Eaux de Vie"），亦称果子烈酒，是对水果浆汁进行发酵蒸馏生产得到的蒸馏酒。

水果白兰地饮用前最好加以冰镇，并用冰镇过的玻璃杯，酒杯要有足够的空间来旋转酒液，使其散发出酒香。

（一）苹果白兰地

苹果白兰地是用苹果汁（Cider）发酵蒸馏而成的。各国对其称呼各不相同，如 Calvados（法国）、Eau de Vie de Cider（法国南部）、Applejack（美国）、Batzi（瑞士）、Trebern（奥地利）等。

1. Calvados：是原产地名称监制酒，只有在法国西北诺曼底、布列塔尼和缅因中指定的酒区生产并达到质量标准的苹果白兰地才有权使用"Calvados"一词。否则只能称为 Eau de Vie de Cider 或 de Normandie、de Bretagne、de Maine。酒区的中心地带是

---

① GB 11856—2008.

Pays d'Auge,"Calvados du Pays d'Auge"表示是最佳的 Calvados,见图 6.9。

图 6.9　Calvados du Pays d'Auge

图 6.10　苹果白兰地

(1)酒标符号与酒龄的关系：三星表示酒龄至少为 2 年；Vieux 或 Réserve 表示酒龄至少为 3 年；VO 或 Vieille Réserve 表示酒龄至少为 4 年；VSOP 或 Grand Réserve 表示酒龄至少为 5 年；Extra、Napoléon、Hors d'age 或 age inconnu 表示酒龄至少为 6 年。

(2)名品有 Boulard、Busnel、Chevalier de Brevil、Guyot、Montgommery、Morice、Norois、Pere Magloire 等。

2. Applejack:以美国新泽西州 Laird's 酒厂产的为最佳。Laird's 酒厂是美国最古老的蒸馏酒厂之一,建于 1851 年。

(二)其他水果白兰地

1. 威廉斯梨白兰地:用称为 Williams 或 Bartlett 的梨蒸馏而成,在梨状酒瓶中放有一个完整的成熟的梨。名品有瑞士的 Poire Morand,法国的 Jacobet、Labet、Labeau 等。

2. 带核水果白兰地:如樱桃白兰地(如 Kirsch)、李子白兰地、榅桲白兰地、匈牙利杏白兰地、黑刺李白兰地等。

3. 软性水果白兰地:如黑莓白兰地、草莓白兰地、覆盆子(Framboise,德国和瑞士的一些地方叫 Himbeergeist)白兰地、冬青莓(Houx)白兰地、越橘(Myrtille)白兰地等。

第三节 威 士 忌

威士忌是英文"whisky"的音译,"Whisky"一词源自生活在爱尔兰和苏格兰高地的凯尔特(Celt)语"Usige beatha"(在苏格兰的称呼)或"Usige baugh"(在爱尔兰的称呼),意思是"生命之水"(aqua vitae,water of life)。不过至今尚不能得知到底哪个地区最先使用这个词,爱尔兰和苏格兰都认为自己最先使用。"Usige"发音"wlisky",由于发音太难,英语又将其进一步简化,变为现今的"whisky"(英国用)或"whiskey"(美国用)。

威士忌是以麦芽、谷物为原料,经糖化、发酵、蒸馏、在橡木桶中陈年,调配而成的酒度至少有 40 度的蒸馏酒,一般用焦糖调配酒的色泽。世界上许多国家都生产威士忌,但最著名的是苏格兰威士忌(Scotch whisky),其他著名的还有爱尔兰威士忌(Irish whiskey)、美国威士忌(American whiskey)和加拿大威士忌(Canadian whisky)。

一、苏格兰威士忌

据英国国库档案资料记载,苏格兰威士忌起源于 1494 年,其原料主要是大麦,并且不在橡木桶中陈年,口味并不好。1643 年,政府开始对烈性酒第一次征税,1644 年又提高税率。许多威士忌生产者为了逃税,到苏格兰高地深山老林里去密造私酒,燃料不足就用当地遍地都是的泥炭,容器不够就用些厘酒的空桶,一时卖不出去就储藏在山间小屋里。在约 200 年生产者与政府血腥味很浓的斗争中,风味卓绝的威士忌产生了。

(一)苏格兰威士忌的生产

1. 苏格兰威士忌产区

(1)高地(High-land)。在苏格兰中北部,是公认的最高级的麦芽威士忌产地,酒味醇厚,芳香的橡木味和浓烈的烟熏味平衡得极好。

(2)低地(Lowland)。在苏格兰南部,酒口感温和,较为清淡,大部分威士忌用来和高地麦芽威士忌进行调配。

（3）坎贝尔镇（Campbeltown）。在苏格兰西部，生产一种很不宜进行调配的带有浓烈的烟熏味的威士忌。

（4）艾莱岛（Islay）。也在苏格兰西部，生产的威士忌具有明显的个性，大多数经调配的威士忌中都含有少量此酒以提供特别的味道。

2.苏格兰威士忌特点

苏格兰威士忌色泽棕黄带红，清澈透明，气味焦香，带有烟熏味，风格独特。苏格兰威士忌具有应付赝品的独特质量，世界上其他任何地方都无法仿制，这不仅因为苏格兰气候独特，还归功于苏格兰的泉水及独特的生产方法。

苏格兰威士忌生产有以下几个特点：

（1）原料所用大麦一般用当地大麦，不够时从丹麦进口。大麦经浸泡后发芽，麦芽直接在泥炭上烘烤，因此苏格兰威士忌才带有烟熏味。不同麦芽厂产的麦芽味道均不相同。

（2）苏格兰柔和的泉水源于融雪，穿流过起到自然过滤作用的花岗岩和泥炭，水质软、杂质少，且极为清亮，纯度毫无问题，却仍然含有为威士忌增添特性的宝贵矿物质。

（3）酒在些厘酒桶或美洲橡木桶中陈年，最低法律要求是三年，但五年更可取。苏格兰潮湿、新鲜、温度变化不大的气候对酒在桶中成熟非常有利，从而生产出香味复杂的成熟威士忌。

（4）调配是一种艺术。调配者的能力和技艺在于他可以混合不同蒸馏者所生产的威士忌，英国人说他好比是乐队指挥在指挥一个乐队合奏一样。通过调配，威士忌获得一种"和谐"，可以保证质量的延续性。一种调配好的威士忌中可含有70多种的威士忌。具体如何调配，现在还是个秘密。用焦糖调色，用柔和的水降度，然后装瓶。有些爱好者认为威士忌在酒瓶中会进一步成熟。

苏格兰威士忌的高美誉度与其严谨的管理制度是密不可分的。现行的苏格兰威士忌的定义是1988年的苏格兰威士忌法案确定的。该法案规定，只有在苏格兰境内，由谷物、水和酵母酿造，且只能装在容量不超过700升的橡木桶中至少存放3年进行醇化的威士忌才能称为苏格兰威士忌。该法案还规定苏格兰威士忌装瓶后酒精度不得低于40度，每一种酒所标示的酒龄是指酒在橡木桶中醇化的最低年数。

（二）苏格兰威士忌的分类

苏格兰威士忌按原料和酿造方法的不同，分为三类：

1.纯麦威士忌（pure malt whisky）：因只含有用麦芽生产的威士忌，因此被称为纯麦威士忌或麦芽威士忌。由于原料全是在泥炭上烘烤过的麦芽，因此酒品烟熏味很重。国外的人难适应这么重的烟熏味，因此外销较少。单一麦芽威士忌（Single Malt Whisky）是指一家蒸馏厂生产的麦芽威士忌。

2.谷物威士忌(grain whisky):谷物通常用玉米,主要用来调配,没有烟熏味,很少出售。

3.混合威士忌(blended whisky):用纯麦威士忌和谷物威士忌调配而成。最早是在1853年开始在英国的爱丁堡销售。一般认为纯麦威士忌用量大者为高级混合威士忌(premium whisky)。

(三)苏格兰威士忌名品

1.纯麦威士忌的名品

(1)格兰菲迪(Glenfiddich):由威廉·格兰特父子有限公司出品,是苏格兰纯麦威士忌的典型代表。该酒厂于1887年在苏格兰高地创立,因蒸馏厂位于格兰菲迪河而得名。

图6.11 格兰菲迪苏格兰麦芽威士忌　　　图6.12 兰利菲苏格兰纯麦芽威士忌

(2)兰利菲(Glenlivet):生产该酒的酒厂于1824年在苏格兰成立,是第一个政府登记的蒸馏酒生产厂,因此该酒也被称为"威士忌之父"。

(3)其他:如麦卡伦(Macallan,创立于1824年)、阿吉利(Argrli)等。

2.混合威士忌的名品

(1)百龄坛(Ballantine):百龄坛公司创立于1827年。百龄坛是世界上最受欢迎的混合威士忌之一。

(2)金铃(Bell's):由创立于1825年的Bell公司生产,是苏格兰本地销量最好的威士忌酒。

(3)顺风(Cutty Sark):诞生于1923年,是具有现代风味的清淡型威士忌酒。

(4)芝华士(Chivas Regal):由创立于1801年的芝华士兄弟公司生产。1843年,该酒曾受到维多利亚女王的御用。

图 6.13　麦卡伦麦芽威士忌

　　1953 年,为了庆祝英国伊丽莎白女王登基,"芝华士兄弟"酒厂推出了一款名为"皇家礼炮 21 年"(Royal Salute 21 years old)的顶级调和威士忌,而且从名称到包装始终环环紧扣皇家的庆祝主题。其名称源于每年英国女王或王子生日时,英国皇家海军舰队对空鸣响 21 声礼炮来表达的最高敬意。

　　2003 年,就在英国女王即位 50 周年的重大时刻,"芝华士兄弟"酒厂推出了"皇家礼炮 50 年"(Royal Salute 50 years old)的珍藏纪念酒。

图 6.14　芝华士威士忌

图 6.15　皇家礼炮苏格兰威士忌

（5）尊尼获加（Johnnie Walker）：常见的有黑方（Black Label）和红方（Red Label），黑方中的麦芽威士忌含量较高。

（6）其他：如老伯威（Old Parr）、海格（Haig，高级品为 Dimple）、珍宝（J&B）、风笛 100（100Pipers）、护照（Passport）、格兰特（Grant's）、白马（White Horse，高级品为 Logan's）等。

苏格兰威士忌品牌众多，而且很多都较著名，以上列举的只是其中的一小部分。

二、爱尔兰威士忌

公元 12 世纪，爱尔兰的宗教机构用大麦作为基本原料来生产蒸馏酒"Pot Ale"。又据记载，在 1171 年，英国亨利二世的军队征服爱尔兰时曾喝过威士忌。有些权威人士认为爱尔兰是威士忌的发祥地。

爱尔兰威士忌原料以当地产的大麦为主，同时添加小麦、燕麦、玉米和黑麦，大麦少数发芽，多数不发芽。麦芽隔火烘烤，因此没有烟熏味。用罐式蒸馏器三次蒸馏，至少在装过些厘酒或波本威士忌的橡木桶中陈酿 3 年，不过通常是 5 年或 5 年以上。

爱尔兰威士忌口味绵柔长润，较有名的有奥妙（Old Bushmills，以酒厂名字命名，厂创建于 1784 年）、尊美醇（John Jameson，是爱尔兰威士忌的代表，酒厂创建于 1780 年）等。

图 6.16　奥妙爱尔兰威士忌

三、美国威士忌

美国是世界上最大的威士忌消费国，同时也是威士忌著名生产国。美国威士忌的生产可以追溯到新大陆的发现，但早期的美国人消费大量古巴和西印度群岛的朗姆酒直到独立战争期间英国的封锁中断了供应。那时在当地生产的烈性酒因其医疗价值而备受重视。许多著名的威士忌可以追溯到 18 世纪后期（美国独立宣言：1776 年 7 月 4 日）。

美国威士忌必须以谷物为原料，有宾夕法尼亚、印第安纳、肯塔基、田纳西等重要生产基地，另外，马里兰和弗吉尼亚等也都生产。

（一）美国威士忌的种类

美国威士忌虽然历史较短，但产品紧跟市场，类型不断翻新，种类主要有：

1. 美国纯威士忌（American straight whiskey）：一般以一种谷物为主，至少含有 51% 的某种谷物。如纯波本威士忌、黑麦威士忌、未完税装瓶（Bottled in Bond）威士忌、纯玉米威士忌等。

2.美国混合威士忌(American blended whiskey):至少含有 20％的纯威士忌。如果用中性烈性酒混合,要在瓶身背面标明。

3.黑麦威士忌(rye whiskey):至少含有 51％的黑麦。目前市场上已很少,人们通常所喝的"黑麦"威士忌实际上是美国混合威士忌或加拿大威士忌。

4.玉米威士忌(corn whiskey):用至少含有 80％以上玉米的麦芽浆蒸馏而成,在未烧焦的橡木桶或旧焦桶中陈酿,口感很清淡。

5.清淡威士忌(light whiskey):1968 年 1 月 26 日正式取得生产资格,1972 年 7 月 1 日首次销售。用各种谷物为原料,在未烧焦的橡木桶或旧焦桶中陈酿。

6.田纳西威士忌(Tennessee whiskey):田纳西的酒厂喜欢把他们生产的酒叫田纳西威士忌。蒸馏的酒要倒入底部放有枫木炭粉的桶中陈酿。名品如杰克·丹尼(Jack Danniel)。

(二)波本威士忌(Bourbon whiskey)

波本威士忌称为美国的国酒。1789 年,一位住在肯塔基东北波本郡的洗礼牧师叫 Eligah Craig,将泉水、玉米、黑麦和大麦芽混合在一起蒸馏。他用了 20 年的时间,使所有肯塔基生产的威士忌都冠以波本的名义,因此被称为"波本酒之父"。目前,肯塔基波本被认为是最有名的波本,其他波本产地还有印第安纳、伊利诺斯和弗吉尼亚。

图 6.17　占边波本威士忌

图 6.18　四玫瑰波本威士忌

美国联邦法规定,生产波本威士忌谷物浆原料中玉米含量不得低于 51％,通常为

65%～75%。但如果玉米含量高于80%,则被认为是玉米威士忌,而不是波本威士忌。酒要在新的炭化的橡木桶中至少陈酿2年。蒸馏者认为经炭化而产生的天然焦炭会给波本带来金色的光泽和特别的味道。

波本威士忌酒液呈琥珀色,清澈透亮,原体香味浓郁,口感醇厚、绵柔,回味悠长。名品有:四玫瑰(Four Rose)、占边(Jim Beam)、威凤凰(Wild Turkey)、老爷(Old Grand-Dad)、老乌鸦(Old Crow)、奔腾马(Benchmark)、美格(Maker's Mark)、Ancient Age、Kentucky Gentleman 等。

四、加拿大威士忌

加拿大威士忌虽然常常又称为黑麦(rye)威士忌,但它使用的谷物原料主要是玉米和一些黑麦、大麦芽。早期的苏格兰和爱尔兰移民就把蒸馏技术传入加拿大,大约在1750年,加拿大东部就已经有少量的蒸馏所出现,至于何时开始生产"rye whisky"无从考证。1758年,加拿大开始征收烈酒税。

图 6.19　加拿大俱乐部威士忌

加拿大威士忌法律上必须用谷物为原料,在旧的波本的橡木桶(如用过的波本威士忌橡木桶)中陈 3 年后可以装瓶。

加拿大威士忌口感轻快爽适,酒体轻盈,是典型的清淡型威士忌酒品。较有名的加拿大威士忌有加拿大俱乐部(Canadian Club 简称"CC"思思)、施格兰 VO(Seagran's VO)、加拿大雾(Canadian Mist)等。

五、其他威士忌

1. 日本

在 2008 年 4 月,威士忌酒权威刊物——《威士忌杂志》(Whisky Magazine)举办的国际竞赛中,单一纯麦芽酿造(single malt)与调和式(blended)两大种类的最佳威士忌,竟然都被日本出产的威士忌夺下。日本朝日啤酒集团旗下的日光(Nikka)公司生产的余市(Yoichi)20 年单一纯麦威士忌被选为最佳单一纯麦威士忌,击败数十种参赛品牌,包括上年夺冠的苏格兰斯开岛(Isle of Skye)塔利斯科(Talisker)18 年单一纯麦威士忌。在调和式威士忌方面,日本三得利(Suntory)公司生产的"响"(Hibiki)获评为全球最优质的调和式威士忌。

日本威士忌来源于苏格兰。第一批制酒者在苏格兰学习培训,回国后他们把新学到的知识带到了传统的日本清酒酿造业。北部的北海道岛地貌和苏格兰高地很相似,也有泥炭沼泽地,绵延的山脉,流过花岗岩的清冽、纯净的溪水,但泥炭产生的香味没有苏格兰泥炭那么香。日本最大的威士忌酒业公司三得利(Suntory)公司在京都附近的山崎(Yamazaki)及本州的薄暑(Hakushu)和沼津(Noheii)地区都有酒厂,在 1923 年,由现在三得利的创始人 Torii 和学者背景的酿酒师 Taketsuru 合作,在山崎(Yamazaki)建立了日本的第一个蒸馏所。日本第二大的酒业公司是日光(Nikka)酒业公司,生产两种单一麦芽威士忌——日光(Nikka)和余市(Yoichi)。

日本威士忌的主要原料麦芽通常是进口的,不是本岛内生产,过去曾用过日本岛的泥煤,如今都是仰赖进口,一些酒厂也会制造重度泥煤的原酒,供应自己旗下调和品牌使用;日本威士忌酒质的特点,相较于苏格兰威士忌,酒体较为干净,有较多水果的气味及甜美,没有苏格兰威士忌留下那么多的麦子的气味。

2. 中国

根据中国国家标准规定,威士忌是以麦芽、谷物为原料,经糖化、发酵、蒸馏、陈酿、调配而成的蒸馏酒;按原料不同分为麦芽威士忌(malt whisky)、谷物威士忌(grain whisky)和调配威士忌(blended whisky)。

麦芽威士忌:全部以大麦麦芽为原料,经糖化、发酵、蒸馏,在橡木桶陈酿至少两年的威士忌;

谷物威士忌:以各种谷物(如黑麦、小麦、玉米、青稞、燕麦)为原料,经糖化、发酵、蒸馏,在橡木桶陈酿至少两年的威士忌;

调配威士忌:用各种单体威士忌(如麦芽威士忌、谷物威士忌)按一定比例混合、调配而成的威士忌。

威士忌等级上分为优级和一级两个等级。优级威士忌外观要求清亮透明,无悬浮物和沉淀物,色泽浅黄色至金黄色,具有大麦芽或(和)谷物、橡木桶赋予的协调的、浓郁的芳香气味,或带有泥炭烟熏的芳香气味,酒体丰满、醇和、甘爽,具有大麦芽或(和)谷物、橡木桶赋予的芳香口味,无异味,具有独特的风格。[①]

六、威士忌的饮用和服务

1. 饮用时间:餐后饮用,也可作餐前酒。

2. 酒杯:净饮可以用1盎司容量的短杯(shot glass),加冰用古典杯、威士忌杯。

3. 每份量一般为40毫升。

4. 饮用方法:可净饮,也可加冰块、兑饮等。

威士忌加冰饮用方式有烈酒加冰(On the rock)、雾酒(Mist);冰块最好是冰72小时以上的大球形冰块,不但较具美观效果,也能避免冰块融化速度过快而让威士忌变得淡而无味。

日本人还喜欢加水(所谓的"水割"Mizuwari),日本三得利公司首创水割,认为1:2.5是水割的黄金比例。水割的饮用方式为先在杯中加入冰块,再以1:2.5的比例先加入威士忌,然后再加水。一般而言,水与酒1:1的比例,最适用于12年威士忌,低于12年,水量要增加,高于12年,水量要减少,如果是高于25年的威士忌,建议只加一点水,甚至是不需要加水。

威士忌在中国发展出了"威士忌加绿茶饮料"的新饮法。

第四节 杜松子酒

Gin,译为杜松子酒、金酒、毡酒、琴酒等。我国对杜松子酒(juniper-flavoured spiritdrinks)的定义是:以粮谷等为原料,经发酵、蒸馏后,用杜松子浸泡或串香复蒸馏后制成的蒸馏酒。[②]

1660年,荷兰莱顿(Leyden)大学的一位教授和医生,拉丁名字为Franciscus Sylvius的博士成功地把杜松子(juniper berry)和酒精配在一起,生产出一种本是用于治疗肾部不适的廉价又可口的药剂,因为据说杜松子有利尿功能,还能治肾病。但投放市场后,人们不仅把它用于治疗,还当酒饮用。不知为什么,Sylvius博士用法文Genievere(英文即juniper)作为酒名。而荷兰人更喜欢用本国语Genever作为酒名。与博士同

---

① 《威士忌》GB/T 17204—2008.
② 《饮料酒分类》GB/T 17204—2008.

时代的荷兰人卢卡斯·博尔斯(Lucas Bols)前瞻地看出这种配方在商业上的可能价值，而在原本的杜松子酒配方里面加入了一些糖，制造出口味更甜、更容易被接受的杜松子酒。他在 1575 年时于荷兰斯奇丹(Schiedam)建立了博斯酒厂(Bols)，一直到今日仍然是荷兰式杜松子酒的主要生产大厂，也是此种杜松子酒商业化生产的先驱。

杜松子酒虽在荷兰问世，但却在英国发扬光大。17 世纪，杜松子酒由英国海军带回到伦敦，从那时起它就成了英国人饮用的烈性酒，沿称酒名"Geneva"(英国人以为该酒产自瑞士日内瓦)，并昵称为"Hollands"。"Geneva"后来英语简化为"Gin"。在 18 世纪，杜松子酒对伦敦的贫民来说是一种廉价的安慰品，当时的小客栈曾有"一分钱喝个饱，两分钱喝个倒，穷小子一分也不要"的招待语。当时的生产没有控制，这是称为"杜松子酒小街"(Gin Lane)的时代。后来由于蒸馏技术的提高，渐渐地，饮用杜松子酒越来越被人们所接受。

一、荷式杜松子酒

图 6.20　荷兰 Bokma 杜松子酒

产自荷兰，用 Hollands、Genever 或 Schiedan gin 表示，以谷物为主要原料，两次蒸馏后第三次加入杜松子等香料才制成。其生产主要集中在阿姆斯特丹和斯希丹(Schiedan)。荷式杜松子酒清亮透明，辣中略带甜，香味非常突出，有明显的完美和成熟的香气，风格独特。

荷式杜松子酒一般直接或加冰饮用，不适合用于调酒。名品如 Bols、Bokma、Bomsma、Hasekamp、Henkes等。

二、伦敦干杜松子酒

伦敦干杜松子酒(London dry gin)最初是在伦敦周围地区生产的杜松子酒，但目前，它泛指清淡的杜松子酒品种，不仅英国生产，其他地方如美国也生产。其主要用玉米、大麦和其他谷物制成，而香料与谷物共同一次蒸馏即可，也不需要陈年。

伦敦干杜松子酒酒液无色透明，气味奇异清香，口感醇美爽适，以淡爽著称；一般不单独饮用，适合做调酒的基酒，有"鸡尾酒心脏"之称。名品如戈登(Gondon's，是英国的国饮，酒厂于 1769 年在伦敦创立)、必发达(Beefeater)、吉利贝(Gilbey's)、红狮(Booth's)、布多思(Boodles)等。

　　图 6.21　戈登杜松子酒　　　　　　　　图 6.22　必发达杜松子酒

三、其他杜松子酒

其他杜松子酒如老汤姆杜松子酒（Old Tom gin）、普利茅斯杜松子酒（Plymouth gin）、黑刺李杜松子酒（Sloe gin）、美国杜松子酒等。

四、杜松子酒的饮用和服务

1.净饮：一般 25mL/份。杯子不讲究，酒一般要冰镇。

2.兑饮：伦敦干杜松子酒有"鸡尾酒心脏"之称，著名饮品有：马丁尼（Martini）、金汤力（Gin/Tonic）、红粉佳人（Pink Lady）、汤姆哥连士（Tom Collins）、菲士（Fizz）、新加坡司令（Singapore Sling）等。

第五节　伏　特　加

伏特加（vodka），俄语 водка，又称俄得克。我国规定，伏特加（俄得克）是以谷物、薯类、糖蜜及其他可食用农作物等为原料，经发酵、蒸馏制成食用酒精，再经过特殊工艺精制加工制成的蒸馏酒。①

伏特加始源于 12 世纪的俄国和波兰（有人认为是俄国，有人认为是波兰），最开始由

————————

① 《饮料酒分类》GB/ T 17204—2008.

俄国的修士称作"生命之水"。从词源上讲,"vodka"来源于"voda",Voda 俄语的意思是对水的昵称,已经证明该词是俄国人跟波兰人学来的。到 14 世纪,伏特加成为一种饮品,在此之前主要用做生产香水和化妆品的成分,同时还作为"灵药"和"万能药"的成分。

伏特加最早开始用的原料主要是土豆,现今全世界都主要用谷物(燕麦、大麦、小麦等)为原料。到 19 世纪,产生了用炭过滤来纯净的方法。

一、伏特加生产国

1. 俄罗斯伏特加

用谷物或土豆为原料,蒸馏后经过多次精馏,蒸馏出的酒品要经过缓慢的过滤程序。过滤用白桦活性炭,甚至精细的石英砂过滤槽,过滤过程至少要 8 小时,把酒精和水以外的物质去除,使酒品变得非常纯净、透明,无任何杂质(如酸、酯等)。因此俄罗斯伏特加清澈透明,极其纯净,无色、无香、无味,口味凶烈,劲大、冲鼻。名品如莫斯科绿牌(Moskovskaya)、苏联红牌(Stolichnaya)、Stolovaya。

图 6.23　俄罗斯伏特加　　　　　　　　　　图 6.24　雪树伏特加

2. 波兰伏特加

在谷物中加入香草、香料,使酒品更加丰满,更有韵味。名品如兰牛(Blue Bison)、维波罗瓦(Wyborowa)、雪树 (Belvedere)、Jarzebik、Luksusowa、Zubrowka、Zytnia。劲牛伏特加(Grasovka Bison Brand Vodka)的酒瓶中常放一根比索草。

3. 其他国家的伏特加

第二次世界大战前,只有俄国、波兰等国家生产伏特加。战后,伏特加的生产急剧发展,遍及世界各地。目前,世界上许多国家都生产伏特加,除前苏联及东欧各国外,生产和消费量较多的还有美国和欧洲许多国家。除俄罗斯和波兰外,其他国家生产的伏特加中较著名的品牌有:皇冠伏特加(Smirnoff,Peter Smirnoff 于 1818 年在莫斯科首先生产,20 世纪 30 年代酒名和配方被带到美国,在美国生产)、瑞典绝对伏特加(Absolute,1879 年开始生产)、芬兰伏特加(Finlandia,1888 年开始生产)、美国蓝天伏特加(SKYY)、法国灰雁伏特加(Grey Goose,产于法国干邑)等。

图 6.25 绝对伏特加

图 6.26 上海世博会芬兰馆芬兰伏特加

图 6.27 灰雁伏特加

我国也生产伏特加,国家标准对伏特加的感官要求是:

外观:无色、清亮透明,无悬浮物和沉淀物。

香气:伏特加"具有醇香,无异香";风味伏特加"具有醇香以及所加入的食用香料的香气"。

口味:伏特加"柔和、圆润、甘爽、无异杂味";风味伏特加"具有明显的所加入的食用香料的味道"。

风格:有本品特有的风格。①

二、伏特加的类型

伏特加根据原料和生产方式的不同,一般有以下几种类型:

1. 中性伏特加(Neutral):蒸馏出的酒品要经过缓慢的过滤程序,其特点是无色无味,因此可以和每一种饮料美妙地混合,这包括各种果汁和瓶装水,它没有可以增加饮品的力度,却不会改变味道,适合做调酒的基酒。由于没有异味,还受到了女性的欢迎。

2. 金黄色伏特加:这种伏特加需要在酒桶中陈酿。

3. 加味伏特加:是向伏特加酒中加入各种颜色和风味的水果、香草、香料制成的,有时也加糖。在一些国家产的加味伏特加酒瓶中常放一根草,但美国科学家认为草中含有一种致癌物——香豆素,因此美国不允许在酒中放草。

我国将伏特加产品分为伏特加、风味伏特加;风味伏特加是以原味伏特加为基酒,突出了所加入的食用香料味道的伏特加酒;伏特加等级上分优级、一级、二级。②

三、伏特加的饮用和服务

1. 传统饮法:把在冰箱中冰镇的伏特加直接取出来,配上鱼子酱用小酒杯饮用,俄罗斯人特别对苏联红牌(Stolichnaya),认为应该如此饮用,并号称这是世界上最高的享受。

2. 饮用时间:可作佐餐酒,也可餐后饮用。

3. 酒杯:净饮用小酒杯,加冰用古典杯。

4. 净饮的饮用方式:快饮。

5. 中性伏特加适合做调酒的基酒,著名的有螺丝钻(Screwdriver)、血腥玛丽(Bloody Mary)、黑俄罗斯(Black Russian)等;与橙汁较相配。

---

① 《伏特加》GB/T 11858—2008.
② 《伏特加》GB/T 11858—2008.

第六节 朗 姆 酒

　　朗姆酒(Rum、Rhum、Ron)也译为兰姆酒、老姆酒、冧酒等,是用甘蔗糖料为原料发酵、蒸馏而成的。我国对朗姆酒的定义是:以甘蔗汁或糖蜜为原料,经发酵、蒸馏、陈酿、调配而成的蒸馏酒。[①]

　　甘蔗原产于印度,后传到西班牙,哥伦布发现新大陆后又传到西印度群岛,西印度群岛的热带气候很适合其生长。在1647年时,西印度群岛已生产一种粗糙的烈性酒,当时叫"rumbullion"或"Kill-Devil",主要供种植园中的奴隶饮用。17世纪,人们把用甘蔗为原料制成的廉价烈性酒作为兴奋剂、消毒剂和万能药剂来饮用。

　　朗姆酒有"海盗之酒"的雅号,世界上盛产朗姆酒的波多黎各、牙买加、海地、古巴、维京群岛等地,在17、18世纪是海盗经常出没的地方。

　　朗姆酒是一种带有浪漫气息的酒,具有冒险血液的人都喜欢用朗姆酒作为他们的饮料。

一、朗姆酒的类型

　　一般有以下几种类型:

　　1.白朗姆酒(white rum):酒特新鲜,无色,清澈透明,糖蜜香味清新细腻。

　　2.淡朗姆酒(light rum):陈酿至少一年,有清淡的糖蜜味。

　　3.朗姆老酒(old rum):在木桶中至少陈酿三年,呈橡木色,晶莹透明,比淡朗姆更有风味。也称金黄色朗姆酒(gold rum)。

　　4.传统朗姆酒(traditional rum):在木桶中至少陈酿五年,并添加较多的焦糖色素。呈琥珀色,酒体丰满。也称为黑朗姆酒(dark rum)。

　　5.强香朗姆酒(great aroma rum):是用各种水果和香料串香而成的朗姆酒,香气浓郁。

二、主要朗姆酒介绍

　　传统上,波多黎各生产清淡或金黄色朗姆酒,牙买加生产浓郁型朗姆酒,爪哇生产芳香型朗姆酒。

1.波多黎各朗姆酒

　　波多黎各朗姆酒酒体轻盈。

　　在玻璃或不锈钢容器中陈酿至少一年(传统做法是在未经炭化的木桶中陈酿)的朗

---

　　① 《饮料酒分类》(GB/T 17204—2008.

姆酒称白朗姆(white rum)或淡朗姆酒(light rum),有清淡的糖蜜味。

在木桶中至少陈酿三年,并添加焦糖色素,就得到了金黄色朗姆酒(gold rum)。

酒龄超过6年,常常称之为"Vieux"或"Hiqueur Rum",可以和精美高级的威士忌相媲美。

古巴、维京群岛、多米尼加和海地也生产酒体轻盈的朗姆酒。

2. 牙买加朗姆酒

传统的牙买加朗姆酒酒体丰满,带辛辣味及明显的芳香。要在木桶中至少陈酿五年,并添加较多的焦糖色素。

巴巴多斯、马提尼克、特立尼达和多巴哥、圭亚那的德梅拉拉也生产酒体丰满的朗姆酒。

3. 爪哇朗姆酒

用小块红米饼放入糖浆中,自然发酵,在爪哇陈酿一段时间后运往荷兰再陈酿,然后混合装瓶。它是调制 Swedish Punsch 的基酒。

三、朗姆酒名品及饮用服务

1. 名品

名品如百家地(Bacarda)、摩根船长(Captain Morgan)、美雅士(Myers's)、哈瓦那俱乐部(Havana Club)、郎利可(Ronrico)等。

图 6.28　摩根船长朗姆酒　　　　图 6.29　哈瓦那俱乐部朗姆酒

2. 饮用服务

(1)净饮:适合在餐后慢饮。

(2)有些适合做调酒的基酒:与椰奶、菠萝汁、可乐等较相配。较著名的有玛泰

(Mai Tai)、Pina Colada、达其利(Daiquiri)、自由古巴(Cuba Libre)、长岛冰茶(long Island Ice Tea)等。

第七节　特吉拉

特吉拉(Tequila),也译为特基拉或龙舌兰酒等,是因产于墨西哥特吉拉小镇而得名的,以龙舌兰为原料酿制而成的烈性酒。

龙舌兰酒所用原料是一种龙舌兰属的植物"蓝绿色的龙舌兰"(Agave tequilana weber),在墨西哥称 Maguey 或 Blue mezcal,在美国称为世纪树(Century plant,因为人们误以为每百年才开一次花)。龙舌兰属植物有 400 多种,人们有时把龙舌兰同仙人掌相混淆,虽然其长而尖的叶子与仙人掌相似,但实际上它并不是仙人掌。

墨西哥土著人很早就用龙舌兰来酿造一种酒度很低、极易变质的酒,蒸馏技术从西班牙传入后,早期的西班牙人酿制出以龙舌兰为原料的烈性酒,称为 Mezcal,随后,酿造厂为了寻求上等的龙舌兰原料而来到特吉拉镇。从此以后,特吉拉镇成为龙舌兰最主要的产地。

图 6.30　龙舌兰

Mezcal 与 Tequila 的区别类似白兰地与干邑的区别,墨西哥法律规定,只有在正式批准的地区(Jalisco 全州以及 Guanajuato、Nayarit、Tamaulipas、Michohacan 四州的部分区域)内制造,并且达到严格质量标准的龙舌兰酒,才能称为 Tequila,而一般的以龙舌兰为原料的烈性酒,称为 Mezcal。另外,Tequila 的法令有规定,不得在龙舌兰酒内放入蝶类幼虫等额外的添加物;而 Mezcal 则会加入寄生在龙舌兰根部的马雅王虫。

原料龙舌兰要生长 8～10 年才能使用,把叶子去掉用它的主干部分。主干部分含有甘甜汁液,一般有几十公斤重,其形状与菠萝相似,因此被称为 Piña。经过粗切碎、高压煮,然后榨汁,加入糖和酵母发酵、蒸馏。

特吉拉在原料的使用上,必须超过 51％为蓝色龙舌兰(Blue Agave),其他成分则可添加蔗糖酿造的;而唯有 100％完全使用蓝色龙舌兰所制造的特吉拉,才有资格在酒标上标示"100％Blue Agave";商标上标注 CRT(Consejo Regulador del Tequila,龙舌兰酒规范委员会)代表经过墨西哥政府的监督与认证;标注 NOM(Normas Oficial Mexicana,墨西哥官方标准)及序号,是每一家经过合法注册的墨西哥龙舌兰酒厂都会拥有的代码;酒精浓度不能低于 35％。

一、特吉拉的类型

龙舌兰酒依照酿制时,天然龙舌兰植物中的糖在酒中所占之比例分为两种。一种是 100％Blue Agave 所酿造的龙舌兰酒;另一种则是由 51％Blue Agave 和 49％其他种类的糖所酿造的。这两种龙舌兰酒又可细分为下列五种:

1. 银色(Plata)或白色(Blanco):酒的浓度是由水稀释并调和。

2. 黄色(Reposado):酿造完成后,直接以橡木桶窖藏至少两个月。

图 6.31　银色(Plata)特吉拉　　图 6.32　豪帅快活黄色(Reposado)特吉拉

3. 金色(Joven or Oro):为白色和黄色龙舌兰,或是陈年龙舌兰酒之混合。

4.陈年（Anejo）：酿造完成后，直接以橡木桶窖藏至少一年。

5.特级成年（Extra Anejo）：酿造完成后，直接以橡木桶窖藏至少三年。

二、特吉拉的名品及饮用服务

1.特吉拉名品

名品如豪帅快活（Jose Cuervo 酒厂创立于1795 年，是世界最大龙舌兰烈酒生产商）、索查（Sauza）、Herradura（Herradura 的意思是"马蹄"）、斗牛士（El Toro）、奥美加（Olmeca）等。

2.饮用服务

特吉拉香气奇异，口味凶烈、刺鼻，酒品适合佐盐末、柠檬、辣椒干。墨西哥人把特吉拉当餐前开胃酒，饮用方法是：用拇指和食指拿一点盐（或在手背上放一点盐），用舌头添盐吃，用小的酒杯净饮冰镇的特吉拉，把四分之一个柠檬的汁直接挤到喉咙中。

特吉拉还适合用以调酒，著名的有玛格丽特、特吉拉日出等。特吉拉从墨西哥当地的酒成为风靡世界的饮料，与玛格丽特鸡尾酒的出现密切相关。

图 6.33　陈年特吉拉

第八节　阿吉维特

阿吉维特（Aquavit）是产于瑞典、丹麦、挪威等北欧国家的蒸馏酒。"Aquavit"一词来源于"Aqua Vitae"，拉丁语意思是"生命之水"。此酒也称 Akvavit、Akevit、Schnapps、Snaps、Brannvin。此酒大约15 世纪开始诞生，当时主要以葡萄酒为酒基进行蒸馏来做药酒。16 世纪改为谷物，后一直以谷物或土豆为原料，蒸馏得中性烈性酒，然后加入香料而成。

一、著名阿吉维特生产国

1. 丹麦

丹麦人生产此酒已有 400 多年历史，而且丹麦常称之为 Akvavit。丹麦的阿吉维特一直被认为是最佳的。较知名的品牌有 Aalborg、Christians Havner、Skipper、Brondum Kummen、Harald Jensen。

图 6.34　阿吉维特

2. 瑞典

瑞典生产的阿吉维特最著名。较知名的品牌有 O. P. Anderson、Skane、Overste、Odakra。

3. 挪威

挪威生产的阿吉维特香气悦人,酒体丰满。较知名的品牌有 Linie、Lysholm、Loitn。

另外,德国也生产此酒,名品是银狮(Silherlowe)。

二、阿吉维特的饮用服务

饮用阿吉维特要冰镇,由于含有较高的酒精,饮用时常配以菜肴。

第七章

开胃酒、甜品酒与利口酒

第一节　开胃酒

开胃酒（aperitif）也称餐前酒、餐前开胃酒。"Aperitif"一词来源于拉丁语"aperie"，意思是打开，把胃口"打开"。大约在公元前400年，一些王公大臣们用高价请来药剂师，专为他们造长生不老药，据说配制的药中就有开胃口的酒。

美国定义开胃酒是一种酒精含量不低于15％的、有葡萄酒制成的，并增添了白兰地或其他烈性酒的酒；法国规定开胃酒至少80％的基酒是葡萄酒，在加入酒精以使其酒度达到16％～19％之前，必须至少有10％的酒度。

世界各地对开胃酒的认识并不一致，一个地方饮用的开胃酒有时会使另一个地方的人感到吃惊。加料葡萄酒（味美思）、苦味酒、茴香酒、干型葡萄酒、干型强化葡萄酒、香槟、某些混合饮料甚至烈性酒都被认为有开胃作用。

大多数开胃酒在最初的甜味后会有一点苦味，味美思、苦味酒、茴香酒被广泛地认为是开胃酒。

一、味美思

味美思（vermouth）也译为威末、苦艾酒，是一种加入多种香料又经强化的葡萄酒。"Vermouth"源自德语对苦艾的称呼"Wermut"。味美思原本是用于帮助饭后消化的，因此也常被称为"消化剂"。

16世纪德国已广泛使用苦艾加香葡萄酒。意大利的都灵于1757年开始工业化生产味美思，而法国1800年开始生产。也许是阿尔卑斯山拥有丰富的自然资源的缘故，最佳的味美思产自阿尔卑斯山两侧的法国和意大利。

味美思是一种葡萄酒,一旦开瓶就会质量下降,甚至变质。因此,开瓶后酒应该放在冰箱中冷藏,并在 6 周之内饮用完。

(一)味美思的类型

味美思的类型一般有以下几种:

1. 红色(Rosso)味美思:一般是甜的。

2. 干(Dry)味美思:色泽从水色透明到浅金黄色。

3. 白(Bianco)味美思:色泽常为金黄色。

4. 其他类型的味美思:上述类型以外的味美思。

(二)味美思的名品

名品如意大利的仙山露(Cinzano,创始于 1757 年)、Punt é Mes(创始于 1786 年,来自意大利的 Carpano 家族)、马丁尼(Martini)、盖仙亚(Gancia)、Berberini、Cora、Duval、Mirafiore、Ricadonna、Stock,法国的 Noilly Prat(创始于 1813 年)、St. Raphaël(这种酒加等量的橙汁并加冰块,是适合全天候饮用的极佳饮品)、Boissiere,另外法国尚贝里(Chambery)味美思是一种有原产地控制名称的特别优质的干味美思。

图 7.1　味美思

二、苦味酒

苦味酒（Bitters）也译为比特酒、必打士、苦精等，是在烈性酒或食用酒精中加入植物的根、皮、茎提取物而形成的一种特殊风格的酒。与味美思相比，苦味酒带苦味原料的比例较大。

有些苦味酒有医用价值，有些苦味酒作为开胃、兴奋饮料饮用，有一些则用于调酒时调味用。著名的苦味酒有：

1. Amer Picom：法国产，1837 年一位服役于阿尔及利亚的法国军官 Gaetan Picom 用非洲的橘子、龙胆根和金鸡纳霜的树皮制成了这种酒。

2. Angostura Bitters：红必打士，产于特立尼达（Trinidad），红色，有微毒副作用，因此不宜过多饮用。常用于调酒。

图 7.2　金巴利

3. 金巴利（Campari）：意大利米兰产，由一位叫 Gaspare Campari 的 14 岁少年于1862 年配制成的。

4. 杜本纳（Dunonnet）：该酒是 1846 年 Joseph Dunonnet 在法国的尚贝里配制成的。现经过法国允许，美国也生产。

5. Fernet Branca：意大利米兰产，号称"苦味酒之王"，含 40 多种草本植物和香料，被认为有解酒和健胃等功效。

6. 其他有名的还有：意大利的 Aperiol、Averna、Biancosarti、Cynar 等，法国的Byrrh、Kir、Lillet、Reynac、Ratafia 等，德国的 Underberg，匈牙利的 Unicum。

三、茴香酒

茴香酒(Anise)是在烈性酒或食用酒精中加入茴香制成。法国人在饮用时用高脚杯加冰水，一份酒兑五份水。冰过的酒在饮用时会呈雾状或乳白状。名品有：意大利的Anesone，法国的 Pastis、Pernod、Ricard，希腊的 Masticha、Ouzo，西班牙的 Chinchon、Ojen 等。

第二节　甜品酒

甜品酒，Dessert wine，西餐中甜品是最后一道，配甜品饮用的酒即为甜品酒。甜品酒中较多的是强化葡萄酒，如些厘、砵酒等，但并不是所有类型的强化葡萄酒都作为甜品酒，干型强化葡萄酒作为开胃酒饮用。

一、些厘酒

些厘，英国叫 sherry，西班牙和葡萄牙叫 Jerez，法国称 Xérès，中文又译为雪利、雪梨、谐丽等。些厘产自西班牙的加的斯省(Cadiz)，Sherry(英)，是来自加的斯省赫雷斯镇(Jerez)的阿拉伯名称。英国是些厘酒的最大市场。

（一）些厘的生产

加的斯省种植葡萄的历史约有 3000 年，曾经有 100 来种葡萄用来酿制些厘，后来剩下 42 种，现在只有 Palomino de Jerez、PX(Pedro Ximénez)和 Moscatel 作为酿制些厘的法定品种。其中以 Palomino de Jerez 最佳。

些厘在发酵和陈酿过程中，须与空气接触，葡萄酒表面也许在天然酵母的作用下会形成叫菌花(Flor)的白膜。对大多数葡萄酒来说，产生菌膜是一种祸患，但些厘酿造却不同，如果菌膜很厚，那么酒是 Fino 类型；如果比较薄，是 Amontillado 类型；如果没有，是 Oloroso 酒。但由于一些未知的原因，谁也无法肯定是否会产生菌膜。

在酒窖中，酒是通过叠桶系统(Solera system)来进行掺兑的。此法 1908 年发明，目的在于保持每一家酿酒商的产品质量，见图 7.3。最底层的是陈年酒，其上一层是略为年轻的，从下而上一层一层的酒桶中含有越来越年轻的酒，新酿的放在最上层，总共有 14 层之多。最先销售的是底行的酒，下一层的酒抽取后就用上一层的酒来代替，每一桶中抽取的酒最多不超过三分之一。一种牌子的些厘可以是若干个叠桶系统中的酒混合而成，可以加入带有颜色的葡萄酒，在装瓶前用白兰地强化。

（二）些厘的类型

些厘主要分为 Fino 和 Oloroso 两大类。常见的具体类型有：

1.Fino：呈苍白的麦干黄色，口味干洌、清淡。

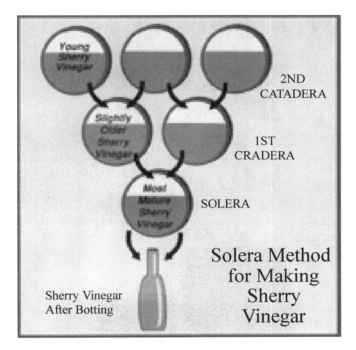

图 7.3　叠桶系统

2.Amontillado:琥珀色泽、半干味道和坚果(榛子)味的 Fino。

3.Oloroso:西班牙字意是"芬芳",色泽金黄,香气扑鼻,有明显的坚果(核桃)味,酒体丰满圆润。

4.Cream:加入很高比例甜性葡萄酒的 Oloroso,甜甜的、带有奶油味。加入很高比例甜性葡萄酒的 Oloroso 类型酒还有 Brown(比 Cream 还要甜)、Amoroso。

5.不太受欢迎或不常见的类型:

(1)Manzanilla:产于海边的 Fino 类型酒,酒浅白、干性,余味略苦,有一种能让人联想起成熟苹果的香气和盐的后味。

(2)Palo Cortado:是些厘中的稀有品,带有 Oloroso 的酒性和色泽,但气味有像质量上乘的 Amontillado。一千桶酒中也许只有一桶能转化成真正的 Palo Cortado。

(三)些厘名品及饮用服务

1.些厘名品

生产些厘酒著名的公司有:Don Zoilo(创建于 1851 年)、Croft(创建于 1678 年)、De Terry(创建于 1883 年)、Harvery's(创建于 1796 年)、Sandeman(创建于 1790 年)等。

2.些厘酒的饮用

装于瓶中的些厘适于随时饮用,虽然些厘属葡萄酒,储存条件与葡萄酒类似,但瓶

图 7.4　Amontillado 与 Oloroso 些厘酒

装些厘再储存也不能使酒质变更好。

　　Fino 或 Amontillado 作为餐前开胃酒饮用,饮前冷藏,净饮,不适合加冰,因为冰会冲淡味道。开瓶后未饮完要冷藏,并在三周内饮用完。

　　Oloroso 和 Cream 作为甜品酒饮用,无须冷藏,室温下饮用。开瓶后未饮完也无需冷藏,在六周内饮完即可。

　　用些厘酒杯,西班牙人把 6 盎司容量的叫做 copa,4 盎司容量的叫做 copita。

二、砵　酒

　　砵酒(Port),中文又译为波特酒、钵酒等。产自葡萄牙杜罗河(Douro)流域,河流出口处是波尔图(Oporoto)。

　　48 种酿酒葡萄种植在杜罗河上游及支流的河谷中,河谷狭窄陡峻,多为花岗岩石,为防本已很少量的泥土流失,须建梯田式阶地。葡萄的采摘和搬运下山全靠人工。葡萄榨汁的传统方法是用人工脚踩。生产时白兰地添加时间的选择至关重要。在 1678年,白兰地或蒸馏酒被允许加入到用于出口的砵酒中,在酒未发酵时就加入。1840 年左右,加白兰地以主导发酵成为普遍规则。

（一）砵酒的类型

1. 年份砵酒（Vintage port）

年份砵酒只在酿酒商们宣称是最好的年份里（一般十年中只有三或四个葡萄丰收好年成）才生产，是目前为止最高级别：最好也最受欢迎的砵酒。这种酒仍然掺配有其他葡萄园生产的葡萄酒，砵酒很少是一家葡萄园生产的未掺配有其他葡萄园产品的酒。酒在橡木桶中陈两年后装瓶，酒在瓶中继续成熟完善，并会形成沉淀物。酒在瓶中成熟约 15～20 年，就会成为世界上最好的砵酒。有的年份砵酒寿命可达 35 年，储存年份短的酒难以饮用。

图 7.5　山地文年份砵酒

2. 茶色砵酒（Tawny port）

酒在桶中长时间陈酿，从红色转变为茶色。通常在桶中陈酿 6～8 年，其中优质陈年茶色砵酒（Fine Old Tawny）常在桶中陈酿 10 年左右。茶色砵酒也可以通过把红砵酒与白砵酒掺配得到。

3. 红宝石色砵酒（Ruby port）

红宝石色的砵酒，可用陈酒和新酒掺配得到。酒适于制成后在较短时间内饮用，不必再储存。优质红宝石色砵酒（Fine Old Ruby）颜色深红，具有果香，芳香突出，口味较甜。

4. 晚装瓶年份砵酒（port，简称 LBV）

在装瓶前在木桶中储存了 4～6 年。

5. 白砵酒（White port）

白砵酒用白葡萄酿制，是经强化的干葡萄酒，饮用前略微冷藏，是极佳的开胃酒。

6. 沉淀砵酒（Crusted port）

用几种高质量的酒掺配，原酒在桶中陈4年左右装瓶，酒装瓶后放在酒窖中直到出现明显的沉淀物。沉淀砵酒质量接近年份砵酒，但价格相对较廉。

7. 年份特性砵酒（Vintage character port）

年份特性砵酒是一种适宜马上饮用的优质掺配砵酒。常被误解为是年份砵酒。

8. 收获日期砵酒（Date of Harvest port）

收获日期砵酒必须注明收获日期、装瓶年份。

9. 单葡萄园砵酒（Single-quinta port）

单葡萄园砵酒是由单独一家葡萄园产的葡萄制成的砵酒。

（二）砵酒名品及饮用服务

1. 砵酒名品

生产砵酒著名的公司有：Cockburn's（由Cockburn于1815年创办，其销售量为世界第一）、Croft（拥有葡萄牙最大的葡萄园）、Tayler's（1692年创立，拥有世界最优秀的葡萄园和众多小葡萄园）等。

2. 砵酒的饮用

除白砵酒外，一般的砵酒含糖较高，适宜凉爽或较冷天气时饮用。由于一些砵酒有沉淀物，开瓶前应让瓶直立3～5天，以使沉淀物沉到瓶底。开瓶前无须冷藏，开瓶后至少放置1～2小时以释放不好的气味。砵酒一旦开瓶，寿命很短，因此最好一次喝完。葡萄牙人认为砵酒有补。

三、马德拉、马尔萨拉和马拉加

（一）马德拉

马德拉（Madeira）是处于大西洋中的一个岛，是葡萄牙属地。酒以岛名，马德拉酒是强化葡萄酒，在生产过程中加入白兰地。

马德拉酒分为五种类型，其中四种是用酿造的葡萄名来命名的，从最干到最甜，依次是：Sercial（见图7.6）、Verdelho、Rainwater、Bual（葡萄牙语是Boal）、Malmsey。

马德拉酒是世界上寿命最长的酒之一，有一些酒甚至能保存两百年或更久的时间。马德拉酒开瓶后在阴凉、干燥的地方能放六周，饮用时不加冰，Sercial、Verdelho、Rainwater作为餐前开胃酒饮用，饮前冷藏。Bual、Malmsey作为甜品酒饮用，无须冷藏，室温下饮用。

（二）马尔萨拉

马尔萨拉（Marsala）是产于意大利西西里岛的强化葡萄酒。根据陈酿时间分，其类

图 7.6 Sercial 类型马德拉酒

图 7.7 马德拉酒

型有 Marsala Vergine(被认为是最好的马尔萨拉酒,用叠桶系统酿制,至少陈酿 5 年,酒精含量不低于 18％)、Marsala Fine(陈酿 1 年,酒精含量不低于 17％)、Marsala Superiore(至少陈酿 2 年,)、Marsala Special(加入香料,形成各种香型)。

图 7.8　马尔萨拉酒

　　干马尔萨拉酒是极佳的开胃酒,适于冷藏后不加冰饮用。甜马尔萨拉酒适于室温下作为甜品酒饮用。开瓶后未饮完要冷藏,并在六周内饮用完。较好的马尔萨拉酒厂有 Rallo、Florio、Pellegrino、Gran Chef 等。

　　(三)马拉加

　　马拉加(Malaga)是用西班牙南部港口城市马拉加来命名的酒。马拉加是一种红葡萄酒,而非强化葡萄酒,但由于习惯在餐后饮用,因此把它放在甜品酒中介绍。

第三节　利口酒

　　利口酒(Liqueur)又译为餐后甜酒、利乔酒、香甜酒等,是以食用酒精或蒸馏酒为基本烈性酒,通过浸泡或掺兑等方法加入各种香料,并经过甜化处理的浓甜饮料酒。"Liqueur"一词来自拉丁文 liquefacere,意思是溶解或融化,即要把选定物质融进烈酒中。

Liqueur 是欧洲人的叫法,美国人则叫 Cordial(加香料的甜酒),"Cordial"一词来自拉丁文 cor 或 cordis,意思是心脏,因为此类饮料最早是给病人增强心脏功能的。

无人知道欧洲人何时开始采用蒸馏法来制酒,中世纪的欧洲,草药用来治疗大多数的疾病,而医药则由教会掌管,出家人在寺院种植草药,并加以研究形成配方,酒精有医疗作用,僧侣们也即插手酒行业。把香草浸到酒中制成药剂,许多药剂师配制他们自己的用于治病的药剂,这就与宗教法规发生了冲突,但利口酒有可能就是从药剂发展而来的。

13 世纪,西班牙医生 Arnan de Vilanova 和他的学生 Raimundo 是历史上第一个用文字记载酒精资料及药用酒谱的人。

15 世纪,意大利在制造利口酒方面处于领先地位。绝大多数的欧洲人都承认利口酒因意大利佛罗伦萨的凯撒琳远嫁给了法国王储道芬太子(即亨利二世)而传入法国,之后相继传入荷兰等其他欧洲国家。

约 1575 年,荷兰最古老的利口酒厂 Bols 成立,其最先生产的是茴香酒。

我国明朝李时珍(1518—1593)在《本草纲目》中记载有数十种药酒的配方,而我国药酒的出现时间则还要早得多,据推测,周代就已经有了用于治病的多种药酒。

一、利口酒生产

(一)原料

1. 基本烈性酒

威士忌、朗姆酒、白兰地和米烧酒都可以作为基本烈性酒,但是大多数的利口酒使用中性或谷物烈性酒来作为基本烈性酒。为了生产精美的利口酒,使用的酒精越纯净越好。

2. 香料

有些利口酒用一种香味明显突出的香料制成,而有些利口酒则含有 70 种以上的香料成分,香料主要来源于植物(香草:如薄荷、百里香、迷迭香、海索草等,花:如春黄菊、百合花、玫瑰、紫罗兰、桔花等,水果:如柑橘类,植物皮:如肉桂、檀香木树皮等,根:如当归、姜、甘草等,籽:如茴香、杏仁、丁香、可可、咖啡、芫荽、莳萝、胡椒、大茴香等),也有来源于动物、矿物。

3. 甜化剂

甜化剂主要用糖浆,有的用蜂蜜作甜化剂。

(二)生产

利口酒是基本烈性酒同香料剂和甜化剂掺配而成的。香料成分须从来源物中提取出来,提取法主要有榨取法、浸渍法、泡制法、渗透法和回流法等几种。香料浸泡在烈性酒中直至充满香味后对其进行蒸馏再蒸馏,可达到去除影响芳香的杂质,从而达到更纯净的目的。

原材料收集好以后，须依照严格的顺序掺配生产所希望的味道，大多数利口酒是根据秘密配方制成的，其中有些配方已经存在了数个世纪。

掺配后，利口酒必须有足够的时间使各种成分融合在一起，因此须陈年一段时间，最佳的利口酒是在橡木桶中陈年的，其目的在于使酒变得圆润顺口。

酒液中若有悬浮在液体中的植物物质等，则须经过净化处理。

利口酒可以用烈性酒调整酒度，用甜浆调整甜度，有的利口酒用无害的植物染料来增色。所有的利口酒在装瓶前都要经过最后过滤，以确保它像星光那样清澈透明。

二、世界著名利口酒

1. Advocaat：荷兰蛋黄酒，用鸡蛋黄和白兰地制成。用玉米粉和酒精生产的仿造品在某些国家也有销售。

2. Amaretto：意大利杏仁酒。第一次生产是在 16 世纪 Como 湖附近的 Saronno。"Amaretto Di Saronno"最为杰出。

3. Anisette：茴香酒。有许多种甜性的茴香酒，法国、西班牙、美国均产。大约在 18 世纪中叶，Marie Brirard 就在法国生产她的 Anisette。它被认为是法国香甜酒业的基础。

4. Benedictine D. O. M：当酒，又称泵酒，是世界上最有名望的利口酒，这种酒在法国诺曼底附近的费康（Fecamp）进行蒸馏，其来源要追溯到 1510 年在那里的一家叫 Benedictine 的修道院的修士。1534 年，该酒受到宫廷的赏爱，一时名声大噪。当酒以

图 7.9　法国 DOM 利口酒

白兰地为酒基,用 27 种香料调配,两次蒸馏,两年陈酿而成。在其形状独特的酒瓶上标有字母 DOM(Deo Optimo Maximo——"献给至高至善的上帝"),现今,那里已和任何宗教团体没有任何关系了。饮用当酒的流行做法是配上等量的白兰地,这就是"B & B"。酿酒公司现在销售一种正式的"B & B"酒。

5.Chartreuse:修道院酒。修道院酒与当酒是两种有名的餐后甜酒。1607 年,法国 Grenoble 附近的 Grand Chartreus 修道院中的 Carthsian 僧侣开始生产它们,一直到 1901 年他们被驱除出国。僧侣们在西班牙的 Trragona 建起了一座蒸馏厂,并在那里生产利口酒,直到 1931 年法国又重新开始生产。1901 年以后,法国政府出售了商标,1932 年僧侣们又获得了商标使用权,但法国有了仿造品。由于该酒具有镇定精神和消除疲劳的功效,且对重病患者有奇特的功效,故一直被修士们视为密酒,其酒的处方一直没有公开。据推测,其酒基是白兰地,含有 130 多种香草和香料,经过五次浸渍和十次重复蒸馏,再历经 2 年埋在 120 米深的洞窟之中。颜色有绿色和黄色,陈年有 3 年及 12 年等。

图 7.10　修道院酒

图 7.11　君度利口酒

6.Cheri-Suisse:一种瑞士樱桃巧克力利口酒。

7.Cherry Brandy liqueur:樱桃白兰地利口酒。大多数这类酒的标签为"Cherry Brandy",但它是把水果浸泡在烈性酒中生产而成的,有时添加香草,下面是一些这种酒:

（1）Cherry Heering：产于丹麦，红色；

（2）Cherry Marnier：产于法国，红色；

（3）Guignolet；

（4）Grants Morella；

（5）Cherry karise；

（6）Rocher。

图 7.12　百利甜酒

图 7.13　椰子酒

8. Coconut liqueur：椰子利口酒，把椰子香精浸泡在白色的朗姆酒中来增添香味。目前可以广泛得到的酒是：

（1）Malibu（加拿大产椰子利口酒）。

（2）Cocoribe（美国产椰子利口酒）。

9. Cointreau：君度香橙，它的原型是"Triple Sec"（橙皮酒、橙味酒）。第二次世界大战时君度香橙公司因仿冒生产"Triple Sec"的厂家太多，故改名为君度香橙。它是最著名的法国"Triple Sec Curacaos"之一，装在特别明显的方形酒瓶中。

10. Curacao：橙皮酒，用葡萄烈性酒、糖和橘子皮生产而成的一种甜性益助消化的利口酒，它在所有的柑橘类利口酒中最为杰出。荷兰人第一次使用的苦味橘子产于委内瑞拉附近的 Curacao 岛，用地名命名了酒名，现该名称指所有的橘子利口酒。浸泡后要蒸馏烈性酒,如果所得到的酒液再经过精馏,它就成为 Triple Sec Curacao,然后再加甜和着色。

11. Cream liqueur:奶油酒。奶酒、烈性酒和香料成功地结合在一起,可生产出稠性的、质地丰满的甜酒。爱尔兰著名的奶油酒有:Baileys、Waterford、O′Darby;美国著名的是:Hereford Cows 和 Aberdeeu Cows;澳大利亚的这种酒称为 Conlichinno。

12. Crème:餐后甜酒。

(1)Crème de Banan	香蕉利口酒
(2)Crème de Café	咖啡利口酒
(3)Crème de Cacao	可可利口酒
(4)Crème de Cassis	黑加仑子酒
(5)Crème de Menthe	薄荷酒、有绿色、白色
(6)Crème de Noyaux	果核酒它带有杏仁味
(7)Crème de Rose	玫瑰利口酒
(8)Crème de Vanilla	香草利口酒
(9)Crème de Viollettes	紫罗兰利口酒
(10)Crème de Yvette	带有 Parma 紫罗兰味道,色泽和芳香的利口酒,是 Crème de Viollettes 中最著名的一种

图 7.14　蓝橙甜酒

图 7.15　绿薄荷酒

13. Drambuie:杜林标,最古老的威士忌利口酒,基本原料有苏格兰威士忌和石南蜂蜜。"Drambuie"的名称来自盖尔语"An Dram Buidheach",意为"令人满意的饮料"。

14. Galliano：加利安奴，一种金黄色的香草利口酒，在意大利的米兰生产，并用细长的酒瓶包装。它的名字取自在 1896 年意大利—阿比西尼亚（现埃塞俄比亚）战争中功勋卓著的 Galliano 少校。

15. Grand Marnier：金万利，1880 年发明的以干邑为基本原料的法国 Curacao；它有两种风格。

图 7.16　金万利利口酒

图 7.17　咖啡酒

16. Kahlua：甘露咖啡酒，墨西哥咖啡利口酒。

17. Kümmel：在所有益助消化特性的利口酒中，它是最流行的一种。1575 年它就已经在荷兰生产，但是柏林生产的 Kummel，如 Allash、Riga 及 Gilka Kummel 的消费量甚至要比荷兰的更为广泛流行。除德、荷外，其他国家也产。正规的饮用方法是加冰饮用。

18. Maraschino：马士坚奴，一种把含碎核在内的 Marasca 樱桃蒸馏而成的白色意大利利口酒，前南斯拉夫等也产。

19. Pernod：培诺，Pernod 本是一个家族的名称，其产品主要原料为甘草、大茴香等。

20. Pimm's：飘仙，据说此酒为伦敦一调酒师所发明，问世已有一个世纪。

21. Peppermint：薄荷酒。

22. Sabra：一种以色列生产的带有橘子巧克力味道的利口酒。

23. Sloe Gin：一种把黑刺李浸泡在杜松子酒中，然后再在木桶中陈酿而成的一种深红色酒。其传统的英国名称为 Stirrup Cup。

24. Southren Comfort：美国生产，对它是一种威士忌还是利口酒还有些争议，但是由于它有较强的适应性，使它成为一种出色的混合酒。

25. Tia Maria：添万利，一种以兰姆酒为基本原料，用蓝山咖啡香精和香料调味而成的牙买加利口酒。

26. Triple Sec：一种白色的 Curacao，可用于生产许多牌子的 Curacao。

27. Vandermint：一种荷兰巧克力和薄荷利口酒。

28. Vieille Cure：一种高度烈性的棕色法国利口酒，它的芳香和味道来自浸泡在干邑或岩马邑的多种香草。

图 7.18　杏仁酒

三、其他一些利口酒

利口酒种类品牌非常多，以下是一些较有名的利口酒：

Abricotin Grainer：由法国的 Grainer 公司生产的杏利口酒，黄色。

Aiguebelle：一种在法国 Valence 附近用 50 多种原料生产而成的香草利口酒。

Aki：日本产红色李子利口酒。

Alize：法国产西番莲果利口酒、黄色。

Ambrosia：加拿大产的焦糖利口酒。

Apricot Liqueur：杏利口酒。杏浸泡在白兰地中，然后进行加甜生产而成。水果数量若达到一个要求数量，则"Apricot Liqueur"就可称为"Apricot Brandy"（杏味白兰地）。

Apry：由法国波尔多地区的 Marie Brixard 酒厂生产的杏利口酒。

Aurum：意大利生产的橘子利口酒。

Bahia：一种用咖啡和谷物烈性酒掺和而成的巴西利口酒。

Blackberry Liqueur：黑莓利口酒，常为波兰及德国产。

Boggs Cranberry：美国产的酸果蔓果实利口酒。

Café Brizard：法国产深褐色咖啡利口酒。

Café Lolita：美国产褐色咖啡利口酒。

Carolan's Irish Cream：爱尔兰奶油利口酒，由爱尔兰威士忌、黄油、蜂蜜配制。

Chambord：法国产的红色悬钩子利口酒。

Cherry Stock：意大利产红色樱桃利口酒。

Cordial Mdeoc：一种深红色法国波尔多利口酒。

Crème de Almonds：杏利口酒。

Crème de Ananas：金色菠萝利口酒。

Crème de Fraises：一种甜性草莓利口酒。

Crème de Framboise：悬钩草莓（木莓）利口酒。

Crème de Mandarine：柑橘利口酒。

Crème de Mokka：咖啡利口酒。

Crème de Noisettes：白榛子利口酒。

Crème de Noyeau(Noya)：用提取的桃、李等核香精油生产而成的利口酒，带有杏仁的味道。

Crème de Prunelles(Prunellia)：李利口酒。

Cuarenta-Y-Tres：用 43 种不同的香料生产而成的西班牙黄色利口酒，又名 Licor 43。

Dumphy's Original Cream：爱尔兰奶油利口酒。

Emmet Irish Cream：爱尔兰产奶油利口酒。

Expresso Coffee Liqueur：意大利产咖啡利口酒。

Fior d'Alpi：一种用阿尔卑斯山的鲜花和香草生产而成的意大利利口酒。其甜性很高，糖结晶于瓶中的圣诞树枝叶上，形成雪花。

Forbidden Fruit：美国产柚子利口酒。

Franggelico：意大利产榛子利口酒。

Galacafé：意大利产咖啡奶油利口酒。

Ginger Schnapps：姜利口酒，也称 Ginger Liqueur、Ginger-Fla-vored Brandy。

Glayva：苏格兰利口酒，使用了苏格兰香草和香料。

Grasshopper：薄荷利口酒，绿色，有可可香味。

Häagen Dazs：荷兰产可可利口酒。

Honey Dew Melon：美国产蜜露利口酒。

Irish Coffee Liqueur：爱尔兰产咖啡利口酒，由爱尔兰威士忌、咖啡、香料、蜂蜜配制。

Irish Mist：一种以陈年威士忌、草本植物汁和爱尔兰石南蜂蜜为基本原料生产而成的爱尔兰利口酒。

Irish Velvet：爱尔兰产咖啡利口酒。

Izarra：以岩马邑为基本原料的巴斯克（Basque）当归和蜂蜜利口酒，绿色、黄色。

Jeremiah Weed：美国产果料利口酒，由波本威士忌和多种水果配制。

Krupnick：一种波兰蜂蜜利口酒。

Lochan Ora：一种加蜂蜜的苏格兰威士忌利口酒。

Mandarine Napoléon：一种用干邑、水果白兰地有 Andulusian 柑橘皮制成的利口酒。

Midori：日本产西瓜利口酒。

Nassau Royale：巴哈马岛产红色苦桔利口酒。

Nocino：一种在烈性酒中浸坚果的外果壳生产而成的意大利利口酒。

Pistachio：美国产阿月浑子利口酒，绿色。

Praline：美国产同核桃（Pecan）利口酒。

Rock and Rye：一种用水果香料、冰糖块和黑麦威士忌生产而成的美国利口酒，糖会在瓶内结成糖晶。

Poiano：意大利产香草利口酒。

Rosolio：意大利产玫瑰利口酒。也称为 Rodolis 及 Rosoglio。

Rumona：牙买加产利口酒。

Sambuca：意大利产利口酒。

Strega：意大利利口酒，含有 70 多种香草和树皮。

Tilus：意大利产马勃（一种块菌）利口酒。

Tuaca：意大利产香草利口酒。

Venetion Cream：意大利产奶油利口酒。

VOV：意大利产蛋黄利口酒。

Wild Turkey Liqueur：美国产奶油利口酒。

Wisniak：樱桃利口酒，许多国家产。

Wisniowka：波兰、前苏联、捷克、斯洛伐克产以伏特加为酒基的樱桃利口酒。

Yukon Jack：加拿大产果料利口酒。

四、利口酒的饮用服务

利口酒发明之初主要用于医药，主治肠胃不适、气胀、气闷、消化不良、腹泻、伤风感冒及轻微疼痛。利口酒一般由于所含的酒精较高，因此开瓶前后都无需冷藏。唯一例外的是奶油酒，开瓶后应低温保存，并且在六周内喝完。由于光的照射会对酒的颜色等产生不利影响，因此利口酒存放要避免强光直射。

1. 多作为餐后酒，用利口酒杯。法国人特别喜欢餐后来点利口酒以助消化。

2. 用于调制混合酒。此外，它在欧美厨房里也扮演重要角色，它可以用于烹饪、烧烤，做冰淇淋、布丁的淋汁等。

第八章

混 合 饮 料

混合饮料（Mixed drink）是由多种饮料混合而成的饮品，鸡尾酒（cocktail）是其中重要的一类。人们一般用鸡尾酒一词总称混合饮料。

关于鸡尾酒的定义，英国《韦氏辞典》的解释为："鸡尾酒是一种量少而冰镇的酒，它是以杜松子酒、威士忌、朗姆酒或其他烈性酒、葡萄酒为基酒，再配以其他辅助材料如果汁、牛奶、鸡蛋、苦精、冰块、糖浆、汽水等，以搅拌或摇荡方法调制而成的混合饮品，最后再饰以柠檬片或薄荷叶等。"

第一节　混合饮料概述

有人断言第一个混合饮料配方是加有粉状蝰蛇的柠檬汁，它作为一道精美的开胃饮料，在公元前 2 世纪受到 Comnodus 皇帝的称赞。

第一部关于鸡尾酒的书据说是 17 世纪由查理一世特准，伦敦蒸馏者公司出版的，该书记载了许多简单配制的含酒精混合饮料，他们大都具有药疗功效。

1806 年出版的一本美国杂志第一次在文字上把"鸡尾酒"一词定为是烈性酒、糖、水（冰）和苦味酒的混合饮料。第一部真正关于鸡尾酒的书是 1862 年出版的。由 Ietty Thomas 所著的《The Bon Vivant's Guide》。

一、鸡尾酒的由来

关于鸡尾酒的由来说法很多，下面是其中的一些。

1. 一些传说与鸡有关

（1）19 世纪，美国人克里福德在美国哈德逊河边经营一间酒店。他有三件引以为豪的事情,人称克氏三绝:一是他有一只孔武有力、气宇轩昂的大公鸡,是斗鸡场上的名手;二是他的酒库据说拥有世界上最优良的美酒;三是他的女儿艾恩米莉,是全镇的第一名绝色佳人。镇里有个叫阿普鲁思的年轻人,是一名船员,每晚来酒店闲坐一会儿。日久天长,他和艾恩米莉坠入爱河。这小伙子性情又好,工作又踏实,老头子打心眼里喜欢他,但老是作弄他说:"小伙子,你想吃天鹅肉? 给你个条件吧,赶快努力当个船长!"小伙子很有恒心,努力学习工作。几年后,果真当上了船长。他和艾恩米莉高高兴兴地举行了婚礼。老头子比谁都快乐。他从酒窖里把最好的陈年佳酿全部拿出来,调成绝代美酒,在杯边饰以雄鸡尾羽,美艳之极。然后为他绝色的女儿和顶呱呱的女婿干杯:"鸡尾万岁!"从此鸡尾酒大行其道。

(2)根据美国小说家柯柏的传述。鸡尾酒源自美国独立战争末期,有一个移民美国的爱尔兰少女名叫蓓丝(Bensy),在弗吉尼亚的约克镇附近开了一家客栈,还兼营酒吧生意。1779 年,美法联军官兵到客栈集会,品尝蓓丝发明的一种名唤"臂章"的饮料,饮后可以提神解乏,养精蓄锐,鼓舞士气,所以深受欢迎。只不过,蓓丝的邻居,是一个专擅养鸡的保守派人士,敌视美法联军。尽管他所饲养的鸡肥美无比,却无爱国人士光顾。军士们还嘲笑蓓丝与其为邻、讥谑她是"最美丽的小母鸡"。蓓丝对此耿耿于怀,趁夜黑风高之际,将邻居饲养的鸡全宰了,烹制成"全鸡大餐"招待那些军士们。不仅如此,蓓丝还将拔掉的鸡毛用来装饰供饮的"臂章",更引得军士们兴奋无比,一位法国军官激动地举杯高喊:"鸡尾万岁!"从此,凡是蓓丝调制的酒,都被称为鸡尾酒。于是鸡尾酒就一哄而起,风行不衰了。

2.一些传说与马有关

(1)美国的马贩为了使马竖起尾巴(Cock their tails),以显得雄赳赳气昂昂,特别在买卖当日喂点酒给马喝,以求卖个好价钱。

(2)英国盛行混合放养牧马,尤其是在约克郡,人们普遍习惯把一些马的尾巴剪短,以便把它们和良种马区别开来。Cocktailed——截断了尾巴的。

3.一些传说与墨西哥有关

(1)"鸡尾酒"一词出现于 1519 年左右,住在墨西哥高原地带或新墨西哥、中美等地统治墨西哥人的阿兹台克族的土语。在这个民族中,有位曾经拥有过统治权的阿兹台克贵族,他让爱女 Xochitl 将亲自配制的珍贵混合酒奉送给当时的国王,国王品尝后倍加赞赏。于是,将此酒以那位贵族女儿的名字命名为 Xochitl。以后逐渐演变成为今天的 Cocktail。(本传说载自《纽约世界》杂志,它对以后有关鸡尾酒语源的探讨,起着有利的佐证作用。)

(2)在国际酒吧者协会(IBA)的正式教科书中介绍了如下的说法:很久以前,英国船只开进了墨西哥的尤卡里半岛的坎佩切港,经过长期海上颠簸的水手们找到了一间酒吧,喝酒、休息以解除疲劳。酒吧台中,一位少年酒保正用一根漂亮的鸡尾形木匙调搅着一种混合饮料。水手们好奇地问酒保混合饮料的名字,酒保误以为对方是在问他木匙的名称,于是答道,"Cola de gallo"。这在西班牙语中是公鸡尾的意思。这样一来"公鸡尾"成了混合饮料的总称。

传说很多,但一般认为鸡尾酒是美国人的伟大发明之一,且起源约在 1776 年,纽约埃尔姆斯福一家用鸡尾羽毛作装饰的酒吧被认为是第一次鸡尾酒会之地。

20 世纪初,鸡尾酒的发展达到顶点,流行于世界的大部分饮品大多创于这个时期。

二、混合饮料分类

混合饮料一般分为鸡尾酒和长饮:鸡尾酒(cocktail)中基酒所占比重高、辅料用量少,酒精含量大,容量一般在 4 盎司以下;长饮(long drink)中基酒所占比重低、辅料含量高,酒精度低,容量一般在 4 盎司以上。在酒吧实际操作中,鸡尾酒需要对某一名称的鸡尾酒配方、用量、载杯大小、装饰等标准化;一些长饮类没有特定名称,调制也较随意,如朗姆加可乐、威士忌加苏打水、杜松子酒加汤力水、伏特加加橙汁、绿薄荷酒加七喜汽水、金巴利酒加苏打水等。

第二节　混合饮料的调制

一、混合饮料的结构

1.基酒

基酒是鸡尾酒的主体,确立鸡尾酒的基本口味或特征,通常有一种,但有时亦有几种基酒。任何酒精饮料都可作为基酒,但以烈性酒为多,如伦敦干杜松子酒、威士忌、朗姆酒、伏特加、白兰地、龙舌兰酒等。

2.辅料

辅料可细分为调和料和附加料。调和料用以冲淡和缓和基酒,常用的调和料有汽水、果汁、牛奶及一些酒(如香槟)等。常用到的汽水有汤力水、苏打水、干姜水(姜啤)、可乐、柠檬味汽水等;常用到的果汁有柠檬汁、橙汁、莱姆汁、菠萝汁、番茄汁、西柚汁、苹果汁、葡萄汁、椰子汁等。

附加料起调色、调味作用,使鸡尾酒具有所需要的颜色和风格。常用的附加料有苦味酒、利口酒、红石榴汁、糖浆、盐等。

常用到的苦味酒有红必打士、金巴利、杜本纳、Fernet Branca 等;常用到的利口酒有橙皮酒、薄荷酒、君度香橙、咖啡利口酒、杏仁酒、当酒、杜林标、香草利口酒、椰子利口酒、茴香酒、蛋黄酒、奶油酒、樱桃白兰地利口酒等。

3.装饰物

装饰是鸡尾酒的一个重要组成部分。一杯鸡尾酒给人最初印象的好坏,装饰会起很大的作用。鸡尾酒的装饰,花色种类繁多,大部分都色彩艳丽,造型美观,使被装饰的酒更加妩媚艳丽,光彩照人。常用的装饰物有樱桃(红、绿色)、橙、柠檬、黄瓜、香蕉、橄榄、菠萝、薄荷叶、糖粉、盐、胡椒粉、小洋葱、豆蔻粉等。

杯口装饰:绝大部分是由水果制作而成,包括用柠檬制作的柠檬片、柠檬角、柠檬皮旋片等,其他还有橙片、菠萝条、黄瓜皮、樱桃等,其特点是漂亮、直观,给人以活泼、自然的感觉,使人赏心悦目。它既是装饰品,又是美味的佐酒品。

盐边、糖边:对于某些酒品如玛格丽特等,这种装饰是必不可少的。其做法是,将柠檬皮或橙皮夹着杯口转一圈,使杯口湿润,然后在盐粉或糖粉里一沾,就完成了。这种装饰既美观,也是不可缺少的调味品。

杯中装饰:装饰物大部分是由水果制作的,适用于澄清的酒体。它普遍具有装饰和调味的双重作用。

装饰物的选择与应用,首先要根据酒的性质来决定,一般做法是,用何种果汁调制的鸡尾酒,其装饰物就用哪一种水果制作;不含果汁的鸡尾酒,则要根据配方的要求来决定。一杯酒的装饰不可过多、过滥,要抓住要点,使其成为陪衬而不是主角,否则别人会以为做的是一杯水果沙拉而非鸡尾酒。同时,在装饰的制作上,要充分发挥自己的想象力,不拘一格,创造出一个丰富多彩的世界!

4.冰

根据不同用途和形状可分为大块冰、小块冰、方冰、碎冰、冰屑等多种类型,应根据饮品配方选择合适的冰块。在鸡尾酒调制中,冰的作用是其他材料所不能替代的。

5.载杯

品种各异、晶莹剔透、做工精细的酒杯,对美酒具有点缀的作用,是美酒很好的衬托品,同时又是非常漂亮的实用品。常用到的载杯有鸡尾酒杯、香槟杯、古典杯、海波杯、哥连士杯、库勒杯、酸酒杯、玛格丽特杯等。

二、调酒用具

常用调酒用具有:

1. 调酒壶(Hand shaker):通常由壶盖、壶腰和壶身组成,壶腰起滤冰作用,因此也称为滤冰器。型号有大、中、小之分。见图8.1。

2. 调酒杯(Mixing glass):通常由比较坚硬的玻璃制成。

3. 量杯(Jigger):通常用两头均可量取液体的不锈钢量杯。

4. 吧匙(Barspoon):通常一头为匙状,一头为叉。

其他还有过滤器、榨汁器、冰桶、冰夹、搅拌器、小刀、开瓶器、酒钻、调酒棒、吸管、杯垫、鸡尾酒牙签、托盘、案板等。

图 8.1　调酒壶、量杯、冰夹、吧匙

为了配合调酒，还需要其他一些设备和器具，如：

1. 酒嘴

由于在倒酒时过量的倒出、溢出等原因，会造成相当一部分的损失，使用可控酒嘴，可以准确地倒酒，能保证损失的酒是最少的。可控酒嘴的使用，可以减轻调酒员的紧张程度，减少成本和杯的清洗次数，在较短的时间里服务员也可以为更多的顾客服务。

使用可控酒嘴，能保证酒的原味并且确保准确地调制鸡尾酒，使鸡尾酒的质量达到标准要求。可控酒嘴有许多规格，如 $1/2$、$5/8$、$3/4$、$7/8$、1、$1\frac{1}{8}$、$1\frac{1}{4}$、$1\frac{1}{2}$ 和 2 盎司。许多制造商为了快速辨认，把酒嘴染色。在使用酒嘴时要保持卫生，注意防尘、防昆虫。

一些酒吧用塑料分配器倒酒，蒸馏酒被倒扣放置在一个分配器中。操作时，杯子放在酒的出口处，打开分配器阀门将酒倒出，百分百的准确，蒸馏酒被按量倒出。与此同时进行计量器记录并且以一种便于观察的读数方式显示每杯酒的数量和每瓶酒倒出了多少杯。这样就简化了存货控制而且完整记录了销售情况资料。

2. 制冰机

任何饮料经营所需要的最重要的设备之一，毫无疑问，就是一台可靠而又高效的制冰机，一台适合酒店特色的制冰机。制冰机基本上有两种类型：一种生产块冰，另一种生产碎冰。

在购买一台制冰机之前要注意以下一些问题：

(1)需要什么类型和大小的冰块？

(2)机器的总储存量是多少？

(3)每小时生产多少冰？

(4)一台机器有多大？

不同的制冰机可以生产出许多种规格不一的冰块；其中的一些已经被取了绰号："新月"冰块、"小方块"、"雪片冰"、"平面"冰块、"美食家"冰块、"完整"冰块（也叫"骰子"）、"半冰块"（也叫"半骰子"）、"冰金块"、"规则"和"正方形"冰块。

大多数的新型制冰机可以通过调节来生产块冰或碎冰。

三、调酒方法

（一）常用调酒方法

1.摇匀法（也称摇和法）

摇匀法是鸡尾酒调制的主要方法。在调酒壶中放入三四块冰，按配方放入各种原料和添加物。摇酒时的手法有双手和单手之分。双手摇的方法是左手中指托住壶底部，食指、无名指及小指握住壶身，右手大拇指压住壶盖，其他4指和手掌握住壶身，将调酒壶在胸前用力摇晃。单手摇晃时使用右手，食指压住壶盖，其他4指和手掌握住壶身，运用手腕的力量来摇晃调酒壶，使酒得到充分混合。一般鸡尾酒摇制的时间为5秒钟左右，摇至调酒壶外层表面起霜即可。

2.搅匀法（也称搅拌法）

搅匀法是调制鸡尾酒时采用的主要方法之一。在调酒杯中先放入冰块，轻轻摇晃几下，使调酒杯充分冷却，然后按配方放入各种原料，最后放入基酒，左手拿住调酒杯，右手用调酒匙或调酒棒在杯中沿一个方向快速搅动，直至所有原料都融为一体，再将调制好的鸡尾酒用过滤器过滤，斟入预先经过冰镇的酒杯中。

3.直接在杯中调制

将配方中的酒水按分量直接倒入杯中。做分层酒时，应将比重大的酒先倒入杯中，比重小的酒后倒入。倒酒时可用一支吧匙或调酒棒靠放在杯内壁，使酒沿着棒慢慢流入，这样各种酒在杯中才能层次明显，达到预期效果。

4.搅和法

搅和法是把碎冰块、酒品与各种配料放入电动搅拌器中，开动电动搅拌器转动10秒钟左右，使各种原料充分混合，然后倒入杯中即可。这种方法适宜在专业酒吧中制作长饮类鸡尾酒品使用。

5.花式调酒

现今的客人对于鸡尾酒除了色、香、味要求外，还要富于娱乐，从而诞生了花式调酒。正宗"花式调酒"据传最早起源于美国的"Friday"（星期五）餐厅，集观赏、娱乐于一体。它从西方流传到亚洲，又以韩国为首加以变化。花式调酒最大的特点是趣味性强、

图 8.2　分层酒倒法

技巧性高。花式调酒把调酒与杂耍、音乐舞蹈结合,无固定模式,讲究的是调酒师动作是否流畅,能不能调动现场的气氛,当然还要求调出的酒口感纯正,符合客人的气质和喜好。

(二)调酒规则

在实际调制时应遵从以下规则:

1.使用正确的调酒工具。注意使用什么调酒方法,有的混合饮料用摇匀方法,有的用搅匀,还有的用其他方法,各种方法不能混用、代用。

2.摇酒动作要短暂、猛烈、敏捷而姿势优美,含葡萄酒时不能用摇匀法,不可将冒泡的料(如汽水等)放入调酒壶中,难掺和的料要大力摇。

3.从混合考虑尽量使用糖浆,少用糖粉、糖块。

4.用冰要遵照配方,不能重复用冰。

5.调酒用量必须准确。

6.必须用新鲜、质地良好的材料。

7.用杯要正确,酒杯要洗净,拿取时只拿住底部或靠近底的部分,不要触及杯口边。

8.每次以调一份量为宜,调好后快速送上,要用杯垫。

9.讲究卫生。

图 8.3　彩虹鸡尾酒

四、混合饮料的自创

　　企业及个人由于竞争及市场等需要，往往需要自创一些混合饮料。在目前商业化市场竞争时代，个人纯粹为自我欣赏、爱好甚至比赛而进行的混合饮料的自创，其影响和意义显然无法与企业或个人为了商业考量而把混合饮料的自创作为企业创新的一部分内容相比。没有市场需求的自创是没有生命力的。

　　企业创新是把一种新思想引入企业系统的过程。根据熊彼特（Shumpeter）的研究，创新的类型有企业制度创新和企业技术创新。创新与创造、发明概念的最大区别在于，创新的概念更注重应用。企业技术创新是指一项新技术、新产品的商业化过程。

　　根据安索夫（Ansoff）等人的划分方法，企业技术创新战略有领先创新战略、跟随创新战略、模仿创新战略。

　　技术创新过程实际上是技术知识和市场需求融合与转化的过程。这个过程一般有以下几个步骤：

　　1. 机会识别：识别市场机会和技术机会。要认识到顾客对混合饮品的现实需要和潜在需要。

　　2. 概念形成：根据社会需要和技术上的可行，将一种新思想确定下来。这一阶段至关重要，是一个创造性活动，需要发挥想象、联想、转移、借鉴、逆向等创造才能。

3. 基型设计、试制：这一阶段需要把自创混合饮料的配料（基酒、辅料）、装饰、载杯、调法等进行选择，试做后观赏改进，以达到预计的创造效果。

4. 市场实现：实现商业化目的。

第三节　混合饮料的类型及配方举例

一、霸克类

霸克(buck)类都用干姜水(Ginger ale) 或姜啤(Ginger beer)。

1. 金霸克　Gin buck

配料：杜松子酒　Gin	1.5	盎司
柠檬汁　Lemon juice	0.5	盎司
冰干姜水　Ice ginger ale	适　量	

装饰：柠檬　Lemon　　　　　　　　　　　　1 片

载杯：8 盎司海波杯

调法：将杜松子酒及柠檬汁依次放入装有冰块的调酒壶中，摇匀，滤入加有适量冰块的载杯中，注入干姜水搅拌，投入一片柠檬。

2. 苏格兰霸克　Scotch buck

配料：苏格兰威士忌　Scotch whisky	1	盎司
姜味白兰地　Ginger-flavored brandy	0.5	盎司
冰姜啤或干姜水　Ice ginger beer or ginger ale	适　量	

装饰：中号莱姆　Medium-size lime　　　　　半个

载杯：8 盎司海波杯

调法：在载杯中加入半杯冰块，依次放入酒，注入姜水，莱姆挤汁后连皮投入，搅凉。

二、搅拌的饮料

搅拌的饮料(blended drinks)，顾名思义，调制方法是搅拌。

1. 奇奇　Chi chi

配料：伏特加 Vodka	1.5	量杯
椰奶 Coconut milk or cream of coconut	1～2	量杯
菠萝汁 Pineapple juice	1～2	量杯

装饰：樱桃、菠萝、莱姆　Cherry、pineapple spear、lime

载杯：12 盎司玻璃杯

调杯：将配料搅匀后倒入装有碎冰或方冰的载杯中。

2. Pina colada

配料:白朗姆酒 White rum	1.5	盎司
椰　奶 Coconut milk	2	盎司
菠萝汁 Pineapple juice	2	盎司
糖　浆 Syrup	0.5	盎司
装饰:红樱桃 Red cherry	1	枚

载杯:12盎司哥连士杯或高脚杯

调法:把配料搅匀后倒入装有碎冰的载杯中。

三、柯布勒类

柯布勒(cobblers)起源于美国,其配制方法简单:先用冰盛满杯子,然后放入配料,搅匀,加入水果等装饰物。

1. 白兰地柯布勒 Brand cobbler

配料:白兰地 Brandy	1.5	盎司
香橙甜酒 Curacao	0.5	盎司
柠檬汁 Lemon juice	0.5	盎司
糖　Sugar	1	茶匙
樱桃白兰地　Kirschwasser	1	茶匙
装饰:菠萝条　Cocktail-pineapple stick	1	条

载杯:12盎司高杯

2. 香槟柯布勒 Champangne cobbler

配料:柠檬汁　Lemon juice	0.5	茶匙
香橙甜酒　Curacao	0.5	盎司
冰香槟　Chilled champagne	4	盎司
装饰:橙片　Thin slice orange	1	薄片
菠萝条 Small pineapple stick	1	小条

载杯:10 OZ 高脚杯

调法:在载杯中加入一杯碎冰,倒入利口酒及果汁,搅凉后先放入装饰物,再注入香槟。

四、鸡尾酒类

(一)白兰地鸡尾酒　Brandy cocktails

1. 白兰地亚历山大　Brandy alexander

配料:白兰地　Brandy	3/4	盎司

可可利口酒	Crème de cacao	3/4	盎司
浓 乳	Heavy cream	3/4	盎司

装饰:豆蔻粉 Grated nutmeg

载杯:梯形鸡尾酒杯

调法:用碎冰将配料摇匀后,滤入冰镇的鸡尾酒杯,薄洒一层豆蔻粉于酒上。

2. 斯订戈 Stinger

配料:白兰地	Brandy	1.25	盎司
白薄荷酒	White crème de menthe	1.25	盎司

载杯:三角鸡尾酒杯

调法:将配料放入有冰块的调酒杯中,搅拌后,滤入冰镇的鸡尾酒杯内(干斯订戈的做法是增加白兰地或减少薄荷酒)。

3. 傍 车 Side car

配料:白兰地	Brandy	2	盎司
君度香橙或橙皮酒	Cointreau or triple sec	0.5	盎司
柠檬汁	Lemon juice	0.5	盎司

载杯:半圆形鸡尾酒杯

调法:在装有冰块的调酒壶中,加入配料,摇匀后,滤入杯中即成。

(二)杜松子酒鸡尾酒 Gin cocktail

1. 富豪俱乐部 Clover club

配料:杜松子酒	Gin	1.5	盎司
红石榴汁	Grenadine	0.5	盎司
莱姆汁	Lime juice	2	餐匙
蛋清	Egg white	1	个

载杯:鸡尾酒杯

调法:用调酒壶,摇匀,滤入冰镇载杯内。

2. 吉 臣 Gibson

配料:杜松子酒	Gin	2	盎司
干味美思	Dry vermouth	1	大滴(Dash)

装饰:小洋葱 Three cocktail onions 3 个

载杯:鸡尾酒杯

调法:将碎冰放入调酒杯,再加入配料,搅匀后滤入载杯中,装饰。

3. 百元金元 Million dollar

配料:杜松子酒	Gin	0.5	盎司
甜味美思	Sweet vermouth	3/4	盎司

红石榴汁 Grenadine	1	茶匙
菠萝汁 Pineapple juice	1	茶匙
蛋清 Egg white	1	个

装饰:一块菠萝

载杯:梯形鸡尾酒杯

调法:用冰块将所有材料用力摇匀,滤入载杯,以菠萝块饰杯。

4. 桔 花 Orange blossom

配料:杜松子酒 Gin	1.5	盎司
橙汁 Orange juice	2	餐匙

装饰:糖粉

载杯:梯形鸡尾酒杯

调法:用碎冰将所有材料摇匀后,滤入载杯中,用糖粉饰杯。

5. 吉姆莱特 Gimlet

配料:杜松子酒 Gin	2	盎司
莱姆汁 Lime juice	2	盎司
糖 Sugar	适量	

装饰:莱姆片或柠檬片

载杯:三角鸡尾酒杯

调法:放冰块至调酒壶内,加入配料,摇匀后滤入杯中,加装饰物。

6. 红粉佳人(二号) Pink lady (No. 2)

配料:杜松子酒 Gin	1.5	盎司
红石榴汁 Grenadine	1	茶匙
柠檬汁 Lemon juice	3	餐匙
蛋清 Egg white	1	个

装饰:柠檬一片(随意),红樱桃一个

载杯:梯形鸡尾酒杯或郁金香型香槟杯

调法:用冰块将配料摇匀后滤入冰镇载杯中。

(三)威士忌鸡尾酒 Whisky cocktails

1. 古 典 Old-fashioned

配料:糖 Sugar	一块	
波本 Bourbon	2~3	盎司
红必打士 Angostura bitters	1/6	茶匙
柠檬皮 Twist lemon peel	一片	
苏打水 Soda water	适量	

装饰：橙片（随意）　Slice orange（optional）　　　　　1 片

　　　樱桃（随意）　Cherr（optional）　　　　　　　　1 枚

载杯：古典杯

调法：在古典杯中，先放入红必打士、糖及少许苏打水，用长匙将糖搅溶，然后加入冰块、酒，搅拌。拧入柠檬皮，并用橙片和樱桃装饰。

2. Rob roy（dry）

配料：苏格兰威士忌　Scotch whisky　　　　　　　　1.5 　盎司

　　　干味美思　Dry vemouth　　　　　　　　　　3/4 　盎司

　　　红必打士　Angostura bitters　　　　　　　　1 　滴

装饰：柠檬皮　A twist of lemon peel

载杯：鸡尾酒杯（冰镇）

调法：在调酒杯中用碎冰将配料搅匀，滤入载杯中，将柠檬皮拧入。

3. 锈　钉　Rusty nail

配料：苏格兰威士忌　Scotch whisky　　　　　　　　1 　盎司

　　　杜林标　Drambuie　　　　　　　　　　　　1 　盎司

载杯：古典杯

调法：将酒倒入加有冰块的载杯中，搅凉即可。

（四）朗姆鸡尾酒　Rum cocktails

1. 亚加华高　Acapulco

配料：淡朗姆　Light rum　　　　　　　　　　　　1.5 　盎司

　　　莱姆汁　Lime juice　　　　　　　　　　　0.5 　盎司

　　　橙皮利口酒　Triple sec　　　　　　　　　0.25 　盎司

　　　蛋清　Egg white　　　　　　　　　　　　半茶匙

　　　糖　Sugar　　　　　　　　　　　　　　　半茶匙

装饰：新鲜薄荷叶　Fresh mint leaves　　　　　　　2 片

载杯：鸡尾酒杯或古典杯

调法：用碎冰将配料摇匀后，滤入载杯中，将薄荷叶撕片投入杯中。

2. 百加地　Bacardi

配料：百加地朗姆　Bacardi rum　　　　　　　　　1.5 盎司

　　　莱姆汁　Lime juice　　　　　　　　　　　0.5 盎司

　　　红石榴汁　Grenadine　　　　　　　　　　1 茶匙

载杯：鸡尾酒杯或古典杯

调法：将配料用冰块摇匀后，滤入载杯中（鸡尾酒杯必须经过冰镇，用古典杯则杯中须加入冰块）。

3. 玛　泰　Mai tai

配料:黑朗姆	Dark rum	1	盎司
白朗姆	White rum	1	盎司
橙汁	Orange juice	2	盎司
菠萝汁	Pineapple juice	2	盎司
莱姆汁	Lime juice	0.5	盎司
红榴汁	Grenadine	1 大滴	

装饰:红樱桃和橙片　A red cherry and orange slice

载杯:哥连士杯

调法:把配料倒入装有方冰或碎冰的杯中,搅凉,装饰(也可用摇酒壶或调酒杯)。

(五)伏特加鸡尾酒　Vodka cocktail

1. 环游世界　Around the world

配料:伏特加	Vodka	1	盎司
薄荷酒(绿)	Crème de menthe(G)	0.5	盎司
菠萝汁	Pineapple juice	4	盎司

装饰:无

2. 螺丝钻　Screwdriver

配料:伏特加	Vodka	1.5	盎司
鲜橙汁	Orange juice	4.5	盎司

装饰:橙子一角

载杯:8 盎司古典杯(或高脚杯)

调法:将配料倒入装有冰块的载杯中,搅凉,加装饰。

3. 黑俄罗斯　Black Russian

配料:伏特加	Vodka	1.5	盎司
咖啡利口酒	Kahlua	3/4	盎司

载杯:古典杯

调法:将配料用冰块摇匀或直接倒进装好冰块的古典杯,搅匀。

4. 血红玛丽　Bloody mary

配料:伏特加	Vodka	1.5	盎司
番茄汁	Tomato juice	3	盎司
柠檬汁	Lemon juice	0.5	盎司
盐和胡椒粉	Salt and papper	各半茶匙	
辣椒水	Tabassco sauce	半茶匙	
辣椒油	Worcestershire sauce	半茶匙	

装饰:Celery stick　芹菜搅棒一根

5.蓝　湖　Blue lagoon

配料:伏特加　Vodka	1	盎司
香橙甜酒　Blue curacro	1	盎司
柠檬汁　Lemon juice	1	盎司
装饰:柠檬片　A slice of lemon	1	片

(六)特吉拉鸡尾酒　Tequila cocktails

1.玛格丽特　Margarita

配料:特吉拉　Tequila	2	盎司
君度香橙或白色橙皮酒　Cointeau or triple sec	0.5	盎司
柠檬汁　Lemon juice	1	餐匙
装饰:柠檬片　Lemon twist	1	片
盐　Salt	少许	

载杯:玛格丽特杯、浅碟(或三角)鸡尾酒杯

调法:用柠檬皮将载杯口擦湿后,将杯口蘸以细盐,使成霜状。另将配料用碎冰摇匀后滤入冰镇载杯中。

2.特吉拉日出 Tequila sunrise

配料:特吉拉　Tequila	1.5	盎司
冰镇的橙汁　Chilled orange	4	盎司
红石榴汁　Grenadine	3/4	盎司

装饰:红樱桃 1 枚(或柠檬 1 片)

载杯:海波杯

调法:除石榴汁外,将其余配料倒入装有冰块的载杯中,搅匀后,将石榴汁沿杯内壁倒入,使其沉入底部,饰杯。

(七)开胃鸡尾酒　Aperitif cocktail

1.亚美利加诺　Americano

配料:金巴利　Campari	1.25	盎司
甜味美思　Sweet vermouth	1.25	盎司
苏打水(随意) Soda water(optional)	4	盎司

装饰:柠檬片

载杯:三角鸡尾酒杯(或古典杯)

调法:将酒倒入装有冰块的调酒杯中,搅凉后,滤入鸡尾酒杯中,拧入柠檬皮。此酒也可加苏打水,用古典杯装。

2. 培诺一号　Pernod NO. 1

配料：培诺　Perond	2	盎司
水　Water	0.5	盎司
糖浆　Sugar syrup	1/6	茶匙
红必打士　Angostura bitters	1/6	茶匙

载杯：高脚鸡尾酒杯

调法：用冰块将上述材料摇匀,滤入冰镇的载杯。

（八）香槟鸡尾酒　Champagne cocktails

1. 香槟鸡尾酒（一）

配料：白兰地　Brandy	1	盎司
橙汁　Orange juice	0.5	盎司
糖或糖浆　Sugar	少量	
冰香槟　Champagne(chilled)	加满	

装饰：橙片、樱桃

载杯：郁金香型香槟杯。

2. 香槟鸡尾酒（二）

配料：干邑　Cognac	1	盎司
方糖　Sugar cube	1	块
红必打士　Angostura bitters	1	滴
冰香槟　Chilled champagne	加满	

装饰：柠檬皮　A twist of lemon peel

载杯：香槟杯（冰镇）

调法：把除香槟外其他配料放入载杯内,搅匀,注入香槟至满,柠檬皮拧入装饰。

3. 黑丝绒　Black velvet

| 配料：冰香槟　Chilled champagne | 1 | 份 |
| 冰黑啤　Chilled guiness stout | 1 | 份 |

载杯：高脚杯（或啤酒杯）

调法：于载杯中,倒入黑啤,再慢慢注入香槟即成。

4. 含羞草　Mimosa

| 配料：橙汁　Orange juice | 1 | 份 |
| 冰香槟　Chilled champagne | 1 | 份 |

装饰：橙片

载杯：大香槟杯

调法：将配料倒入载杯中,搅匀即可。

5.香橙香槟　*Orange champagne*

配料:冰香槟　Ice fruit champagne	4	盎司
香橙甜酒　Curacao	2	茶匙

装饰:橙皮(呈螺旋状)　Orange peel　　　　　半个

载杯:大型香槟杯

调法:将橙皮放冰镇的载杯中,再倒入配料,轻轻搅拌。

(九)其　他　*Other cocktails*

1.黄金梦　*Golden dream*

配料:加利安奴　Galliana	1	量杯
君度香橙或橙皮酒　Cointreau or triple sec	0.5	量杯
橙汁　Orange juice	0.5	量杯
乳脂　Cream	1	量杯

载杯:鸡尾酒杯

调法:摇匀。

2.草蜢　*Grasshopper*

配料:白可可利酒　Crème de cacao(w)	3/4	盎司
绿薄荷酒　Crème de menthe(g)	3/4	盎司
浓乳　Heavy cream	3/4	盎司

载杯:高脚杯

调法:用冰块将配料摇匀后,滤入冰镇载杯中。

3.雪　球　*Snow ball*

配料:荷兰蛋黄酒　Advocaat	1.25	盎司
青柠汁(莱姆汁)　Lime juice	0.25	盎司
七喜汽水　7-up	加满	

装饰:红樱桃

载杯:高身杯(海波杯)

调法:除七喜外,把配料倒入装碎冰的载杯中,再用七喜加满,加装饰、吸管。

五、哥连士类

哥连士(collins)类饮料属于清凉爽快的长饮,可能源于美国,也可能源自英国。

1.汤姆哥连士　*Tom collins*

配料:杜松子酒　Gin	2盎司
糖　Sugar	1茶匙
柠檬汁　Lemon juice	0.5盎司

冰苏打水　Chilled soda	适量
装饰:柠檬(随意)Lemon(optional)	1 片
橙(随意)　Orange(optional)	1 片
樱桃(随意)　Cherry(optional)	1 枚

载杯:哥连士杯

调法:在载杯中加冰块、酒、柠檬汁及糖,搅匀后,注入苏打水,搅凉,饰杯。

2.约翰哥连士　John collins

除改用波本做酒基外,其余的材料及调法与 Tom collins 相同。

六、库勒(或称冷饮)

库勒(Coolers)类饮料亦属于清凉爽快的长饮。

1. Ram cooler

配料:白朗姆　White rum	1.25 盎司
加利安奴　Galliano	0.5 盎司
莱姆汁　Lime juice	2 盎司

装饰:樱桃、莱姆片

调法:用冰将配料摇匀后滤入装有冰块的酒杯中,饰杯。

2.朗姆库勒　Rum cooler

配料:朗姆　Rum	1.5 盎司
红石榴汁　Grenadine	半茶匙
柠檬或莱姆汁　Lemon or lime juice	1 个的量
苏打水　Soda water	适量

载杯:海波杯

调法:除苏打水外,将其余配料摇匀,滤入海波杯中,苏打水加满。

3.玫瑰冷饮　Rose cooler

配料:玫瑰红葡萄酒 Rose wine	4 盎司
七喜　7-up	加满

装饰:冷冻饮

调法:在装有冰的载杯中倒入玫瑰酒,七喜加满,用莱姆片装饰。

4.葡萄酒冷饮　Wine cooler

配料:白葡萄酒　White wine	3 盎司
柠檬汁　Lemon juice	1 盎司
苏打水　Soda water	加满

装饰:莱姆片 Lime slice

载杯:8 盎司或 10 盎司玻璃杯

调法:再装有冰的载杯中加入酒、柠檬汁,搅匀,加满苏打水,莱姆片饰杯。

5. 日月潭库勒　*Sun-moon lake cooler*

配料:		
苏格兰威士忌　Scotch whisky	1.5	盎司
绿薄荷酒 Crème de menthe(G)	0.5	茶匙
橙汁　Orange juice	0.25	盎司
苏打水　Chilled soda water	适量	

装饰:樱桃、橙片

载杯:14 盎司冷饮杯

调法:在载杯中加入冰、酒、果汁,搅匀后注入苏打水,饰杯,插入吸管。

七、克拉斯特

克拉斯特(crustas)可用任何烈酒配制,最盛行的是白兰地。

1. 白兰地克拉斯特　*Brandy crusta*

配料:		
白兰地　Brandy	1	量杯
香橙甜酒　Cruacao	0.5	量杯
柠檬汁　Lemon juice	1/3	量杯
马士坚奴　Maraschino	1～2	滴
红必打士　Angostura	1～2	滴

装饰:糖粉、柠檬 1 个

载杯:酸味杯

调法:用柠檬湿润杯边,饰以糖粉,配料摇匀或搅匀,滤入载杯中,柠檬一个削皮,成一长条,半悬杯边,半沉杯内。

八、达其利类、冰冻达其利类

达其利(daiquiris)的来源无人知晓,但早在 19 世纪初已有了这个名称。达其利饮料应当即刻饮用。

1. 达其利　*Daiquiri*

配料:		
淡朗姆酒　Light rum	2	盎司
莱姆汁　Lime juice	1	盎司
糖　Sugar	半茶匙	

装饰:糖粉(霜)

载杯:浅碟形鸡尾酒杯或古典杯

调法:将配料加冰摇匀后,滤入杯口沾有糖粉的载杯中,必要时可多加点糖。

冰冻达其利非常流行,一般用电动搅拌,用足够量的干燥碎冰,配成的饮料当是浓浓的加冰果汁,堆起的冰尖要超过大高脚杯的边缘。使用新鲜水果和恰当的香甜酒,可配制一系列冰镇水果达其利(如 Apple、cherry、Lychee、Mango、Melon、Peach、Pear、Strawberry 等)

2.香蕉达其利　Frozen banana daiquiri

配料:白兰地　White rum	1　盎司
香蕉甜酒　Crème de banana	0.5　盎司
柠檬汁　Lemon juice	1　盎司
香蕉　Banana	半根

装饰:一枚红樱桃和一段香蕉
载杯:大高脚杯(冰镇)
调法:配料与两冰铲碎冰一起高速搅拌,不过滤倒入载杯中,饰杯。

九、戴　丝

戴丝(daisy)可用任何烈性酒配制,载杯最好是用容易捏拿的平底杯、高脚水杯或古典杯,装饰除用柠檬外更多的是用樱桃和橙片。饮用时要非常冷却。

一般配法:烈性酒	1 盎司(或 1 量杯)
柠檬汁	0.5 盎司(0.5 量杯)

半茶匙石榴汁
苏打水(可任意选择)
亲亲戴丝　Ching-ching daisy

配料:黑朗姆　Dark rum	1　盎司
柠檬汁　Lemon juice	半个(鲜柠檬)
红石榴汁　Grenadine	半茶匙
细糖　Sugar	半茶匙

装饰:一角柠檬
载杯:海波杯或古典杯
调法:将柠檬挤汁连皮投入调酒壶,加碎冰和其余材料,摇匀后连冰块一起倒入载杯中,以柠檬装饰。

十、费克斯

费克斯(fix)酒的基酒是白兰地、杜松子酒、朗姆酒和威士忌,直接在中型高杯中调制(无须加苏打水或其他稀释的配料),只要轻轻搅拌几下即可。

1. 白兰地费克斯 Brandy fix

配料:		
白兰地 Brandy	1	量杯
樱桃白兰地 Cherry brandy	0.5	量杯
糖 Sugar	1	茶匙

调法:将糖溶于盛有一茶匙冷开水的载杯中,加入酒、碎冰,搅匀,插入饮管。

2. 苏格兰橙子费克斯 Scotch orange fix

配料:		
苏格兰威士忌 Scotch whisky	2	盎司
香橙甜酒 Curacao	1	茶匙
柠檬汁 Lemon juice	0.5	盎司
糖 Sugar	1	茶匙
水 Water	2	茶匙

装饰:三寸橙皮

载杯:8 盎司海波杯

调法:用水使糖粉在载杯内溶化,加入冰块、威士忌、柠檬汁,搅凉后,饰以橙皮,再将香橙甜酒漂于酒上。

十一、菲士类

菲士(fizz)是以烈酒、果汁和糖浆摇混而成,滤入高杯后,加些冰块,再用苏打水或香槟冲满,有时也用蛋青或蛋黄。在菲士酒中,最著名的是金菲士,此类酒是午前午后最普遍的饮料。

1. 金菲士 Gin fizz

配料:		
杜松子酒 Gin	2	盎司
柠檬汁 Lemon juice	0.5	盎司
冰镇苏打水 Soda（chilled)	适量	

装饰:一片柠檬

载杯:14 盎司高杯

调法:除苏打水外,将其余成分用碎冰摇匀后,滤入加有冰块的载杯中,注满苏打水,搅凉。以柠檬片饰杯,插入吸管供用。

2. 金色菲士 Golden fizz

在金菲士的配料中,增加一个生蛋黄,调法与金菲士相同,无饰物。

3. 银色菲士 Silver fizz

在金菲士的配料中,增加一个蛋清,调法与金菲士相同,以柠檬片饰杯。

十二、菲利浦

菲利浦(flip)原本是一种热饮酒,主要成分是烈酒或葡萄酒、鸡蛋,因有镇静作用,所以通常在就餐前或起床后饮用,如今除了少数热饮酒外,大多变成冷饮了。其载杯一般用中等容量的葡萄酒杯。

白兰地菲利浦　Brandy flip

配料:白兰地　Brandy	1	量杯
鸡蛋　Whole egg	1	只
糖粉(或糖浆)　Sugar	1	茶匙

装饰:豆蔻粉

调法:用冰将配料摇匀,滤入载杯中,洒少许豆蔻粉。

注:其他 Flip,如金菲利浦、些厘菲利浦、威士忌菲利浦等,除用其他酒替代白兰地、鸡蛋用蛋黄外,配料装饰及调法都一样。

十三、漂漂酒

漂漂酒(float)是一种饮品漂浮在另一种饮品上。

1. B 加 B　B&B

配料:当酒　Benedictine	1	盎司
白兰地　Brandy	1	盎司

载杯:2.5 盎司的些厘酒杯

调法:先把当酒加入载杯,用吧匙将白兰地漂于当酒上。

2. 白兰地漂漂　Brandy float

配料:白兰地 Brandy	1.5	盎司
冰苏打水 Chilled soda	适量	

载杯:古典杯

调法:在古典杯中放入冰块,并注入 2/3 杯苏打水,然后将白兰地浮于苏打水上。

3. 爱丰斯王　King alphonse　(此配方名称有好几个,非常古老)

配料:褐色可可酒　Crème de cacao	1.5	盎司
浓乳 Heavy cream	0.5	盎司

载杯:郁金香形香槟杯(或大甜酒杯)

调法:将可可酒倒入载杯中,将浓乳浮在上面。

十四、富来普

富来普(frappe)系法语,意为"和优质的碎冰一起饮用"。

1. 利口酒富来普　*Liqueur frappe*

所有的利口酒都可用来配制富来普。用碎冰盛满载杯(一般用大香槟杯,或鸡尾酒酒杯,杯须冰镇)然后在冰上倒一杯所需的利口酒,插入吸管。

最普遍的是薄荷富来普。

2. 野梅莱姆富来普　*Sole lime frappe*

| 配料: | 野梅杜松子酒　Sole gine | 1 | 盎司 |
| | 淡朗姆酒　Light rum | 0.5 | 盎司 |

装饰:柠檬片

调法:将碎冰放入大型香槟杯中,将混合好的酒倒入,柠檬片饰杯,此酒不用吸管。

十五、高杯混合酒

高杯混合酒(Highball and tall drinks)海波(Highball)这一著名的美国饮料术语据说来源于 19 世纪。

1. 自由古巴　*Cuba libre*

配料:	淡朗姆酒　Light rum	1.5	盎司
	柠檬汁　Lemon juice	1	盎司
	可乐　Cola	适量	

装饰:柠檬一片

载杯:冷饮杯

调法:在盛有冰块的载杯中依次加入上述配料,搅凉后,以柠檬饰杯,插入吸管供饮。

2. 金汤力　*Gin and tonic*

| 配料: | 杜松子酒　Gin | 1.5 | 盎司 |
| | 汤力水　Tonic water | 适量 | |

装饰:一片柠檬

载杯:冷饮杯或水杯

调法:将冰块放入载杯,加入杜松子酒和柠檬片,再加满汤力水,插入吸管供用。

注:杜松子酒用伏特加代替,则成伏特加汤力,用朗姆,则为朗姆汤力。

3. 哈威·华尔班格　*Harvey Wallbanger*

配料:	伏特加　Vodka	1.5	盎司
	橙汁　Orange juice	2.25	盎司
	加利安奴　Galliano	3/4	盎司

载杯:海波杯

调法:在杯中加入方冰、酒及橙汁,摇匀后,再加入加利安奴,不可再搅拌。

4.马　颈　Horse neck

配料:威士忌　Whisky　　　　　　　　　　　　　　　2～3　盎司

干姜水　Giner ale　　　　　　　　　　　　适量

装饰:柠檬皮

载杯:14 盎司高杯(冷饮杯)

调法:将柠檬削皮(宽两厘米,从头至尾整条削下),螺旋形塞入杯中,头部挂于杯口,加入适量冰块、酒,注满姜水,插入吸管供饮。

5.长岛冰茶　Long island ice tea

配料:杜松子酒　　Gin　　　　　　　　　　　　　　1　量杯

伏特加　　Vodka　　　　　　　　　　　　1　量杯

黑朗姆　　Dark rum　　　　　　　　　　　1　量杯

可乐　Cola　　　　　　　　　　　　　　加满

装饰:柠檬片

载杯:哥连士杯

调法:放冰于杯内,依次倒入上述配料,搅匀,柠檬装饰,插入吸管。

注:Long island ice tea(长岛茶)配方:

配料:伏特加、杜松子酒、淡朗姆酒各 1/2 盎司、淡冷茶 1 盎司、可乐

装饰:柠檬片、小枝薄荷

载杯:海波杯

6.尼哥罗尼海波　Negaroni Highball

配料:杜松子酒　　Gin　　　　　　　　　　　　　　1.5　盎司

甜味美思　Sweet vermouth　　　　　　　3/4　盎司

金巴利 Campari　　　　　　　　　　　　3/4　盎司

苏打水　Soda water　　　　　　　　　　加满

装饰:柠檬片或橙片

载杯:海波杯

调法:在加有冰的载杯中,依次加入上述配料,搅匀,饰杯。

7.飘　仙　Pimm's cup

配料:飘仙1,2,3号任选　Pimm's NO.1,2 or 3　　　　2　盎司

柠檬汽水或七喜,姜水 Lemon soda or 7-up,ginger ale加满

装饰:柠檬片、红樱桃、黄瓜皮

载杯:冷饮杯或带柄大杯

调法:在杯中加冰、酒及汽水,搅匀,投入装饰物。

8.盐　狗　Salty dog

配料:杜松子酒或伏特加　Gin or vodka　　　　　　　2　盎司

莎　Spritzer

配料:干白葡萄酒　Dry white wine　　　　　　　　4～6　盎司

冰苏打水　Chilled soda　　　　　　　　　　　适量

装饰:柠檬皮

载杯:冷饮杯

调法:将柠檬皮整条削下,置于载杯中,加入冰块及酒,冲入苏打水,搅凉即成。

9.黑麦海波　Rye highball

配料:黑麦威士忌　Rye whiskey　　　　　　　　　1.5　盎司

苏打水　Soda water　　　　　　　　　　　加满

装饰:柠檬皮2片

载杯:海波杯

调法:柠檬皮拧出油,滴入杯中,杯加碎冰、酒,注满苏打。

注:可分别用苏格兰、白兰地代替黑麦威士忌,使之成为威士忌海波、白兰地海波。

10.康福海波　Comfort highball

配料:南方康福　Southern comfort　　　　　　　1.5　盎司

莱姆汁　Lime juice　　　　　　　　　　　3/4　盎司

苏打水　Soda water　　　　　　　　　　　加满

载杯:海波杯

调法:将方冰数块放入杯中,加入配料淋在冰上,搅匀,注满苏打水。

十六、租立类、司美类

租立(julep)来自美国的肯塔基,传统的材料是用该地产的波本和新鲜薄荷叶,如今也可用苹果白兰地、白兰地、杜松子酒、朗姆酒或黑麦威士忌等烈酒来调,不过在此仍以老配方为范例。

1.薄荷租立　Mint julep

配料:薄荷叶　Fresh mint　　　　　　　　　　4　枝

糖　Sugar　　　　　　　　　　　　　　1　茶匙

波本　Bourbon　　　　　　　　　　　　3　盎司

苏打水　Soda water　　　　　　　　　　　少许

载杯:14盎司大杯(带把)

装饰:薄荷叶

调法:先用小杯,将4枝薄荷叶、糖和苏打水混捣至叶子碎烂,然后加酒搅匀,滤入加有冰块的载杯中,用长匙搅凉,饰杯,插吸管。

2.司美(smash)是租立中一种较淡的饮料,一般做法:将鲜薄荷数片捣烂放入阔口杯内,加方糖1块,清水少许使糖溶化,加入碎冰及1.5盎司烈酒(白兰地或威士忌、杜松子酒、朗姆酒、伏特加),搅拌,以鲜薄荷1小株点缀。

十七、马丁尼、曼哈顿

马丁尼是所有鸡尾酒中最著名的鸡尾酒,有鸡尾酒之王之称,但是它的来源却不清楚。第二次世界大战前,此饮料用2份杜松子酒与1份味美思,第二次世界大战后,变为4份杜松子酒加1份味美思,现其味道变得越来越干,杜松子酒与味美思之比可以从3∶1到30∶1甚至有简单地把杜松子酒倒在冰块上Naked martini。有经验的调酒师认为10或12份杜松子酒与1份干味美思调的马丁尼味道最好。

马丁尼与曼哈顿的调法一样,都是先将配料倒入装有冰的调酒杯中搅匀,再滤入冰镇过的鸡尾酒杯中。配方举例:

图8.4　马丁尼鸡尾酒及配料

1.干马丁尼　Martini(dry)

配料:杜松子酒　Gin　　　　　　　　　　　　　　　4份或6份
　　　干味美思　Dry vermouth　　　　　　　　　　1份
装饰:一片柠檬皮或一枚水橄榄

2. 曼哈顿 Manhattan

配料:混合威士忌或波本 Blended whisky or bourbon	4 份或 6 份
甜味美思 Sweet vermouth	1 份
红必打士 Angostura bitter	1 大滴

装饰:一枚红樱桃

3. 完美曼哈顿、完美马丁尼 Perfect manhattan、Perfect martini

除用半份干味美思加半份甜味美思代替 1 份味美思,装饰用柠檬皮(螺旋状)外,其余的材料与调法不变。

4. 伏特加马丁尼 Vodka martini

配料:伏特加 Vodka	6 份
干味美思 Dry vermouth	1 份

装饰:柠檬皮

5. 朗姆马丁尼 Rum martini

配料:朗姆酒 Rum	4 份
干味美思 Dry vermouth	1 份
1 dash Orange bitters	加不加随意

装饰:水橄榄或柠檬皮

6. 特吉拉马丁尼 Tequini(Tequila martini)

配料:特吉拉 Tequila	4 份
干味美思 Dry vermouth	1 份

装饰:柠檬皮或水橄榄。

十八、密斯特类(雾酒)

密斯特(mist)与 frappe 酒相比,只是杯子较大些。用苏格兰威士忌或波本威士忌调制的密斯特,很适合饭后消磨时光或空暇时间喝。然而,用很高级的烈酒来调,最好在晚餐以后饮用。刚喝过咖啡,用白兰地或利口酒来调此类酒,风味更佳。

1. 加拿大或苏格兰密斯特 Canadian or scotch mist

配料:加拿大或苏格兰威士忌 Whisky(canadian or scotch)	1.5 盎司
装饰:柠檬皮 Twist lemon peel	1 片

载杯:古典杯

调法:在载杯中加入 3/4 杯碎冰,然后倒入威士忌,并饰以绞拧的柠檬皮及吸管一支。

注:也可以用其他烈酒,调法相同。

2.菠萝密斯特　Pineapple mist

配料:碎菠萝肉　Crushed pineapple	2	盎司
淡朗姆　Light rum	1.5	盎司

装饰:樱桃一枚

载杯:古典杯

调法:将碎冰及菠萝肉放入古典杯内,搅拌之后,再倒入酒,并饰以红樱桃及吸管一支。

十九、烈酒加冰

烈酒加冰(On the rock)是酒吧最为常见的一种烈酒服务方式,在此以苏格兰加冰为例。

1.苏格兰加冰　Scotch on the rock

调法:将方冰3~4块放入古典杯中,然后量入苏格兰威士忌1量杯或2盎司,有时可轻微搅拌,通常无装饰。

说明:烈酒尤其是威士忌类另一种做法是兑冰水。如 Scotch/Water、Bourbon/Water、Canadian/Water、Whisky/Water。

2.达其利在冰上　Daiquiri-on-the-rocks

配料:百加地朗姆　Bacardi rum	1	量杯
糖粉　Sugar	1	茶匙
柠檬汁　Lemon juice	半柠檬汁量	

调法:在古典杯内放满冰块,再放入配料,搅匀即可。

3.苏格兰苏打　Scotch & Soda

配料:苏格兰威士忌　Scotch whisky	1.5	盎司
苏打水　Soda water	加满	

载杯:海波杯

调法:在杯中加冰、酒,然后加满苏打水。

4.特吉拉泡　Tequila ball

配料:特吉拉　Tequila	1.5	盎司
汤力水或苏打水　Tonic or soda	加1/3杯	

载杯:古典杯

调法:用专用防水餐巾纸加盖,摇匀,去盖乘有气泡时迅速饮用。

二十、提神酒

提神酒(Pick-me-ups)是专为那些早晨起床后、宿醉未解、精神恍惚、浑身发软的人而设计的。因此,它的配方也针对着这些毛病,希望喝过之后,能重新振作起来。最常用的基酒是香槟和白兰地,其他酒偶尔也用。

可能是由于它的味道不够美,故而在习惯上,都是将生鸡蛋吞下;这也是一种由来已久的治疗法。不过,有酒和其他佐料的加入,生吞一个鸡蛋应该不是问题。

酒吧应该有足够的有利于恢复精神的东西。Fernet branca、Underberg 被认为具有强身作用。

1. 香槟提神酒　Champagne pick-me-up

配料:		
白兰地　Brandy	1.5	盎司
香橙甜酒　Curacao	0.5	盎司
冷香槟　Chilled champagne	4	盎司
妃尔奶布朗卡　Fernet branca	0.5	茶匙

载杯:大型香槟杯或红酒杯

调法:将上述材料(除香槟外)依次倒入有适量冰块的载杯中,搅拌数下,最后再倒入香槟酒。

2. 桔子醒酒　Orange wake-up

配料:		
鲜橙汁　Fresh orange	4	盎司
干邑　Cognac	0.5	盎司
淡朗姆酒 Light rum	0.5	盎司
甜味美思 Sweet vermouth	0.5	盎司

装饰:橙片

载杯:8 盎司平底杯

调法:将上述材料摇匀后,滤入有冰块的载杯中,以橙片点缀之。

3. 普西拉莫尔　Pousse　L'amour

配料:		
马士坚奴　Maraschino	0.5	盎司
当酒(D. O. M) Benedichino	0.5	盎司
生蛋黄　Egg yolk	1	个
白兰地　Brandy	0.5	盎司

载杯:甜酒杯(直身)

调法:将马士坚奴倒入载杯中,将生蛋黄慢慢滑入,再将当酒沿杯内壁慢慢流下,最后,以同样方法加入白兰地,注意不可使之混淆。

二十一、彩虹酒

彩虹酒(Pousse-café)起源于美国。它是将等量的颜色鲜艳、比重(含糖量)不同的各种材料(以利口酒为主),按照比重大者先倒入的方法调制而成的彩虹般的多色酒。

1. 天使之吻　Angel's kiss

配料:	白色可可酒　Crème de cacao	0.25	盎司
	紫色利口酒　Crème Y'vette	0.25	盎司
	白兰地　Brandy	0.25	盎司
	浓乳　Heavy cream	0.25	盎司

载杯:直身甜酒杯

调法:将上述材料按序放入杯中即可。

2. 左舷右舷 Port and starboard

配料:	红石榴汁　Grenadine	1.5	盎司
	绿薄荷酒　Green crème de menthe	0.5	盎司

载杯:2盎司的甜酒杯

调法:将上述材料依次放入杯中即可。

3. 彩虹4号　NO.4

配料:	红石榴汁　Grenadine	0.5	盎司
	褐色可可酒　Crème de cacao	0.5	盎司
	绿薄荷酒　Green crème de menthe	0.5	盎司
	白色樱桃酒　Maraschino	0.5	盎司
	紫色利口酒　Crème de Y'vette	0.5	盎司
	白兰地　Brandy	0.5	盎司

载杯:甜酒杯

调法:将上述材料依次放入杯中。

二十二、帕弗类

帕弗酒(puffs)于餐前饮用,也是一种很好的提神酒,以白兰地做基酒者最普通。

白兰地帕弗　Brandy puffs

配料:	白兰地　Brandy	1.5	盎司
	牛奶　Milk	1.5	盎司
	冰镇苏打水　Chilled soda		

载杯:平底杯

调法:将冰块倒入载杯中,并倒入白兰地、牛奶及苏打水,搅拌,插入吸管供用。

二十三、利克类

一提到利克(rickey)这个名字,就联想到杜松子酒。它在夏天的饮料群中既古老又著名,金利克是其中一种。还可用其他酒来调,它的材料是基酒、莱姆、苏打水,不要加糖。方法是:将莱姆挤过后,连皮放入高杯中,然后加冰块、酒和苏打水。

利克和哥连士(collins)属同一类型,虽然其来源有些模糊,但利克是一种美国饮料则可以肯定。

金利克　Gin rickey

配料:	杜松子酒　Gin	1.5	盎司
	冰镇苏打水　Chilled soda water	适量	
	大莱姆　Large lime	0.25	盎司

装饰:莱姆

载杯:8 盎司平底杯

调法:将冰块倒入杯中,倒入酒,并将莱姆挤汁后连皮放入,注满苏打水后搅凉。

二十四、新加瑞类

新加瑞(sangaree)也许是利克(rickey)的同一家族成员,对于其来源众说纷纭,它很有可能来源于印度,但是其他故事则认为它来源于战争年代的美国南部州中,它是给伤员和病人喝的,从名称进行猜测,这种饮料可能源于"singari"一词,这个名西班牙语的解释是"血"的意思。它是以烈酒、葡萄酒或啤酒来做基酒,再加点糖,杯的大小是以分量的多寡而定。调这种酒习惯上要洒上豆蔻粉。如果用大杯装,还要加入苏打水,最后再漂上一层砵酒(Port)。

波特新加瑞二号　Port sangaree NO.2

配料:	糖粉　Sugar	1.5	茶匙
	砵酒　Port	2	盎司
	冰镇苏打水　Chilled soda water	适量	
	白兰地 Brandy	1	餐匙

装饰:豆蔻粉(Netmeg)

调法:先将少许水使糖在杯中溶解,后加入冰块和波特酒,并注入适量苏打水,搅凉后,将白兰地漂于上面,轻洒少量豆蔻粉。

二十五、斯林(司令)类

斯林酒(sling)很像利克(rickey),虽然很多配方中都使用了苏打水,但许多高级绅士却都坚持认为应该用水来调,使用的杯子是 8 盎司平底杯或古典杯,以烈性酒为基酒。新加坡斯林是最有名的。

Gin sling 是非常古老的饮料,常常在偏远、温暖的条件下饮用,其来源并非十分确定,然而对于新加坡斯林,则很少有人怀疑其发源地来自于新加坡著名的 Roffles hotel这一事实。

新加坡斯林　Singapore sling

配料:	杜松子酒　Gin	1.5	盎司
	樱桃白兰地　Cherry-flavored brandy	0.5	盎司
	红石榴汁　Grenadine	0.25	盎司
	冰镇苏打水　Iced soda	适量	
	柠檬汁　Lemon juice	1	盎司
	苦味酒　Bitters	几滴	
	糖浆　Simple syrup	0.5	盎司

装饰:柠檬片、红樱桃

载杯:14 盎司平底杯

调法:除苏打水及果片外,将其余材料用冰块摇匀(或搅匀)后,滤入加有冰块载杯中,注入苏打水,搅凉,投以柠檬片及红樱桃,插入吸管供用。

二十六、酸　酒

酸酒(sour)是一种餐前酒,味道酸,如果要让 Sour 带有突出饮料味道所必需的鲜明性,那么它必须要用鲜果汁配制。尽管几乎任何含酒精的都可以用来做基酒,但是最流行的是威士忌酸。

1.酸　Sour

配料:	烈酒　Liquor of choice	1	量杯
	柠檬汁　Lemon juice	1	量杯
	糖浆(或糖) Simple syrup(or　sugar)	0.25	盎司
	(或 1 茶匙糖)		

装饰:樱桃和橙片

载杯:酸味杯(冰镇过)

调法:配料用摇酒壶摇匀后滤入载杯中,装饰杯子即可。

注:烈酒若用伏特加,则称伏特加酸,若用威士忌,则用威士忌酸。

2.苏格兰酸　Scoth sour

配料:	苏格兰威士忌 Scoth whisky	1.5	盎司
	柠檬汁(新鲜)　Lemon juice	1	盎司
	糖浆　Syrup	0.5	盎司
	蛋清　White egg	适量	

装饰:柠檬片

载杯:酸酒杯

调法:配料用摇酒壶大力摇匀后滤入酸酒杯中,用柠檬片饰杯。

二十七、果汁类

1. 眼镜蛇　Cobra(或称为 Hammer、Sole screw)

| 配料:黑刺李酒　Sole gin | 1 量杯 |
| 橙汁　Orange juice | 加满 |

载杯:海波杯

调法:掺兑(杯中放 1/2 杯方冰)

2. Golden screw

| 配料:加利安奴　Galliano | 1 量杯 |
| 橙汁　Orange juice | 加满 |

载杯:海波杯

调法:掺兑(杯中放半杯方冰)

3. 猎　狗　Greyhound

| 配料:伏特加　Vodka | 1 量杯 |
| 柚汁　Grapefruit juice | 加满 |

载杯:海波杯

调法:掺兑(杯中放半杯方冰)

4. 希腊螺丝钻　Greek screwdriver

| 配料:希腊奥佐甜酒　Ouzo | 1 量杯 |
| 橙汁　Orange juice | 加满 |

载杯:海波杯

调法:掺兑(杯中放半杯方冰)

二十八、两种烈酒类

1. Dirty mother

配料:白兰地　Brandy	1 量杯
咖啡利口酒　Kahlua	0.5 量杯
方冰　Cube ice	数块

载杯:古典杯

调法:掺兑

2. 杜松子酒和金巴利　Gin and campari

配料:杜松子酒　Gin	0.5 量杯
金巴利　Campari	0.5 量杯
方冰　Cube ice	数块

载杯：阔口矮杯

调法：掺兑

3. 教　父　Godfather

配料：苏格兰或波本　Scotch or bourbon	1	量杯
阿玛托或杜林彪　Amaretto or drambuie	0.5	量杯

载杯：古典杯

调法：载杯中加满方冰、倒入配料、搅匀即可。

4. Blue monday

配料：伏特加　Vodka	3/4	量杯
君度香橙　Cointreau	1/4	量杯

调法：将配料用冰搅匀后，滤入载杯中。

5. 绿色阿拉斯加　Green alaska

配料：伏特加　Vodka	2/3	量杯
薄荷酒(绿色) Crème de menthe(G)	0.5	量杯

载杯：香槟杯

二十九、无酒精饮料

1. Black and tan

配料：冰块　Ice cubes

　　　牛奶　Milk

　　　可乐　Cola

载杯：10 盎司(安士)平底高杯

调法：在载杯中加入冰块，并倒入半杯可乐，再加以牛奶冲满，搅凉。

2. 灰姑娘　Cinderella

配料：柠檬汁 Lemon juice	1/3
橙汁 Orange juice	1/3
菠萝汁 Pineapple juice	1/3

调法：摇匀后滤入适当酒杯中。

3. 柠檬汁　Lemonade

配料：柠檬汁　Lemon juice	2	盎司
糖　Sugar	1.5	茶匙

载杯：大平底高杯

调法：载杯中放半杯碎冰，加入柠檬汁、糖，搅动，并注满清水。

4.牧师特饮　Parson's special

配料:红石榴汁 Grenadine	2　茶匙
橙汁 Orange juice	2　盎司
蛋黄 Egg yolk	1 只
苏打水 Soda water	适量

调法:除苏打水外把配料摇匀,滤入中等容量的杯中,加苏打水。

5.马颈(无酒精) Horse neck

配料:柠檬 Lemon	1 个
干姜水 Ginger ale	适量
方冰 Ice cube	3～4 块

装饰:柠檬皮、柠檬片

载杯:平底高杯

调法:将柠檬整条削下,置于杯中,皮之一端挂于杯口,然后塞入数块冰块,注满干姜水,搅凉,投柠檬一片饰之。

6.普施富　Pussy foot

配料:菠萝汁 Prineapple	2　盎司
橙汁 Orange juice	2　盎司
莱姆汁 Lime juice	0.5　盎司
红石榴汁 Grenadine	0.5　盎司
蛋黄 Egg yolk	1 只
装饰:红樱桃	1 枚

7.沙莉潭宝　Shieley temple

配料:红石榴汁　Grenadine	0.5盎司
莱姆汁　Lime juice	0.5盎司
七喜　7-up	加满

装饰:红樱桃和莱姆片

载杯:海波杯

调法:再盛满冰的载杯中依次加入配料,轻柔地搅动,饰杯。

注:配料也有用 Ginger beer 与 grenadine 的。

8.维纳斯的梦 V nus dream

配料:苹果汁 Apple juice	2　盎司
橙汁　Orange juice	2　盎司
鸡蛋　Egg	1 个
糖浆　Syrup	1　盎司

苏打水　Soda water　　　　　　　　　　　　　适量

载杯:10盎司高杯

调法:先将除苏打水以外的配料和碎冰一起大力摇匀,然后不过滤倒入载杯中(或过滤到装有碎冰的载杯中),冲入苏打水,插长柄匙及吸管两只供用。

三十、赛珍丽

赛珍丽(sazerace)调法:将鸭臣酒和红必打士各数滴滴在阔口矮杯内的方糖上,再加碎冰及柠檬皮1片,把配料淋在冰上,搅匀。

配料:如杜松子酒(伏特加、威士忌)1量杯

三十一、斯加发

朗姆斯加发　Rum scaffa

配料:朗姆	Rum	0.5	盎司
红必打士	Angostura	0.5	盎司
当酒	Benedictine D. O. M	0.5	盎司

载杯:鸡尾酒杯

调法:于载杯中注入红必打士及朗姆、泵酒即可。

三十二、新　地

新地(shandy)是啤酒和姜啤(或干姜水、柠檬水)混合成的饮料,其载杯用啤酒杯或大水杯,调法简单,先放数块冰于杯中,倒一半啤酒,一半姜啤或干姜水、柠檬水。

1. 干姜水/姜啤新地　Ginger ale / Ginger beer shanndy:啤酒一半,干姜水/姜啤一半

2. 柠檬啤酒新地　Lemonade beer shanndy:啤酒一半,柠檬水一半

三十三、斯威泽

斯威泽(swizzles)源自西印度群岛,名称取自搅动饮料的小棒(swizzles stick)。原先的swizzles stick是顶端带有小枝杈、约两英寸长的干的热带植物茎秆,在调酒时把棒插入,棒放在两只手中间剧烈地转动,以搅动碎冰和酒液直到装有酒液的容器外产生一层霜为止。

1. 金斯威泽 Gin swizzle

配料:杜松子酒	Gin	1	盎司
莱姆汁	Lime juice	0.5	盎司
蛋清	Egg white	一个蛋的量	

糖　Sugar	少许	

载杯:高脚杯

调法:将配料放入装有冰块的摇壶中摇匀,倒入载杯中。

2.苹果白兰地斯威泽　Applejack swizzle

配料:朗姆　Rum	1	盎司
红必打士　Angostura	1	茶匙
糖　Sugar	1	茶匙
柠檬汁 Lemon juice	0.5	盎司

载杯:鸡尾酒杯

调法:将配料倒入加有大量碎冰的玻璃杯中,用调酒棒搅至冰冻,再滤入载杯中。

三十四、森　比

森比(zombie)作为饮料在美国是指果汁与朗姆等混合的鸡尾酒。西非和美国南部等地伏都教崇拜的蛇神亦为 Zombie。

森比　Zombie

配料:淡朗姆　Light rum	2.5	盎司
黑朗姆　Dark rum	1	盎司
杏仁白兰地　Apricot brandy	0.5	盎司
菠萝汁(无甜味) Pineapple juice	1	盎司
莱姆汁　Lime juice	0.5	盎司
橙汁　Orange juice	1	盎司
糖　Sugar	1	茶匙

载杯:森比杯

调法:将配料与碎冰一起摇匀后滤入加有 3/4 杯碎冰的载杯中,另将一茶匙黑朗姆酒浮在液面上,用一长条菠萝、一枚红色及绿色樱桃和一小株薄荷叶放在杯内装饰,插吸管供用。

三十五、攒升酒

所有攒升(zoom)这类酒,除基酒不同外,其余材料不变,调法也相同。

攒升酒　Zoom

配料:蜂蜜　Honey	1	茶匙
烈酒(任选) Liquor	2	盎司
浓乳　Heavy cream	1	茶匙

载杯:高脚杯(或大型香槟杯)

调法：先用少许水将蜂蜜融解，然后倒入调酒壶中，并加入碎冰及其他配料，摇匀后滤入载杯中。

三十六、宾治、客普、托第、蛋诺

(一)宾治(punch)

最古老和最简单方式的 punch 是朗姆酒加水(热的或冰镇的)，加糖调味和橙汁或柠檬汁(热 punch)，或者鲜莱姆汁(冰镇 punch)。其制作一般用宾治盆同时制多杯，在许多场合，不放酒的宾治很受欢迎。

1.咖啡牛奶宾治 Coffee milk punch

配料：咖啡利口酒	Coffee liqueur	1	盎司
黑朗姆酒	Dark rum	1	盎司
小鸡蛋	Small egg	1	个
牛奶	Milk	5	盎司
炼乳	Heavy sweet cream	0.5	盎司
糖	Sugar	1	茶匙

装饰：豆蔻粉

载杯：12盎司高杯

调法：用碎冰将配料摇匀后，滤入杯中，洒少许豆蔻粉。

2.水果宾治 Fruit punch

配料：橙汁	Orange juice	1.5	盎司
柠檬汁	Lemon juice	0.5	盎司
菠萝汁	Pineapple juice	1	盎司
糖浆	Simple syrup	0.5~1	盎司
红石榴汁	Grenadine	0.25	盎司
苏打水	Soda water		

装饰：什锦水果丁

载杯：哥连士杯

调法：将冰块放于杯中，依次加入上述配料，搅匀后，加入什锦水果丁，插入吸管和一支浅勺即可。

注：水果宾治也指一类用果汁、果品、糖浆、苏打水、冰块等材料制成的不含酒的宾治饮品，如荔枝宾治、菠萝宾治等。

(二)客普(cup)

客普源自英国。今天的客普被认为是以葡萄酒为酒基的在炎热天气中饮用的饮料。

1. 克莱瑞特客特普（10 人份）　Claret cup

配料：红酒　Red wine	1	瓶
白兰地　Brandy	2	盎司
君度香橙　Cointreau	2	盎司
苏打水　Soda water		适量
柠檬汽水　Lemon soda		适量

装饰：橙片、柠檬片、苹果片、黄瓜片等最少三种果片

载杯：红酒杯或鸡尾酒杯

调法：将冰块放入宾治盒内，依次倒入白兰地、君度香橙、红酒、适量苏打水及柠檬汽水，然后搅拌至冰冻，加入装饰物，再搅拌几下。装饰时，要使每杯中有 3～4 片水果。

（三）托第（toddy）

在维多利亚女王时代，托第是一种热饮，常常用来镇静神经或祛除寒冷。今天的托第是一种既可热饮又可冷饮的清凉饮料。托第常常含有一片柠檬或一些柠檬皮，并含有桂皮、丁香或肉豆蔻。

1. 热托第　Hot toddy

配料：烈性酒 Liquor	1	量杯
糖 Sugar	1	茶匙

调法：将开水注满放有配料的水杯，加一片柠檬，撒上豆蔻粉（可随意放 2～3 粒丁香）。

2. 托第　Toddy

配料：烈性酒　Liquor	1	量杯
糖　Sugar	1	茶匙

调法：用少许水把糖溶化，在古典杯中加入烈性酒，加一条螺旋状柠檬皮，插入搅棒。

3. 荷兰蛋托第　Dutch egg toddy

配料：蛋黄　Egg yolk	1	只
糖　Sugar	2	茶匙
白兰地（或砵酒等）　Brandy（or Port）	1	量杯

调法：先将蛋黄 1 只加白糖调匀，然后加酒，慢慢冲入沸水，调匀后即成。

（四）蛋诺（egg noggs）

蛋诺是传统的圣诞节早晨的饮料，可以大量配制，饮用时用勺舀到小葡萄酒杯中，只要保持个人饮料要求的分量就可以。假如你喜欢更稠一些，那么就用更多的蛋黄，而且可以用奶油来代替牛奶。

4. 基本蛋诺　Basic egg nogg

配料:	白兰地（或淡朗姆）　Brandy(or Light rum)	2～3	盎司
	大鸡蛋　Whole egg	1	个
	糖　Sugar	1	茶匙
	牛奶　Milk	1	杯
	碎冰　Crushed ice		半杯

装饰:豆蔻粉

载杯:平底高杯

调法:将配料摇匀后,滤入装有碎冰的载杯中,撒少许豆蔻粉。

5. 热蛋诺　Hot egg nogg

配料:	白兰地　Brandy	1	量杯
	朗姆　Rum	1	量杯
	蛋　Egg	1	个
	糖粉　Sugar	1	茶匙
	热牛奶　Hot milk		适量

装饰:豆蔻粉

载杯:海波杯

调法:除热牛奶外将配料摇匀,滤入载杯中,热牛奶加满,撒入少许豆蔻粉。

6. 橘子蛋诺　Orange egg nogg

配料:	橙汁　Orange juice	3	餐匙
	冰牛奶　Chilled milk	3/4	杯
	鸡蛋　Egg	1	个

载杯:高脚大杯或平底杯

调法:用电动搅拌器,将配料高速打数秒钟后,倒入冰凉的载杯中。

7. 白兰地蛋诺　Brandy egg nogg

配料:	干邑　Coganc	1.5	盎司
	乳脂　Cream	2	盎司
	鲜牛奶　Fresh milk	2	盎司
	蛋黄　Egg yolk	1	只
	糖浆　Syrup	0.5	盎司

装饰:豆蔻粉

载杯:高杯

调法:将配料用碎冰大力摇匀后滤入载杯,撒豆蔻粉少许。

三十七、热饮、顾乐

热饮(hot drinks)多以白兰地、朗姆酒或威士忌作基酒,需要温和一点的话,则可用葡萄酒来调制。顾乐(gorg)是一类加沸水于酒类和柠檬汁、糖等调匀制成的热饮。

1. 皇家咖啡　Royale coffee

配料:	浓热咖啡　Strong hot coffee	1	杯
	方糖　Cube sugar	1~2	块
	白兰地　Brandy	1	量杯

调法:将糖放入咖啡杯内,注入浓热咖啡,搅匀后,将白兰地1量杯放在不锈钢匙内,以火熏热,着火燃烧,然后淋在咖啡上。

2. 爱尔兰咖啡　Irish coffee

配料:	热咖啡　Hot coffee	1	杯
	爱尔兰威士忌　Irish whishy	1	量杯
	砂糖　Sugar	2	匙
	鲜奶油　Fresh cream	适量	

载杯:爱尔兰咖啡杯

调法:将糖、酒、热咖啡倒入载杯中,搅匀后将奶油漂在上面。

3. 热顾乐　Grog

配料:	黑朗姆酒　Dark rum	2	盎司
	方糖　Cube sugar	1	块
	丁香　Cloves	3	枚
	柠檬汁　Lemon juice	1	餐匙
	热开水　Boiling water		

装饰:一片柠檬、一支肉桂棒

载杯:8盎司带柄杯

调法:除水外,将其他配料置于载杯中,搅拌至糖化后,倒入热开水并搅匀。

4. 汤姆和泽里　Tom and jerry

配料:	鸡蛋　Egg	1	个
	糖粉　Sugar	1	茶匙
	黑朗姆酒　Dark rum	1	盎司
	白兰地　Brandy	0.25	盎司
	热开水　Hot water		

装饰:豆蔻粉

载杯:有把的大杯

调法:将蛋黄、糖粉、朗姆酒混合打匀;再用另一容器将蛋清打至浓稠程度,将蛋黄混合倒入一只预热后的载杯中,然后再冲入热水并不断搅拌,最后倒入白兰地,并撒上豆蔻粉。

三十八、中华鸡尾酒

用中国的白酒、配置酒、酿造酒和仿制酒为基酒调制而成的鸡尾酒。

1. 熊猫　Panda

配料:		
茅台酒	1	量杯
蛋黄	1	只
糖浆	0.5	量杯
橘子香料	少量	

载杯:鸡尾酒杯

调法:将配料用冰块大力摇匀后滤入载杯内。

2. 翠霞　Jade Green Glow

配料:		
五粮液	1	盎司
柠檬汁	1	餐匙
蛋白	1	只

装饰:红樱桃一枚

载杯:古典杯

调法:将配料用冰块大力摇匀后滤入载杯内,加装饰物。

3. 红梅　Red Plum

配料:		
五加皮	1	盎司
草莓汁	1	盎司

装饰:草莓一个、柠檬一片

载杯:古典杯

调法:将配料用冰块大力摇匀后滤入载杯内,加装饰物。

第九章

酒品与饮料实验

"酒品与饮料"课程因讲述的饮品来自世界各地,实务性较强,不同于一般的理论课程。结合实际,开设一些演示、操作实验,使学生对饮料的品质、特点等有一个直观的认识和了解,获得一些基本的感官品质鉴赏知识,掌握简单的饮品调制方法,有利于巩固和加深课堂教学成果,并为将来从事旅游行业工作打下一定的基础。"酒品与饮料"可以开设的实验很多,以下以常见的实验为例。

实验一　酒的感官品评

实验目的:通过对酒的感官品质鉴定,加深对酒的品质特点、分类和包装等方面的了解,同时进一步理解和掌握酒的感官鉴定步骤和质量标准;通过品尝,认识到不同酒所特有的色、香、味、体,以及相互之间的区别。

一、评酒的规则

评酒的规则是保证品评的准确性和达到最好的结果所必需的,品评人员必须遵守品酒的规则。

1. 评酒前尽可能休息好,评酒前和评酒时必须精力充沛、情绪饱满,若患病(如感冒、头晕等)或对酒过敏者不宜参加。

2. 为保持嗅、味觉的灵敏,饮食以清淡为好,并要刷牙漱口以保持口腔清洁。

3. 评酒前不要过多的高谈阔论,这样易于分散精力,影响味感。

4. 在评酒时,不要用有气味的化妆品和携带有气味的物品,以免干扰。

5. 做好各种准备工作(如画好记录的表格等)。

二、评酒前的准备、评酒顺序及评酒操作

(一)评酒前的准备

1. 准备品酒杯

ISO 标准品尝杯:1974 年由法国 INAO(国家原产地命名委员会)设计的标准品酒杯,现在广泛用于国际品酒活动,不论是品酒比赛还是葡萄酒学校或者研究机构都用这种酒杯作为品评用酒杯。这个酒杯好就好在是个全能型酒杯,不论是红、白葡萄酒,起泡酒还是加强型葡萄酒(波特酒或雪莉酒)甚至白兰地,都可以用这个酒杯来进行品尝。它不突出酒的任何特点,只是原原本本反映本来面貌。见图 9.1 和图 9.2。

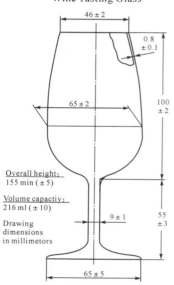

图 9.1　ISO 标准品尝杯结构图

图 9.2　ISO 标准品尝杯

品尝杯因酒的不同,而有所不同,图 9.3 为威士忌品尝杯。以下是我国国家标准中规定的一些酒的品尝杯式样(见图 9.4):首先检查酒杯是否干净,然后对准备好的酒样和酒杯进行对应编号,准备好记录用表格。

2. 倒酒

开瓶时要轻取轻开,减少酒的震荡,防止瓶口的包装物掉入酒中。

倒酒时一般酒瓶距杯口 3 毫米(特别对含汽酒,如啤酒,注入酒杯的高度应适当,以便观察起泡情况和计算泡沫持续的时间),把酒徐徐注入杯中,倒入的数量最多应不超

图 9.3　威士忌品尝杯

过酒杯容量的 3/5,同时每杯酒注入的数量必须大致一样。

3.温度控制

每种酒都有其适宜的品评温度(人的味觉在 10～36℃ 时最敏感,因此适宜的温度也一般在此范围内),我国各大酒类,一般采用以下温度为适宜:

白酒:15℃～20℃;黄酒:38℃上下;啤酒:15℃以下,保持 1 小时以上(温度高低,会影响泡沫的升起状况);葡萄酒、果酒:一般在 9～18℃,当然,不同品种的葡萄酒,适宜的品评温度也有所不同。

(二)评酒顺序

同一类酒的酒样应按以下因素排列先后顺序:

酒度:先低后高;

香气:先低后浓;

滋味:先干后甜;

酒色:先浅后深

为避免各种影响,评酒时,应先按 1,2,3,…编号顺序评,再按…,3,2,1 的序品评,如此反复几次。每评一种酒后,要稍稍休息一下,恢复感觉的疲劳,特别是评完一轮次后,要有适当的间歇,并用清水漱口。

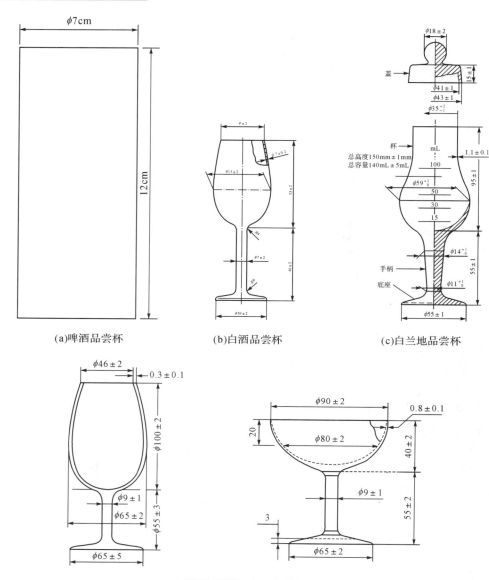

(a)啤酒品尝杯　　　(b)白酒品尝杯　　　(c)白兰地品尝杯

(d)葡萄酒果酒、起泡葡萄酒品尝杯

图 9.4　品尝杯

（三）评酒操作

评外观：用手指夹住酒杯的杯柱或杯底，举杯于适宜的光线下（不影响酒色的光线），按外观要求进行观察，然后记录和记分。

评气味(香气):置酒杯于鼻下二寸处,头略低,轻嗅其气味,这是第一感应,应特别注意。嗅了第一杯,接着嗅第二杯,嗅完一轮次,立刻记下香气情况,也可以嗅一杯就记录一杯,避免各杯的互相混淆。稍停,再作第二轮嗅香,酒杯可以接近鼻孔闻嗅,然后转动酒杯,短促呼吸,用心辨别气味。此时,对酒液的气味优劣,已应得出基本评价。再用手捧酒杯(可起加温作用)轻轻摇荡,再慢嗅以判别其细微的香韵优劣。一杯酒或一组酒,经过三次嗅闻,即可以根据自己的感受,将一组酒,按香气的淡、浓、优劣的次序进行排队了。对每杯酒做出记录(记录要及时,不要等排定后再去记),说明特点,记出分数。

闻嗅时要注意,先呼气,再对酒杯吸气,不能对酒呼气;还应注意嗅评每杯酒时,杯与鼻的距离,吸完气味后,休息片刻,再评口味。

评味(口味):举杯的先后,可按已定的列序。将酒饮入口中时,注意要慢而稳,使酒液先接触舌尖,次两侧,再至舌根,然后鼓动舌头打卷,使酒液铺展到舌的全面,进行味觉的全面判断。除了体验味的基本情况外,还要注意味的协调,以及刺激的强烈、柔和、有无杂味、是否有愉快的感觉等。然后将酒咽下(少量或全部)以辨别后味。通过按顺序和反复几次后,优劣就比较明确了。在每反复一次后,最好休息片刻,用水漱口。要一边评一边做出感受记录,最后记出分数。为避免发生偏差,注意每次饮入口中的酒量,要基本相等。不同酒类的饮入具体数量则可因酒度而有区别。根据有经验者的体会,高度酒一次饮入 2 毫升即可;低度酒类(20℃以下的酒)则可饮入 4～12 毫升;最后为了品评回味长短,饮量可以增大一些,酒液在口中停留时间一般在 2～3 秒钟,不宜持久。

评风格:对酒的色香味各方面作一个全面的考察,依据平时对一些名酒的了解和书本上对名酒风格的评语,认真写好评语打好分。

4.专业品酒步骤举例

以下是专业品尝葡萄酒的步骤:

(1)先评外观。品尝葡萄酒的第一步是观察葡萄酒的外观,这一步包括以下几个步骤:用食指和拇指捏着酒杯的杯脚,将酒杯置于皮带的高度,低头垂直观察葡萄酒的液面,或者将酒杯置于品尝桌上,站立低头垂直观察,记下此时葡萄酒液面是否失光或者有其他现象。观察完液面后,应将酒杯举至双眼的高度,以观察酒体,包括酒体的颜色、透明度和有无悬浮物及沉淀物。

(2)再评香气。第一次闻香时,在酒杯中倒入占 1/3 容积的葡萄酒,在静止状态下分析葡萄酒的香气。闻香时要慢慢地吸入酒杯中的空气,方法有两种:一是将酒杯放在品尝桌上,弯下腰来,将鼻孔置于杯口处闻香;二是将酒杯端起,但不能摇动,稍稍弯腰将鼻孔接近于液面闻香。第一次闻香所得到的气味很淡,因为只闻到扩散性最强的那一部分香气。第二次闻香是在第一次闻香后,摇动酒杯,使葡萄酒呈圆周运动,促使挥发性弱的物质释放。第二次闻香又包括两个阶段,第一是在液面静止的"圆盘"被破坏后立即闻香,第二是在摇动结束后进行闻香。如果说第二次闻香使人舒适的话,第三次闻香则主要用于鉴别香气中的缺陷。这次闻香前,先用劲摇动酒杯,使葡萄酒剧烈运动,最简单的办法是用左手掌盖住酒杯口,然后猛烈上下摇动,再进行闻香,这样可加快葡萄酒中使人不愉快的醋酸乙酯、霉味、硫化氢等气味的释放。

(3)三评滋味。首先将酒杯举起,杯口放在嘴唇之间,并压住下唇,头部稍往后仰,就像平时喝酒一样,但也应避免酒依靠动力的作用流入口中,应轻轻地向口中吸气,并控制住吸入的酒量,使葡萄酒均匀地分布在平展的舌头表面,然后将葡萄酒控制在口腔前部,每次吸入的酒不能过多,也不能过少,应在 6～10 毫升。当葡萄酒进入口腔后,闭上双唇,头微向前倾,利用舌头和面部肌肉的运动摇动葡萄酒。也可将口微张,轻轻地向内吸气,这样不仅可以防止葡萄酒从口中流出,还可使葡萄酒的气味进入鼻腔后部。在口味分析结束后,最好咽下少量葡萄酒,将其余部分吐出。然后用舌头舔牙齿和口腔内表面,以鉴别余味。

(4)前后结合,评出典型性。

(5)最后定结论。注意:品完一个样品后,即用温水漱口,略休息后再品下一个样品。

三、品酒术语

1. 外观术语

光泽:在正常光线下有光亮。

色暗或失色:酒色发暗失去光泽。

略失光:光泽不强或亮度不够。

透明:光线从酒液中通过,酒液明亮。

晶亮:如水晶体一样高度透明。

有的酒类常以自然物的颜色来表示,如白葡萄酒的禾秆黄色、琥珀色等,红葡萄酒的宝石红色、玫瑰红色、石榴皮红色等。

浑浊:浑浊程度是评酒的一个重要指标,优良的酒都具有澄清透明的液相。由于浑浊程度不同,应给以不同的评语,有悬浮物,轻微浑浊,浑浊、极浑等。

沉淀:酒中的沉淀多数是由于某些原因从酒液中离析出来而原来溶解于酒液的物质。注入酒杯时,因受震动,先呈现浑浊现象,但不久又会沉淀于酒杯底部。

含气现象:主要用于二氧化碳气体是否充足的评语有平静的、静的、不平静、起泡、多泡;用于气泡升起现象则用气泡如珠、细微连续、持久、暂时泡涌、泡大不持久、形成晕圈(香槟酒)等评语。

音响:能在一定程度上说明含气状态,香槟酒有音响的鉴定,以"清脆"、"响亮"为佳。

泡沫:它是啤酒质量指标之一,常用词有泡沫高度高或低、持久、细腻、粗大、洁白、色暗、挂杯、不挂杯、持泡性好(泡沫消失慢)等。

流动状:主要用于糖度较大的酒和黄酒、果酒等,方法是举杯旋转观察,给予评语:流动正常、浓的、稠的、黏的、黏滞的、油状的等。

2. 香气术语

清雅:香气不浓不淡,令人愉快。

细腻:香气纯净而细致,柔和。

纯正:纯净而无杂气。

浓郁:香气浓厚馥郁。

喷香:香气扑鼻。

入口香:酒液入口挥发后,感到的香气。

回香:酒液咽下后,回返到口中的香气。

余香:饮酒后余留的香气。

悠长、绵长、脉脉、绵绵:都是形容香气持久不息,常用以表示酒的余香和回香。

谐调:酒中有多种香气,彼此和谐一致。

完满:香气谐调、无欠缺感。

芳香:香气悦人,如鲜花、香果发出的香气。

陈酒香:也称老酒香,是酒成熟的香气,在长期贮存过程中形成,香气醇厚而柔和不烈。

固有的香气:酒长期以来保持的独特的香气。

3. 味的术语

浓淡:酒液入口后的感觉,一般有浓厚(浓而持久)、淡薄、清淡、平淡等评语。

醇和:入口和顺,不感到强烈的刺激。

醇厚:醇和而味长。

香醇甜净:这是酒类,特别是白酒的最好的口味表现。

绵软:刺激性极低,口感柔和、圆润。

清冽:爽冽,口感纯净、爽适。

上口:是进入口腔时的感觉,评品时,以自己的感受给以评语,如入口醇正,入口绵甜,入口浓郁,入口甘美,入口圆润,入口冲,冲劲强烈等。

落口:是咽下酒液时,舌根、喉头等部位的感受,如落口甜,落口淡泊,落口微苦,落口稍涩,尾净等。

后味:酒在口腔中持久的感受,如后味怡畅,后味短(没有持久的味感),后味苦,后味回甜等。

余味:饮酒后,口中除留的味感,如余味绵长,余味雅净等。

回味:饮完酒,稍间歇后返回的味感,是香与味复合感,术语有:有回味,回味悠长,回味醇厚等。

绵甜：甜而绵长。

甘冽：甜而爽净。

甘爽：甜而爽适。

4. 风格术语

风格：酒的风格可表示酒的色、香、味的全面品质，就一类酒，它们有共性，就每一种酒，它又有自己的独特之处，这一类酒的特点我们用"风格"一语来表示，名酒之所以名贵，是名在质量上，贵在风格上。

酒体：酒体是与酒的风格有关的一个品评项目，一般来说，酒体是酒的化学成分的反映，是酒的颜色、香气、口味各个方面的表现。

酒体完满：酒液色泽美观，各种成分完全平衡。

酒体优雅：酒液外观优美，香气和口味恰到好处。

四、酒的评分标准

酒类品评一般采用打分方式，根据品评目的等不同，可以采用不同的分数制，如 20 分制、100 分制等。

（一）葡萄酒的品评评分表

1. 世界葡萄酒评分权威

为葡萄酒打分的世界知名的葡萄酒作家和葡萄酒专家中，"3W1D"是目前世界葡萄酒评分系统中的权威。

3W 指：

WA——《葡萄酒倡导家》(Wine Advocate journal)杂志罗伯特·帕克。

WS——《葡萄酒观察家》(Wine Spectator magazine)杂志。

WE——《葡萄酒爱好者》(Wine Enthusiast)。

1D 指：DE——英国的《滗酒瓶》(Decanter magazine)杂志。

其他著名的葡萄酒评分有：

MB——《葡萄酒年份全书》(9The Great Vintage Wine Book)的迈克尔博本特(Michael Broadbent)。

GR——意大利葡萄酒月刊 Gambero Rosso's。

BH——勃艮弟葡萄酒爱好者季刊 Allen Meadows' Burghound.com。

JR——英国酒评家 Jancis Robinson 和她的网站 Purple ages. www. jancisrobinson. com。

ST——国际葡萄酒窖网站(International Wine Cellar website) Stephen Tanzer。

JH——澳大利亚酒评人 James Halliday。

2. 帕克的 100 分制评分体系

罗伯特·帕克是世界上最有影响力的葡萄酒评论家。他每两个月出版一次的《葡萄酒分析》1978 年首次发表,该杂志对全世界优质葡萄酒的价格和需求有非常大的影响。他主办的《葡萄酒倡导家》杂志和网站(www. eroberparke. com)上采用的是他首创的 100 分制的评分体系。

帕克的 100 分制给葡萄酒的打分范围是 50～100,基于以下四个因素:外观,香气,风味,总体品质或潜力。每瓶葡萄酒最低都能得到 50 分。

5　points Colour and appearance　颜色和外观

15　points Aroma and bouquet　香气

20　points Flavour and finish　风味和回味

10　points Overall quality level orpotential　总体品质或潜力

帕克将葡萄酒分成四个档次(从 50～100 分),具体的打分体系如下:

96～100　Extraordinary　经典:顶级葡萄酒

90～95　Outstanding　优秀:具有高级品味特征和口感的葡萄酒

80～89　Above average　优良:口感纯正、制作优良的葡萄酒

70～79　Average　一般:略有瑕疵,但口感无伤大碍的葡萄酒

60～69　Below average　低于一般:不值得推荐

50～59　Unacceptable　次品

3. 评分表举例

(1)20 分评酒表

20 分评酒表

日　期:＿＿＿＿＿＿＿

评酒员:＿＿＿＿＿＿＿

酒样	名称	外观 色泽 澄清度 流动性 评语	评价				总分
			香气 优雅度 浓郁度	滋味			
				酒体新鲜度 浓郁度 协调性	爽净度	总体印象 典型性	
1			0—5 分	0—5 分	0—5 分	0—5 分	最多 20 分
2							
3							
4							
5							
6							

（2）OIV 评酒表（静酒）

葡萄酒评酒表 委员会总裁签名：   静止葡萄酒

样品序号							评判委员会编号		只用于秘书处计算结果
分类编号									
葡萄酒年份（如有必要）									
		优秀	很好	好	不及格	淘汰	评尝员观察记录		
视觉	外观								
香气	浓郁度								
	质量								
口感	浓郁度								
	质量								
协调性									
						总分			

国际评比标准评酒 OIV-1994-品尝检验表

（3）OIV 评酒表（起泡酒）

| 葡萄酒评酒表 | 委员会总裁签名： | | | | | | 起泡葡萄酒 |

样品序号						评判委员会编号		只用于秘书处计算结果
分类编号								
葡萄酒年份（如有必要）								
		优秀	很好	好	不及格	淘汰	评尝员观察记录	
视觉	外观							
	气泡							
香气	浓郁度							
	质量							
口感	浓郁度							
	质量							
协调性								
					总分			

国际评比标准评酒 OIV-1994-品尝检验表

（4）国际酿酒师工会（IUO）评酒表（静酒）

葡萄酒评比感官分析品尝表（"国际酿酒师工会"品尝法）　　静　酒

评酒场合

评尝小组编号____	样品编号____	葡萄酒年份						酒样名称				分类		
评尝日期	评尝时间								缺陷					
项　目		优秀	很好	较好	一般	较差	差	很差	不一致	过度	缺乏	不平衡	缺陷性质	
外观	澄清度	6	5	4	3	2	1	0	■	■		■	生物因素 □	评语：____
	颜色 色调	6	5	4	3	2	1	0		■	■	■		____
	颜色 色度	6	5	4	3	2	1	0				■		____
香气	纯正度	6	5	4	3	2	1	0	■	■		■		____
	浓郁度	8	7	6	5	4	2	0	■			■	理化因素 □	____
	优雅度	8	7	6	5	4	2	0	■			■		____
	协调性	8	7	6	5	4	2	0	■	■	■			____
口感	纯正度	6	5	4	3	2	1	0		■	■			____
	浓郁度	8	7	6	5	4	2	0				■	偶然因素 □	评尝小组成员 / 签名
	酒体结构	8	7	6	5	4	2	0				■		____
	协调性	8	7	6	5	4	2	0	■	■				____
	香气持续性	8	7	6	5	4	2	0	■	■				____
	回味	6	5	4	3	2	1	0		■	■		先天因素 □	____
	总评	8	7	6	5	4	2	0	■	■				____
分类得分	单项分							总　分						____
	单元分													____

（5）国际酿酒师工会（IUO）评酒表（起泡酒）

葡萄酒评比感官分析品尝表（"国际酿酒师工会"品尝法）　　　起泡酒

评酒场合

评尝小组编号____	样品编号____	葡萄酒年份		酒样名称			分类	

评尝日期	评尝时间								缺陷				缺陷性质			
项目		优秀	很好	较好	一般	较差	差	很差	不一致	过度	缺乏	不平衡				
外观	气泡	澄清度	6	5	4	3	2	1	0	■	■		■	生物因素 □	评语：
		气泡规格	6	5	4	3	2	1	0		■	■			_____
		持泡性	6	5	4	3	2	1	0		■		■		_____
	颜色	色调	6	5	4	3	2	1	0		■		■		_____
		色度	6	5	4	3	2	1	0				■	理化因素 □	_____
香气		纯正度	7	6	5	4	3	2	0	■	■		■		_____
		浓郁度	7	6	5	4	3	2	0		■		■		_____
		优雅度	7	6	5	4	3	2	0		■		■		_____
		协调性	7	6	5	4	3	2	0		■	■		偶然因素 □	_____
口感		纯正度	7	6	5	4	3	2	0	■			■		
		浓郁度	7	6	5	4	3	2	0		■		■		评尝小组成员　　签名
		酒体结构	7	6	5	4	3	2	0				■		
		协调性	7	6	5	4	3	2	0	■	■				_____
		香气持续性	7	6	5	4	3	2	0	■	■			先天因素 □	_____
		回味	7	6	5	4	3	2	0	■	■		■		_____
		总评	7	6	5	4	3	2	0		■	■			_____
分类得分	单项分				总　分										_____
	单元分														

(6)OIV 和 IUO 的普通评酒表(静酒)

OIV 和 IUO 的普通评酒表

静酒

		优秀	良	好	中	差	备注
外观	澄清度	■5	■4	■3	■2	■1	
	外观	■10	■8	■6	■4	■2	
香气	爽净度	■6	■5	■4	■3	■2	
	浓郁度	■8	■7	■6	■4	■2	
	质量	■16	■14	■12	■10	■8	
滋味	爽净度	■6	■5	■4	■3	■2	
	浓郁度	■8	■7	■6	■4	■2	
	回味	■8	■7	■6	■5	■4	
	质量	■22	■19	■16	■13	■10	
总体质量		■11	■10	■9	■8	■7	

大金奖	金奖	银奖	铜奖
100	100	87	82
96	88	83	76

● 如果酒样在"好"以下有一点或多点,则不予得奖。

(7)OIV 和 IUO 的普通评酒表(起泡酒)

OIV 和 IUO 的普通评酒表

起泡酒

		优秀	良	好	中	差	备注
外观	澄清度	■5	■4	■3	■2	■1	
	外观	■10	■8	■6	■4	■2	
	气泡	■10	■8	■6	■4	■2	
香气	爽净度	■7	■6	■5	■4	■3	
	浓郁度	■7	■6	■5	■4	■3	
	质量	■14	■12	■10	■8	■6	
滋味	爽净度	■7	■6	■5	■4	■3	
	浓郁度	■7	■6	■5	■4	■3	
	回味	■7	■6	■5	■4	■3	
	质量	■14	■12	■10	■8	■6	
总体质量		■12	■11	■10	■9	■8	

● 如果酒样在"好"以下有一点或多点,则不予得奖。

(8)布鲁塞尔世界评比会评酒表(静酒)

布鲁塞尔世界评比会评酒表

静酒

		优秀	良	好	中	差	备注
外观	澄清度	■5	■4	■3	■2	■1	
	外观	■10	■8	■6	■4	■2	
香气	浓郁度	■8	■7	■6	■4	■2	
	爽净度	■6	■5	■4	■3	■2	
	质量	■16	■14	■12	■10	■8	
滋味	浓郁度	■8	■7	■6	■4	■2	
	爽净度	■6	■5	■4	■3	■2	
	质量	■22	■19	■16	■13	■10	
	回味	■8	■7	■6	■5	■4	
总体质量		■11	■10	■9	■8	■7	
	不合格						

评委号码:　　系列:　　　样品:　　委员会:　　签字:　　　日期:

(9)布鲁塞尔世界评比会评酒表(起泡酒)

布鲁塞尔世界评比会评酒表

起泡酒

		优秀	良	好	中	差	备注
外观	澄清度	■5	■4	■3	■2	■1	
	外观	■10	■8	■6	■4	■2	
	气泡	■10	■8	■6	■4	■2	
香气	浓郁度	■7	■6	■5	■4	■3	
	爽净度	■7	■6	■5	■4	■3	
	质量	■14	■12	■10	■8	■6	
滋味	浓郁度	■7	■6	■5	■4	■3	
	爽净度	■7	■6	■5	■4	■3	
	质量	■14	■12	■15	■8	■6	
	回味	■7	■6	■5	■4	■3	
总体质量		■12	■11	■10	■9	■8	
	不合格						

评委号码:　　系列:　　　样品:　　委员会:　　签字:　　　日期:

(10)1999 年上海国际葡萄酒评比会评酒表

上海国际葡萄酒评比会

样品系列号：

<14—无奖 14.5~15—优胜奖 15.5~16.5—铜奖 17.0~18—银奖 18.5~20—金奖

评委签字＿＿＿＿＿＿

样号	评语	得分	得奖

评分要求：①色 3/20；②香 5/20；③味 8/20；④整体质量 4/20。

(11)我国的百分制评酒表

葡萄酒感官鉴定评分表

第　轮　　　　　　　　　　　　　　　　　　　　　　　　年　　月　　日

杯号	色泽 5分	澄清度 5分	香气 30分	滋味 40分	典型性 20分	总分 100分	评语

鉴定人：　　　①

---

① 郭其昌，郭松泉等编著.《葡萄酒品尝法》.中国轻工业出版社,2002.1

(12)波尔多大学第二葡萄酒学院评分表：

波尔多大学第二葡萄学院评分表

品尝员姓名		
葡萄酒说明		
外观	颜色	
	澄清度	
	其他	
香气	纯正度	
	浓郁度	
	描述	
	质量	
	缺陷	
口感	描述	入口
		变化
		余味
	协调性和结构	
	口香(浓郁度和质量)	
	芳香持续性	
评价	其他	
	结论	
	给分	
	满分	5分以下,10分以下,20分以下

说明:这种评酒表没有分数,适合非常有经验的评酒者使用。

(二)啤酒品尝评分

以下是一张100分制黄啤酒评分标准表：

黄啤酒评分标准

(1)外观　　10分

色泽:

淡黄、带绿、淡黄、黄而不呈暗色　　　　　　　　5分

色泽暗、褐　　　　　　　　　　　　　　　　－(1~5)分

透明度：

清亮透明、无悬浮物或沉淀物	5 分
轻微失光或稍有沉淀物	—(1～5)分

（2）泡沫　20 分

泡沫高，持久(8～15℃,5 分钟不消失)、细腻、洁白、挂杯	20 分
泡沫高度低、粗大而不持久。	
其中:泡沫持久 4 分钟	—1
泡沫持久 3 分钟	—3
泡沫持久 2 分钟	—5
泡沫持久 1 分钟	—7
泡沫持久 1 分钟以下	—9
泡沫高度低(一般指 3 厘米以下)	—3
泡沫完全不挂杯	—5
泡沫色暗	—3

（3）香气　20 分

有明显的酒花香气、新鲜、无老化气味及生酒花气	20 分
有酒花香气,但不明显	—(1～5)分
有老化气味	—(1～5)分
有生酒花气味	—(1～4)分
有异香或怪气味(如水腥)	—(1～6)分
嗅香和口尝均感觉不出酒花香气、而有异香	—20

（4）口味　50 分

口味纯正、爽口、醇厚而又杀口	50 分

纯正:

没有酵母味或酸味等不正常的怪味或杂味	15 分
有明显的发酵副产物的味道及其他怪味	—(1～11)分
有麦皮味及酵母味	—(1～4)分

爽口:

饮用后愉快、协调、柔和、苦味愉快而消失迅速、无明显的涩味、有再饮欲望	18 分
口味不协调、不柔和、感觉上刺口、涩、粗杂	—(1～7)分
有后苦	—(1～6)分
有焦糖味及发酵糖的甜味	—(1～5)分

杀口:

有二氧化碳的刺激、使人感到清爽	7 分

杀口力不强　　　　　　　　　　　　　　　　　－(1～7)分
醇厚：
饮后感到酒味醇厚、圆满、口味不单调　　　　　10分
口味淡而无味、水似的　　　　　　　　　　　　－(1～10)分

五、我国前三届评酒会评出的名优酒

自中华人民共和国成立至1990年,共进行了5次国家级的名酒评选活动,其目的是加快技术进步,提高酒的质量。除了这些代表国家最高水平的名酒外,还有国家评定的优质酒。

第一次全国评酒会于1952年在北京召开,由中国专卖实业公司主持,共评出8种国家级名酒,其中白酒4种,黄酒1种,葡萄酒类3种。

第二次全国评酒会于1963年在北京召开,由轻工业部主持,并首次制定了评酒规则,共评出国家级名酒18种。其中白酒8种,黄酒2种,啤酒1种,葡萄酒类6种,露酒1种。

第三次全国评酒会于1979年在辽宁大连举行,由轻工业部主持,共评出18种国家名酒。

第四次全国评酒会于1984年在山西太原举行,由中国食品协会主持,共评出国家名酒28种。

第五次全国评酒会于1989年在安徽合肥市举行,从白酒中评出17种国家名酒。其他酒类未评。

以下是前三届评酒会评出的名优酒。

(一)1952年第一届全国评酒会

第一届全国评酒会评出的名优酒名录:

茅台酒(贵州仁怀茅台镇)

汾酒(山西汾阳杏花村)

泸州老窖特曲(四川泸州)

西凤酒(陕西凤翔柳林镇)

玫瑰香红葡萄酒(山东烟台)

味美思酒(山东烟台)

金奖白兰地(山东烟台)

加饭酒(浙江绍兴)

(二)1963年第二届全国评酒会

第二届全国评酒会评出18种国家名酒、27种国家优质酒。

18种国家名酒是:

五粮液酒（四川宜宾）

古井贡酒（安徽亳县）

泸州老窖特曲（四川泸州）

全兴大曲酒（四川成都）

茅台酒（贵州仁怀茅台镇）

董酒（贵州遵义）

西凤酒（陕西凤翔柳林镇）

汾酒（山西汾阳杏花村）

竹叶青酒（山西汾阳杏花村）

白葡萄酒（山东青岛）

味美思酒（山东烟台）

玫瑰香红葡萄酒（山东烟台）

中国红葡萄酒（北京）

金奖白兰地（山东烟台）

加饭酒（浙江绍兴）

沉缸酒（福建龙岩）

青岛啤酒（山东青岛）

27 种国家优质酒是：

双沟大曲酒（江苏泗洪）

龙滨酒（黑龙江哈尔滨）

德山大曲（湖南常德）

湘山酒（广西全州）

三花酒（广西桂林）

凌川白酒（辽宁锦州）

哈尔滨老白干（黑龙江哈尔滨）

合肥白酒（安徽合肥）

沧州白酒（河北沧州）

福建老酒（福建福州）

寿生酒（浙江金华）

醇香酒（江苏苏州）

大连黄酒（辽宁大连）

即墨老酒（山东即墨）

长白山葡萄酒（吉林新站）

通化葡萄酒（吉林通化）

中华牌桂花酒(北京)

民权红葡萄酒(河南民权)

山楂酒(辽宁沈阳)

广柑酒(四川渠县)

香梅酒(黑龙江一面坡)

中国熊岳苹果酒(辽宁熊岳)

五加皮酒(广东广州)

荔枝酒(福建漳州)

特制五星啤酒(北京)

特制北京啤酒(北京)

14°上海啤酒(上海)

(三)1979年第三届全国评酒会

第三届全国评酒会评出18种国家名酒、47种国家优质酒。

18种国家名酒是：

茅台酒(贵州仁怀茅台酒厂)

汾酒(山西汾阳杏花村汾酒厂)

五粮液(四川宜宾五粮液酒厂)

剑南春(四川绵竹酒厂)

古井贡酒(安徽亳县古井酒厂)

洋河大曲(江苏泗阳洋河酒厂)

董酒(贵州遵义董酒厂)

泸州老窖特曲(四川泸州曲酒厂)

烟台红葡萄酒(山东烟台葡萄酿酒厂)

中国红葡萄酒(北京东郊葡萄酒厂)

沙城白葡萄酒(河北沙城酒厂)

民权白葡萄酒(河北民权葡萄酒厂)

烟台味美思(山东烟台葡萄酿酒公司)

烟台金奖白兰地(山东烟台葡萄酒酿酒公司)

山西竹叶青(山西汾阳杏花村汾酒厂)

绍兴加饭酒(浙江绍兴酿酒厂)

龙岩沉缸酒(福建龙岩酒厂)

青岛啤酒(山东青岛啤酒厂)

47种优质酒是：

西凤酒(陕西凤翔西凤酒厂)

宝丰酒（河北宝丰酒厂）

古蔺郎酒（四川古蔺郎酒厂）

常德武陵酒（湖南常德酒厂）

双沟大曲（江苏泗洪双沟酒厂）

淮北口子酒（安徽淮北市酒厂）

邯郸丛台酒（河北邯郸酒厂）

松滋白云边酒（湖北松滋县酒厂）

全州湘山酒（广西全州湘山酒厂）

桂林三花酒（广西桂林饮料厂）

五华长乐烧（广东五华长乐烧酒厂）

廊坊迎春酒（河北廊坊酒厂）

祁县六曲酒（山西祁县酒厂）

哈尔滨高粱糠白酒（黑龙江哈尔滨酒厂）

三河燕潮酩酒（河北三河燕郊酒厂）

金州白酒（辽宁金县酿酒厂）

双沟低度大曲酒（江苏泗洪双沟酒厂）

坊子白酒（山东坊子酒厂）

葡萄酒、果露酒类（15 种）

北京干白葡萄酒（北京葡萄酒厂）

民权干红葡萄酒（河南民权葡萄酒厂）

沙城白葡萄酒（河北沙城酒厂）

丰县白葡萄酒（江苏丰县葡萄酒厂）

青岛白葡萄酒（甜，山东青岛葡萄酒厂）

长白山葡萄酒（吉林长白山葡萄酒厂）

通化人参葡萄酒（吉林通化葡萄酒厂）

北京桂花陈酒（北京葡萄酒厂）

沈阳山楂酒（辽宁沈阳果酒厂）

熊岳苹果酒（辽宁盖县熊岳果酒厂）

渠县红橘酒（四川渠县果酒厂）

一面坡紫梅酒（黑龙江一面坡葡萄酒厂）

吉林五味子酒（吉林长白山葡萄酒厂）

广州五加皮酒（广东广州制酒厂）

北京莲花白酒（北京葡萄酒厂）

即墨老酒（山东即墨黄酒厂）

绍兴善酿(浙江绍兴酿酒厂)

无锡惠泉酒(江苏无锡酒制剂厂)

福建老酒(福建福州酒厂)

丹阳封缸酒(江苏丹阳酒厂)

兴宁珍珠红(广东兴宁酒厂)

连江元红(福建连江酒厂)

大连黄酒(辽宁大连白酒厂)

南平茉莉青(福建南平酒厂)

九江封缸酒(江西九江封缸酒厂)

沈阳雪花牌啤酒(辽宁沈阳啤酒厂)

北京特制啤酒(北京啤酒厂)

上海海鸥啤酒(上海华光啤酒厂)

实验二　混合饮料调制

1.实验目的:通过实验,熟悉调酒器具,掌握调酒的基本方法;通过调制、品尝等,对混合饮料特别是鸡尾酒的种类、特点、结构有深入认识。

2.根据要制作的混合饮料的配方准备器具,采购材料。

3.根据实验实际需要设计记录用表格。

以下是一张调制规定品种鸡尾酒用评分表:

项　　　　目	配　分	细　节　要　求	扣　分
动作(2)	1	动作自然,快速有力	
	1	姿态优美	
调法(3)	1	调制方法符合要求	
	2	调制动作熟练	
程序(2)	1	准备工作熟练、充分	
	1	操作过程符合要求	
用料(2)	1	用料准确	
	1	用量精确	
	无配分	少用原料,每种扣0.5分,最多扣2分	
		错用原料,每种扣0.5分,最多扣2分	
颜色(1)	1	深浅程序符合要求	

续表

项　　　目	配　分	细　节　要　求	扣　分
味道（1）	1	味道正常	
	无配分	偏浓或偏淡按程度扣0.5～2分	
载杯（1）	1	所用酒杯符合要求	
斟酒量（1）	1	八分满，不足或超过酌情扣分	
	无配分	滴出一滴扣1分，最多扣2分	
		洒出1摊扣2分，最多扣2分	
饰物（3）	1.5	制作过程熟练、卫生	
	1.5	造型美观	
	无配分	用错饰物扣2分	
		不用饰物扣2分	
卫生（2）	2	严格按卫生操作	
	无配分	有不良卫生习惯每次扣2分，最多扣6分	
总体印象（2）	2	动作规范、标准、快速、美观	
其他扣分（一律从总分中扣）	无配分	每超时5秒扣0.5分	
		轻声操作，违者每次扣2分，最多扣4分	
		调酒器具掉地，每件、次扣5分	
		结束后再有操作属违例，每次扣5分	
合计	20		

主要参考文献

[1] Costas Katsigris, Mary Porter. The Bar and Beverage Book: basics of profitable management. John Wiley & Sons, 1991.

[2] 胡小松, 蒲彪. 软饮料工艺学. 北京: 中国农业大学出版社, 2002.

[3] 吴克祥, 范建强. 吧台酒水操作实务. 沈阳: 辽宁科学技术出版社, 1997.

[4] 王先秀, 侯开宗. 西方名酒. 北京: 中国轻工业出版社, 1993.

[5] 陈宗懋. 中国茶经. 上海: 上海文化出版社, 1992.

[6] [日]伊藤博. 咖啡事典. 李宝原等译. 北京: 中国轻工业出版社, 2000.

[7] 陈家华. 可可豆、可可制品的加工与检验. 北京: 中国轻工业出版社, 1994.

[8] 杜朋. 果蔬汁饮料工艺学. 北京: 农业出版社, 1992.

[9] 夏晓明, 彭振山. 饮料. 北京: 化学工业出版社, 2001.

[10] 李正明, 王兰君. 矿泉水和瓶装水生产技术手册. 北京: 中国轻工业出版社, 1994.

[11] 蔺毅峰. 固体饮料加工工艺与配方. 北京: 科学技术文献出版社, 2000.

[12] 马佩选. 葡萄酒质量与检验. 北京: 中国计量出版社, 2002.

[13] 朱宝镛. 葡萄酒工业手册. 北京: 中国轻工业出版社, 1995.

[14] 王恭堂. 白兰地工艺学. 北京: 中国轻工业出版社, 2002.

[15] 陈非. 国际酒水指南. 北京: 中国旅游出版社, 1991.

[16] 匡家庆. 酒水与酒吧. 北京: 科学技术文献出版社, 1993.

[17] 鲍伯·里宾斯基, 凯茜·里宾斯基著. 专业酒水. 李正喜译. 大连: 大连理工大学出版社, 2002.

[18] 古镇煌. 酒经——葡萄酒的品评和欣赏. 北京: 中国建材工业出版社, 2001.

[19] 丛予. 评酒知识. 北京: 中国商业出版社, 1984.

[20] 绍兴市政协文史资料委员会, 钱茂竹. 绍兴酒文化. 北京: 中国大百科全书出版社, 1990.

[21] 朱梅. 世界名酒. 北京: 中国食品出版社, 1986.

[22] 赵宝丰. 冷冻饮料制品 636 例. 北京: 科学技术文献出版社, 2003.

[23] 赵宝丰. 茶饮料制品 607 例. 北京: 科学技术文献出版社, 2003.

［24］郭其昌，郭松泉著.葡萄酒品尝法.北京:中国轻工业出版社,2002.

［25］翟凤英.食品营养学.长沙:湖南科学技术出版社,2004.

［26］赵荣光.中国饮食文化概论.北京:高等教育出版社,2003.

［27］意大利葡萄酒网,www.italianwine.cn.

［27］李华专栏:葡萄酒的起源与传说,www.winechina.com/whoswho/lihua/2.html.